Dynamik der Leistungsregelung

von

Kolbenkompressoren und -pumpen

(einschl. Selbstregelung und Parallelbetrieb)

Von

Dr.-Ing. Leo Walther

in Nürnberg

Mit 44 Textabbildungen, 23 Diagrammen
und 85 Zahlenbeispielen

Berlin

Verlag von Julius Springer

1921

ISBN-13:978-3-642-90521-6   e-ISBN-13:978-3-642-92378-4
DOI: 10.1007/978-3-642-92378-4

Vorwort.

„Wozu? Die Sache läuft ja!“ Das war die Antwort, die ich vor
einigen Jahren von einem auf diesem Gebiete anerkannt erfolgreich
tätigen Hochschulprofessor auf die Frage erhielt, ob für die Leistungsregelung von Kompressoren und Pumpen dynamische
Untersuchungen vorliegen. Dieser Antwort standen die Klagen
von Besitzern und Betriebsleitern solcher Maschinenanlagen über eine
unwirtschaftliche und störende Betriebsweise gegenüber, die bei dem
Fehlen jeglicher Untersuchungen über die dynamischen Vorgänge
auf die Mangelhaftigkeit der Leistungsregelung zurückgeführt wurde.
In der Fachliteratur sind solche Klagen zwar nur selten zu finden;
um so mehr hört man aber davon, wenn man sich in Maschinenfabriken,
Hüttenwerken, Kohlenzechen, Wasserwerken usw. näher dafür inter-
essiert. Dazu hatte ich in meiner Praxis häufig Gelegenheit, was mich
veranlaßte, den allerdings recht kompliziert gelagerten Dingen auf den
Grund zu gehen. So entstand die vorliegende Arbeit. Daß sie den ge-
hegten Erwartungen entspricht, möge die Kritik von zwei in der aus-
übenden Praxis stehenden Herren dartun, die seit vielen Jahren auf
dem fraglichen Arbeitsgebiet leitend tätig sind.

Herr Oberingenieur Dipl.-Ing. Engelhardt der Maschinenfabrik G. A. Schütz in Wurzen i. Sa. schreibt:

„Es lag in der Luft, daß einmal eine ‚Dynamik der Leistungsregelung‘ kommen mußte. Ich habe mich bei den vielartigen Anforderungen, die im Laufe der langen Jahre die Praxis an mich stellte,
immer gefragt, warum bei dem vorhandenen Stoffhunger sich niemand
an die wissenschaftliche Bearbeitung dieses Gebietes heranwagt. Sehr
richtig deuten Sie an, wie man in der Praxis auch mit den Arbeiten
nach dem Gefühl durchzukommen sucht; aber man hat trotzdem
das Bedürfnis eines klareren Einblicks in die Verhältnisse, und nun be-
scheren Sie uns das Werkzeug zur weiteren praktischen Durchbildung
der Pumpen- und Kompressorenregelung. Gerade Regulierungsfragen
sind heute gegenüber der dringend erforderlichen Sparsamkeit in allen
Betrieben, insbesondere bei den Berg- und Hüttenwerken und nicht
zuletzt zur Vermeidung einer unnützen Kohlenverschwendung, von
großem Interesse und ihre Behandlung durch einen Fachmann in der

Weise, wie wir Praktiker sie gewohnt sind, von hohem Wert. Dabei
haben Sie die einschlägigen Fragen in nicht genug anzuerkennender
Vollständigkeit behandelt und in origineller Darstellung vereinigt.
Dem Ingenieur ist darin jede Hilfe geboten, für zu bearbeitende spezielle
Fälle die Grundlagen und Ausgangspunkte zu finden. Ich glaube wohl
sagen zu dürfen, daß Ihre Pionierarbeit auf diesem Neuland ihrer ganzen
Anlage nach als richtungsgebend berufen sein wird. Sie haben vor allem
die ordnende Hand in eine bisherige Wildnis gebracht und Erscheinungen
gedeutet, die in ihren Ursachen vielleicht geahnt, aber nicht verstanden
wurden. Deshalb beglückwünsche ich Sie zu dieser erfolgreichen Arbeit;
geben Sie dieselbe den angehenden und schaffenden Ingenieuren recht
bald in die Hand. Sie wird in weiten technischen Kreisen großen An-
klang finden; denn ein Bedürfnis ist vorhanden."

Herr Dipl.-Ing. S. Rieger der Maschinenfabrik Augsburg-
Nürnberg schreibt:

„Aus den Nöten der Praxis heraus entstanden und für die Praxis
bestimmt, daneben aber auch geeignet, dem Studierenden und dem
Ingenieur in übersichtlicher und leichtverständlicher Weise grundlegende
Kenntnisse von den dynamischen Vorgängen bei der Leistungsregelung
von Kompressoren und Pumpen zu schaffen, das ist der Gesamteindruck,
den ich beim Studium Ihrer Arbeit gewonnen habe. In der einschlägigen Literatur suchte man bisher leider vergeblich eine Behandlung
dieser Probleme. Dieser Umstand ist wohl zum großen Teil auch schuld
an dem vielfach beobachteten Mangel der notwendigsten Kenntnisse
über die Leistungsregelung nicht nur bei Betriebsleitern, sondern auch
bei Konstrukteuren von Kompressoren und Pumpen, denen die allgemeinen Gesetze der Regelung und besonders der Leistungsregelung
geläufig sein müssten.

Wenn man auf Einzelheiten des vorliegenden Werkes eingeht, so
ist zunächst als Ziel der Arbeit zu erkennen, daß sie die Hebung der
Wirtschaftlichkeit jener zahllosen Werke und Betriebe anstrebt, in
denen Kompressoren und Pumpen in Frage stehen. Das kann dadurch
erreicht werden, daß alle Stellen, welche für die Ausführung und den
Betrieb solcher Anlagen in Betracht kommen, wie Maschinenfabriken,
Regler-Bauanstalten und Betriebsleitungen die neuen Gesichtspunkte
und Ergebnisse der vorliegenden Arbeit richtig bewerten und den
entsprechenden Nutzen daraus ziehen. Auf diese Weise werden dann
auch die Fälle vermieden werden, in denen bei unregelmäßig und daher
unwirtschaftlich arbeitenden Anlagen die Schuld an diesen Mißständen
mangels tiefergehender Kenntnis der dynamischen Vorgänge einfach
der Regelung zugeschrieben werden.

Die zahlreichen Beispiele, rechnerischen und graphischen Untersuchungen, sowie die daraus gezogenen Schlußfolgerungen für die Praxis

erleichtern das Studium des behandelten Gegenstandes außerordentlich und ermöglichen dem Konstrukteur und Betriebsleiter, spezielle Fälle danach zu beurteilen. So ist insbesondere die Selbstregelung in einfacher Weise charakterisiert und klar entwickelt, welche Einflüsse die verschiedenen in Betracht kommenden Faktoren auf den Betrieb haben. Die im Laufe der Entwicklungen vorgenommenen Vereinfachungen erhöhen den Überblick und stellen die Vorgänge in der Praxis mit genügender Genauigkeit dar.

Bei den verschiedenen Untersuchungen und Betrachtungen über die wichtigsten Regelungsarten von Kompressoren ist als besonders bemerkenswertes Ergebnis festzustellen, daß nicht nur die Änderung der Drehzahl, sondern auch die Änderung des Fördermitteldruckes von ausschlaggebender Bedeutung ist, und daß aus diesem Grunde sich die Regelung von Kompressoren ganz wesentlich von jener der Pumpen unterscheidet. Ein besonderes Gewicht wird mit Recht auch der Änderung des Dampfdruckes bei Dampfmaschinen als Antriebsmaschinen beigelegt.

Bemerkenswert sind auch die Untersuchungsergebnisse beim Parallelbetrieb von Kompressoren, bei welchem als hervorstechendstes Merkmal die Verschiebung der Arbeitsverteilung zu nennen ist.

Nach allem füllt Ihre Arbeit eine fühlbare Lücke in der Fachliteratur aus und wird der Wirtschaft und Praxis sicherlich gute Dienste leisten."

Zum Schluß möchte ich noch bemerken, daß das vorliegende Buch vor der Drucklegung mit kürzerem Inhalt als Doktordissertation bei der Technischen Hochschule München eingereicht wurde. Ich benütze die Gelegenheit, den Herren Referenten Geheimrat Professor Dr. Schröter, Professor Schmeer und Privatdozent Dr. Zerkowitz für die mühevolle Arbeit der Durchsicht und für einige noch verwertete Anregungen meinen besten Dank zum Ausdruck zu bringen.

Nürnberg, im Juli 1920.

Dr.-Ing. Leo Walther.

Inhaltsverzeichnis.

Inhaltsverzeichnis.   VII

I. Einleitung.

Druckluft und Druckwasser haben in immer zunehmendem
Maße ungeahnte Verwendungsmöglichkeiten gefunden. Im Bergbau
und in Hüttenwerken, im Maschinen- und Schiffbau, in Kesselschmie-
den und Gießereien, in Brückenbauanstalten und Eisenkonstruktions-
werkstätten, im Tiefbau und in der chemischen Industrie, sowie auf
manchen anderen Gebieten des Wirtschaftslebens haben sie bei der
Gewinnung, Bearbeitung und Ortsveränderung von Stoffen und Gegen-
ständen in wirtschaftlichem Sinne geradezu revolutionierend gewirkt.
Durch die Erzeugungs- und Fortleitungsmöglichkeit von Druckwasser
konnte erst die heutige zentrale Wasserversorgung von Städten und
Ortschaften geschaffen werden.

Die Erzeugung von Druckluft und Druckwasser erfolgt in der Regel
mittels Kompressoren und Pumpen, ihre Fortleitung in Rohrleitungen und ihre Aufspeicherung in geschlossenen und offenen Behältern. Hierbei muß sich die Förderleistung dem Bedarf anpassen,
ohne daß sich unsichere oder unwirtschaftliche Betriebsverhältnisse
einstellen. Um diesen Anforderungen genügen zu können, werden diese
Maschinen mit Regelvorrichtungen, sog. Leistungsreglern, ausgestattet, die die wichtigsten Teile an ihnen sind.

Während man aber in der Fachliteratur seit langer Zeit dynamische
Untersuchungen über die sog. Geschwindigkeitsregler finden
kann, sucht man eine Dynamik der Leistungsregelung vergebens.
Man beschränkte sich bei dieser auf eine kurze Beschreibung der Regelvorrichtungen und deren ungefähre Wirkungsweise, wobei obendrein
die Darstellung teilweise unklar und unvollständig, mitunter auch
unrichtig ist [1]). Es ist deshalb auch nicht zu verwundern, daß bei Konstrukteuren und Betriebsleitern, Monteuren und Maschinisten wenig
Klarheit über die Vorgänge bei der Leistungsregelung herrscht. Mannig-
fach erdachte Regelvorrichtungen werden gefühlsmäßig mit meist sehr
geringer theoretischer Erkenntnis an die Maschinen angebaut. Die
Folge davon ist, daß Besitzer solcher Anlagen nicht selten mit der

---

[1]) Siehe z. B. Tolle, Die Regelung der Kraftmaschinen, 1909, II. Aufl. S. 499
bis 519. Ostertag, Theorie und Konstruktion der Kolben- und Turbokompressoren, 1911, S. 75—84. Zeitschrift des Vereins deutscher Ingenieure: Dr. H. Hoff-
mann, Die Maschinenwirtschaft in Bergwerken, Jahrg. 1909, S. 3, 94/95.

Leistungsregelung recht unzufrieden sind. Wenn man aber bedenkt, welch bedeutende Werte bei der weiten Verbreitung solcher Maschinenanlagen in Frage kommen, so darf es als ein Gebot der Notwendigkeit bezeichnet werden, im Interesse einer sparsameren Wirtschaft, einer sicheren Betriebsführung und einer richtigeren Wahl und Anordnung solcher Regelvorrichtungen die dynamischen Vorgänge bei der Leistungsregelung klarzustellen. Dazu soll die vorliegende Abhandlung grundlegend beitragen.

Ebenso wie bei der dynamischen Untersuchung der Geschwindigkeitsregelung werden hierbei manche vereinfachende Annahmen gemacht und unbedeutende Einflüsse nicht berücksichtigt, um bei den an sich nicht einfach gelagerten Verhältnissen den Überblick nicht zu verlieren. Es steht jedoch nichts im Wege, in besonderen Fällen die Untersuchungen weiter auszudehnen. Sie beschränken sich im übrigen auf die bekanntesten Regelvorrichtungen an den weitaus am meisten verbreiteten Kolbenkompressoren und Kolbenpumpen, welche Druckluft bzw. Druckwasser fördern, können jedoch auch auf nicht behandelte Maschinen und Regelvorrichtungen, sowie auf andere Gase und Flüssigkeiten sinngemäß übertragen werden. Für veränderliche Drehzahl ist der hierbei fast ausschließlich anzutreffende Dampfmaschinenantrieb zugrunde gelegt, während für unveränderliche Drehzahl die Art des Antriebes belanglos ist.

II. Arten der Regelvorrichtungen.

Wie schon der Name sagt, fallen unter den Begriff der Leistungsregelung alle Regelvorrichtungen, welche die Förderleistung von Kompressoren und Pumpen selbsttätig oder durch Eingriff von Hand dem Bedarf anpassen.

Man unterscheidet zweierlei Arten von Regelvorrichtungen. Die einen haben ihre Aufgabe bei unveränderlicher Drehzahl zu erfüllen, die anderen regeln Förderleistung und Kraftzufluß durch Veränderung der Drehzahl. Daneben ist Kompressoren und Pumpen noch eine Selbstregelung eigen, welche meist in günstigem Sinne allein oder zusätzlich zur Wirkung kommt.

Eine unveränderliche oder nur in ganz engen Grenzen schwankende Drehzahl ist z. B. vorhanden, wenn der Antrieb von einer Transmission aus erfolgt, nicht selten auch beim Antrieb durch Verbrennungsmaschinen und Elektromotoren.

Eine in weiten Grenzen veränderliche Drehzahl findet man fast ausschließlich bei unmittelbarem Dampfmaschinenantrieb, der deshalb für diese Regelungsart im nachfolgenden zugrunde gelegt ist.

a) Unveränderliche Drehzahl.

Bei kleineren Kompressorenanlagen wendet man die sog. Aussetzerregelung an. Sobald der Luftdruck eine vorgeschriebene Grenze erreicht hat, werden durch dessen Einwirkung die Saugventile des Kompressors selbsttätig geöffnet erhalten, so daß die angesaugte Luftmenge beim Rückgang des Kolbens wieder hinausgeschoben wird. Diese Aussetzung der Drucklufterzeugung dauert so lange, bis der Luftdruck im Windkessel auf eine untere Grenze gefallen ist, worauf dann selbsttätig die normale Drucklufterzeugung und -förderung wieder einsetzt. Bei doppeltwirkenden Kompressoren kann auch eine stufenweise Aus- und Einschaltung vorgesehen werden, bei welcher die Förderung je nach der Stärke der Druckluftentnahme selbsttätig zur Hälfte durch Ausschaltung von nur einer Zylinderseite oder ganz durch Ausschaltung beider Zylinderseiten ausgesetzt werden kann.

Mit ähnlicher Wirkung kann eine Aussetzung der ganzen Förderung durch selbsttätiges Absperren der Saug- oder der Druckleitung erreicht werden. Während dieser Zeit wird die im Zylinder eingeschlossene Luftmenge ohne besonders großen Kraftaufwand komprimiert und expandiert oder von einer Kolbenseite auf die andere verschoben. Bei unmittelbarem Elektromotorenantrieb wird mitunter auf gleiche Weise der Strom selbsttätig ausgeschaltet und dadurch das Maschinenaggregat vorübergehend stillgesetzt.

Bei größeren Kompressoren würde eine so häufige Ein- und Ausschaltung einen zu ungünstigen Einfluß auf die Antriebsmaschine ausüben. Besonders bei elektrischem Antrieb greift man dann zur Regelung der Saugleistung. Es geschieht dies dadurch, daß man durch ein von Hand verstellbares oder selbsttätig vom Windkesseldruck beeinflußtes Steuerorgan entsprechend einem verminderten Druckluftbedarf die zuviel angesaugte Luftmenge bei jedem Hub vor Beginn der Kompression wieder ausstoßen läßt (siehe Fig. 28).

Kolbenpumpen werden meist von Hand auf kürzere oder längere Zeit stillgesetzt, wenn der Wasserverbrauch geringer ist, besonders wenn ein genügend großer Aufspeicherungsbehälter auf längere Zeit den Ausgleich zwischen Lieferung und Verbrauch übernehmen kann oder mehrere Pumpen an der Förderung beteiligt sind. Seltener findet man die Aussetzerregelung vertreten; sie vollzieht sich in ähnlicher Weise, wie bei den Kompressoren, indem der wechselnde Druck in einem geschlossenen Druckwasserkessel den Kraftzufluß (elektr. Stromzuführung) aus- und wieder einschaltet. Mitunter wird auch, wie bei den Kompressoren, bei jedem Kolbenhub das zuviel angesaugte Wasser bei jedem Hub durch ein von Hand einstellbares Regelorgan wieder abgelassen.

b) Veränderliche Drehzahl.

Eine Veränderung der Drehzahl von Kompressoren und Pumpen kann durch Eingriff von Hand herbeigeführt werden, indem der Maschinist den Kraftzufluß durch Vermehrung oder Verminderung der Dampffüllung oder der Drosselung des Eintrittsdampfes vorübergehend ändert. Es wird dann mit oder ohne Fliehkraftregler eine höhere oder niedere Drehzahl selbsttätig herbeigeführt. Mitunter wird auch der Kraftzufluß mittelbar durch Erhöhung oder Verminderung der Muffenbelastung des Fliehkraftreglers (Auflegen von Gewichten, Verschieben eines Gewichtes auf dem Reglerhebel, Anspannen von Federn) oder durch Herstellen eines anderen Übersetzungsverhältnisses zwischen Maschine und Fliehkraftregler während des Betriebes von Hand verändert, worauf sich ebenfalls eine gewünschte Drehzahl selbsttätig einstellt.

Abgesehen von der Selbstregelung findet man eine selbtstätige Veränderung der Drehzahl nur bei den Kompressoren. Es wird hierbei der Kraftzufluß durch ein vom Windkesseldruck beeinflußtes Regelorgan selbsttätig verändert, welches dann entweder selbst oder in unmittelbarer Verbindung mit einem Fliehkraftregler die erforderliche Drehzahl einstellt.

c) Leistungsregler und Geschwindigkeitsregler.

Im engeren Sinne versteht man unter Leistungsregler nur jene stark statischen Fliehkraftregler, durch welche vermittels einer entsprechenden Verstellvorrichtung die Drehzahl von Kompressoren und Pumpen nach Bedarf in weiten Grenzen verändert wird. Ihnen stehen die nahezu astatischen Fliehkraftregler als sog. Geschwindigkeitsregler von Kraftmaschinen gegenüber. Da über diesen Unterschied vielfach Unklarheit herrscht, soll derselbe noch näher gekennzeichnet werden.

Die Leistungsregler im engeren Sinne haben die Aufgabe, bei Änderungen im Verbrauch eines Fördermittels einen neuen Beharrungszustand einzustellen, dessen Drehzahl weit, mitunter einige hundert Prozent, von der des vorhergehenden abweicht, während die Belastung der Antriebsmaschine bei jedem Beharrungszustand fast dieselbe Größe hat. Es geschieht dies dadurch, daß der Kraftzufluß selbsttätig oder durch Eingriff von Hand vorübergehend geändert und dann im Verlauf der Regelung selbsttätig annähernd wieder auf das frühere Maß gebracht wird. Auch allein oder gleichzeitig auftretende Schwankungen im Kraftzufluß (Dampfdruck) sind in ähnlicher Weise zu beherrschen. Der Regelvorgang vollzieht sich innerhalb verhältnismäßig langer Zeit, meist mehreren Minuten.

Im Gegensatz dazu haben die sog. Geschwindigkeitsregler vor allem die Aufgabe, bei eintretenden Belastungsänderungen die Kraftmaschine rasch, innerhalb einiger Sekunden, selbsttätig in einen neuen Beharrungszustand überzuführen. Es geschieht dies dadurch, daß der Regler eine der neuen Belastung entsprechende dauernde Änderung des Kraftzuflusses herbeiführt. Die Belastung der Kraftmaschine kann hierbei eine Änderung zwischen 0 und 100 Prozent erfahren, während sich die Drehzahlen nur innerhalb sehr enger Grenzen, die höchstens einige Prozente voneinander abweichen, ändern dürfen, auch wenn unabhängig von der Belastungsänderung allein oder gleichzeitig Schwankungen im Kraftzufluß (Dampfdruck) auftreten. Solche Anforderungen werden z. B. beim Antrieb von Dynamomaschinen, Textilmaschinen, Werkzeugmaschinen gestellt.

Hinsichtlich der konstruktiven Einzelheiten der Regelvorrichtungen möge auf die einschlägige Literatur [1]) und auf die Prospekte und Kataloge [2]) der Hersteller verwiesen sein, soweit sie nicht aus den schematischen Skizzen dieser Abhandlung erkenntlich sind.

III. Der Beharrungszustand und die Anforderungen an die Leistungsregelung bei dessen Störung.

Kompressoren und Pumpen sind im Beharrungszustand, wenn Verbrauch und Förderleistung ununterbrochen einander gleich sind und bleiben. Tritt eine Ungleichheit ein, dann ist der Beharrungszustand gestört; es muß dann durch Selbstregelung oder mit Hilfe einer Regelvorrichtung ein anderes Verhältnis hergestellt werden, das den Anforderungen gerecht wird.

Bei Kompressoren bildet die Änderung des Luftdruckes im Aufspeicherungsgefäß (im nachfolgenden Windkessel genannt) einen Maßstab für den Druckluftverbrauch (im nachfolgenden auch Belastung des Kompressors genannt). Wenn weniger Druckluft verbraucht als gefördert wird, dann steigt der Luftdruck im Windkessel und umgekehrt. Ändert sich dieser Druck wesentlich, dann hat dies zur Folge, daß die Luftverbraucher bei höherem Luftdruck mehr Druckluft entnehmen als bei niedrigerem; die Düsen werden mehr Luft ausströmen lassen,

---

[1]) Siehe z. B. Tolle, Die Regelung der Kraftmaschinen, 1909, II. Aufl., S. 499 bis 514 und Ostertag, Theorie und Konstruktion von Kolben- und Turbokompressoren, 1911, S. 75—94.

[2]) Siehe z. B. die Prospekte bzw. Kataloge von Steinle & Hartung, Quedlinburg, Ingenieur Weiß-Basel, Pokorny & Wittekind Frankfurt a. M. G. A. Schütz Wurzen i. S.

die Lufthämmer werden eine höhere Schlagzahl annehmen, die Luftmotoren werden schneller laufen usw. und umgekehrt. Die Bedienungsmannschaft der Luftverbraucher und der Arbeitsprozeß am Luftverbrauchsort paßt sich diesem Wechsel des Luftdruckes nicht so rasch an. Je größer die Luftdruckschwankungen sind und je rascher sie sich vollziehen und aufeinanderfolgen, um so unwirtschaftlicher wird dann gearbeitet. Man fordert deshalb allgemein, daß der Luftdruck im Windkessel bei gestörtem Beharrungszustand innerhalb gewisser Grenzen bleibt, die nicht weit voneinander liegen sollen. Bei den weitaus meisten Anwendungsgebieten der Druckluft hat sich ein normaler Windkesseldruck von 6—7 Atm. abs. eingebürgert, wobei die Grenzdrücke nicht mehr als $^1/_2$ Atm. vom normalen abweichen sollen.

Bei Pumpen ist die Druckhöhe meist konstant; es können dann nicht solche Folgen, wie bei den Kompressoren, auftreten. Ist die Druckhöhe veränderlich, wie z. B. bei unmittelbarer Förderung in ein Wasserversorgungsnetz oder in einen geschlossenen Druckwasserkessel, dann sind zu große Schwankungen des Druckes ebenfalls unwirtschaftlich oder sicherheitsgefährlich. Es dürfen deshalb vorgeschriebene Grenzen gleichfalls nicht über- oder unterschritten werden.

Damit bei Kompressoren und Pumpen ein oberer Druck nicht überschritten werden kann, muß aus Sicherheitsgründen an geschlossenen Behältern ein selbsttätig wirkendes Abblaseventil angebracht sein und bei Pumpen mit offenen Behältern ein selbsttätiger Überlauf.

Die ununterbrochene Förderung kann in erster Annäherung proportional zur Drehzahl gesetzt werden. Ist letztere unveränderlich, dann ist lediglich zu fordern, daß die Grenzdrücke nicht überschritten werden, was bei der Aussetzerregelung ohne weiteres der Fall ist; die fortwährenden Schwankungen des Druckes im gestörten Beharrungszustand müssen bei letzterer in Kauf genommen werden, und es ist nur anzustreben, daß sie nicht zu rasch aufeinanderfolgen.

Ist die Drehzahl veränderlich, dann soll bei jeder Störung des Beharrungszustandes alsbald Förderleistung und Verbrauch wieder in Einklang gebracht werden, wobei insbesondere beim größten Be- oder Entlastungsverhältnis Druck und Drehzahl innerhalb vorgeschriebener Grenzen bleiben sollen. Weniger von Belang ist die Zeitdauer des Regelvorganges und die Höhe des Druckes bei jedem Beharrungszustand, sofern er noch innerhalb der Grenzen liegt.

Abgesehen von der Aussetzerregelung ist Voraussetzung für eine einwandfreie Regelung, daß sie stabil ist, d. h. Drehzahl und Druck des neuen Beharrungszustandes sollen aperiodisch erreicht werden oder es sollen wenigstens auftretende periodische Schwankungen stetig so abnehmen, daß sie in einigen Minuten praktisch ganz aufhören, innerhalb zugelassener Grenzen bleiben und nicht zu kurz aufeinanderfolgen.

Gleichbleibende oder gar zunehmende periodische Schwankungen von Druck oder Drehzahl sollen nicht auftreten.

Bei Pumpen liegen die Verhältnisse insofern günstiger, als die Be- oder Entlastung derselben gewöhnlich nicht plötzlich, sondern allmählich vor sich geht, und wenn die Druckhöhe konstant ist, dann hat dies überhaupt keinen Einfluß auf die Regelung, weil die meist großen Aufspeicherungsbehälter den Ausgleich allein übernehmen.

Ändert sich die Dampfeintrittsspannung allein oder gleichzeitig mit zu- oder abnehmenden Druckluftverbrauch eines Kompressors, dann ist, wie später noch zu sehen sein wird, der Regelvorgang bei keiner der bekannten Regelvorrichtungen stabil. Es muß deshalb, wenn notwendig, eine Nachregelung von Hand möglich sein; es ist aber hierbei anzustreben, daß Drehzahl und Windkesseldruck erst nach Umfluß verhältnismäßig langer Zeit die Grenzen allmählich überschreiten, um noch rechtzeitig eingreifen zu können, besonders bei Zusammenfallen zeitlich rasch abnehmender Dampfeintrittsspannung und plötzlicher maximaler Entlastung von Kompressoren und umgekehrt. Für Pumpen gilt sinngemäß dasselbe, wenn nicht ein nahezu astatischer Fliehkraftregler verwendet wird.

Um eine Überschreitung der höchstzulässigen Drehzahl hintanzuhalten, müssen Sicherheitsvorkehrungen getroffen werden, die dann die Maschine durch Abstellung des Kraftzuflusses schnellstens zum Stillstand bringen, insbesondere wenn durch einen Rohrbruch oder eine sonstige Betriebsstörung ein Durchgehen der Maschine in Aussicht steht. Bei Verwendung eines nahezu astatischen Fliehkraftreglers ist dies ohne weiteres der Fall; ebenso wenn zu diesem ausschließlichen Zweck zu einem gewöhnlichen Sicherheitsregler gegriffen wird. Stark statische Regler müssen mit besonderen Einrichtungen ausgestattet sein.

IV. Der Regelvorgang im allgemeinen.

Bei unveränderlicher Drehzahl ist der Regelvorgang einfach. Es wird durch Aussetzer oder durch Veränderung der angesaugten Menge Luft oder Wasser eine andere Förderleistung eingestellt, wobei lediglich Druckschwankungen auftreten.

Bei veränderlicher Drehzahl muß auch die Differenz des auf die Kurbelwelle bezogenen Kraftmomentes K und Widerstandsmomentes W im Beharrungszustand gleich Null sein und bleiben; die Maschine läuft dann mit gleichbleibender Geschwindigkeit. Nimmt diese Differenz einen konstanten oder veränderlichen positiven oder negativen Wert an, dann wird die Geschwindigkeit beschleunigt oder verzögert; der Beharrungszustand ist gestört.

Wird die Winkelgeschwindigkeit der Kurbelwelle mit ω, die Drehzahl mit n und das auf die Kurbelwelle bezogene Trägheitsmoment sämtlicher an der Drehung teilnehmenden Schwungmassen mit Θ bezeichnet, dann besteht nach dem Gesetz der Trägheit bewegter Massen die allgemeine Beziehung:

$$\Theta \frac{d\omega}{dt} = K - W , \tag{1}$$

oder da $\quad \omega = \dfrac{\pi \cdot n}{30}$

$$\frac{\pi \cdot \Theta}{30} \frac{dn}{dt} = K - W . \tag{2}$$

Im Beharrungszustand mit einem Kraftmoment K_0 und einem Widerstandsmoment W_0 ist dann:

$$\frac{\pi \cdot \Theta}{30} \frac{dn}{dt} = K_0 - W_0 = 0 , \tag{3}$$

also $\qquad\qquad\qquad n = n_0 =$ konstant.

Aus Gleichung (2) und (3) läßt sich dann ableiten:

$$\frac{\pi \cdot \Theta}{30} \frac{dn}{dt} = (K - K_0) - (W - W_0) . \tag{4}$$

Es ist dies die Ausgangsgleichung für alle nachfolgen an Untersuchungen bei Regelvorgängen mit veränderlicher Drehzahl. Vorausgesetzt wird hierbei, daß der Fliehkraftregler masselos ist. Läßt man diese Voraussetzung fallen, dann tritt zu Gleichung (4) noch die aus der einschlägigen Literatur bekannte Gleichung für die Hülsenbewegung des Fliehkraftreglers von der allgemeinen Form:

$$\frac{d^2h}{dt^2} + a \cdot \frac{dh}{dt} + b \cdot h = c \cdot n + d . \tag{5}$$

Hierin bedeuten h den Weg der Reglerhülse, a, b, c und d Konstante des Systems, n die Drehzahl. Die Gleichungen (4) und (5) lassen sich zu einer Differentialgleichung 3. Grades vereinigen, aus welcher dann die Drehzahl- und Druckschwankungen bestimmt werden können.

Gleichung (5) ist eigentlich nur anwendbar, wenn die Ungleichförmigkeit des Reglers klein und über den ganzen Hülsenhub konstant ist, was bei den hier in Frage kommenden stark statischen Fliehkraftreglern nicht so zutrifft, wie bei den nahezu astatischen Fliehkraftreglern, die bei der sog. Geschwindigkeitsregelung Verwendung finden.

Durch die Gleichung (5) werden dem Regelvorgang noch die Eigenschwingungen des Reglers aufgelagert, die bei den fast ausschließlich verwendeten stark statischen Fliehkraftfederreglern mit ihrem großen Ungleichmäßigkeitsgrad und kleinen Massen unbedeutend sind, zumal auch die Regelzeiten verhältnismäßig lang sind und die Schwingungsausschläge durch die Widerstände im Reglersystem, gegebenenfalls auch noch durch eine Ölbremse eine starke Dämpfung erfahren. Im übrigen sind bei Kompressoren und Pumpen, abgesehen von der Regelung durch mehr oder minder rasche Handverstellung, die Belastungsänderungen der Kraftmaschine fast nie sprunghaft, sondern allmählich, wodurch die Eigenschwingungen des Reglers an sich außerordentlich vermindert werden und auch eine etwa stärker wechselnde Verstellkraft fast ohne Belang ist. Für die praktische Beurteilung der Regelung kommt es nicht so sehr darauf an, ob dieselbe noch von kleinen aufgelagerten Schwingungen begleitet ist, sondern auf die Stabilität und den Hauptcharakter der absoluten und zeitlichen Änderung von Drehzahl und Druck.

Es soll deshalb im nachfolgenden der Einfachheit halber ein masseloser Fliehkraftregler zugrunde gelegt werden, der bei jeder Drehzahländerung sofort die ihr entsprechende Hülsenlage einnimmt. Es ist dann nur Gleichung (4) für die nachfolgenden Untersuchungen maßgebend, nach welcher die jeweilige Änderung des Kraft- und Widerstandsmomentes gegenüber dem vorhergehenden Beharrungszustand zu bestimmen ist.

Dabei ist noch der Umstand zu berühren, daß bei Kolbenmaschinen eigentlich die Differenz zwischen Kraft - und Widerstandsmoment schon im gekennzeichneten Beharrungszustand innerhalb jeder Umdrehung positive und negative Werte annimmt. Diese Ungleichförmigkeit des Ganges ist bei Dampfkompressoren und -pumpen um ein Mehrfaches größer als z. B. bei Dampfmaschinen zum Antrieb von Lichtdynamos, weil einerseits Kraft und Widerstand innerhalb eines Kolbenhubes viel größere Unterschiede aufweisen und andererseits das ausgleichende Schwungrad in der Regel viel leichter gehalten wird. Immerhin ist dieser Umstand für das Endergebnis der folgenden Untersuchungen ohne besondere Bedeutung, da es sich ebenfalls nur um ganz kleine aufgelagerte Schwingungen von der Zeitdauer je eines Kolbenhubes handelt. Sie sollen aus den vorangegebenen Gründen ebenfalls nicht berücksichtigt werden. Wollte man dies tun, dann müßte man, wie dies Rülf[1]) versucht hat, den Reguliervorgang von Kolbenhub zu Kolbenhub verfolgen, was bei den hier in Frage kommenden langen Regelzeiten außerordentlich mühsam wäre, ohne daraus etwas Wesentliches erkennen zu können.

Vorausgesetzt wird bei den nachfolgenden Untersuchungen ferner, daß die Steuer- und Regelorgane in starrer Verbindung miteinander sind und daß der Fliehkraftregler die Kraftmaschine nicht intermittierend, sondern kontinuierlich beeinflußt. Rülf[2]) hat auch den letzteren unbedeutenden Umstand näher untersucht und gefunden, daß dadurch der Reguliervorgang etwas abgekürzt wird.

---

[1]) Rülf, Der Reguliervorgang bei Dampfmaschinen, S. 53.
[2]) Rülf, Der Reguliervorgang bei Dampfmaschinen, S. 48.

V. Das Kraftmoment der Dampfmaschine.

a) Änderung der Dampffüllung bei konstanter Dampfeintrittsspannung und Drehzahl.

In Fig. 1a ist das Schema eines Dampfkompressors dargestellt, der in der Ausführung bezüglich Anordnung und Zylinderzahl verschiedene Variationen haben kann.

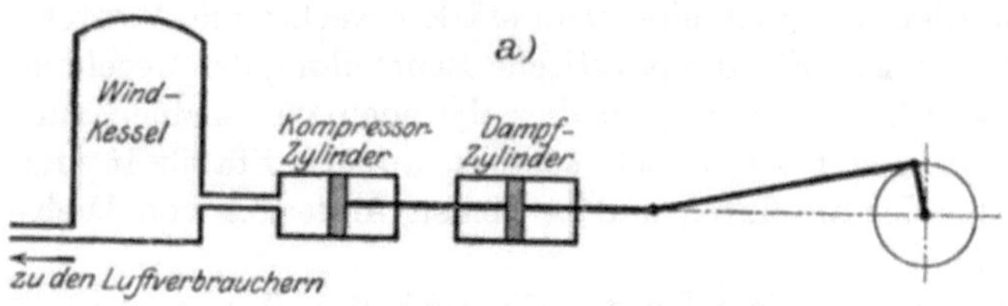

Fig. 1a. Schema eines Dampfkompressors.

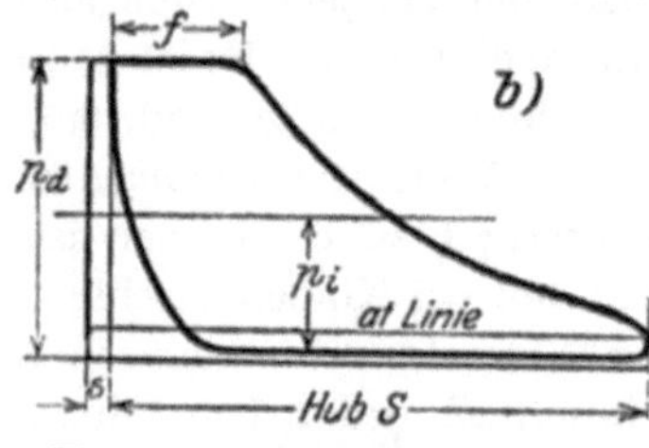

Fig. 1b. Indikatordiagramm des Dampfzylinders.

In Fig. 1b ist das zugehörige Indikatordiagramm des Dampfzylinders gezeichnet.

Es bedeute:

p_d die absolute Dampfeintrittsspannung in kg/qcm,

p_i die mittlere indizierte Spannung in kg/qcm,

F den wirksamen Kolbenquerschnitt des (Niederdruck-) Dampfzylinders in qm,

S den Kolbenhub in m,

s den schädlichen Raum in cbm,

f die Dampffüllung, bei Mehrzylindermaschinen bezogen auf den Niederdruckzylinder,

N_i die indizierte Leistung in PS,

N_n die Nutzleistung an der Kurbelwelle in PS,

η den mechanischen Wirkungsgrad des Dampfkompressors,

K das Kraftmoment an der Kurbelwelle in mkg.

Es ist dann:

$$N_i = \frac{10\,000 \cdot 2\,n \cdot F \cdot S \cdot p_i}{60 \cdot 75}, \tag{6}$$

$$N_n = \eta \cdot N_i, \tag{7}$$

$$K = \frac{60 \cdot 75}{2\,\pi} \cdot \frac{N_n}{n} = \frac{10\,000 \cdot F \cdot S \cdot \eta \cdot p_i}{\pi}. \tag{8}$$

Bleiben die unbedeutenden Änderungen des Wirkungsgrades η für die hier in Frage kommenden kleinen Belastungsänderungen der Dampfmaschine unberücksichtigt, dann kann, da die anderen Faktoren konstant sind, gesetzt werden:

$$K = p_i \cdot \text{const.} \tag{9}$$

In Fig 2a, 3a und 4a ist nun für verschiedene Dampffüllungen f und für verschiedene Dampfeintrittsspannungen p_d die mittlere indizierte Spannung p_i aufgetragen, und zwar für Auspuff- und Kondensationsdampfmaschinen[1]).

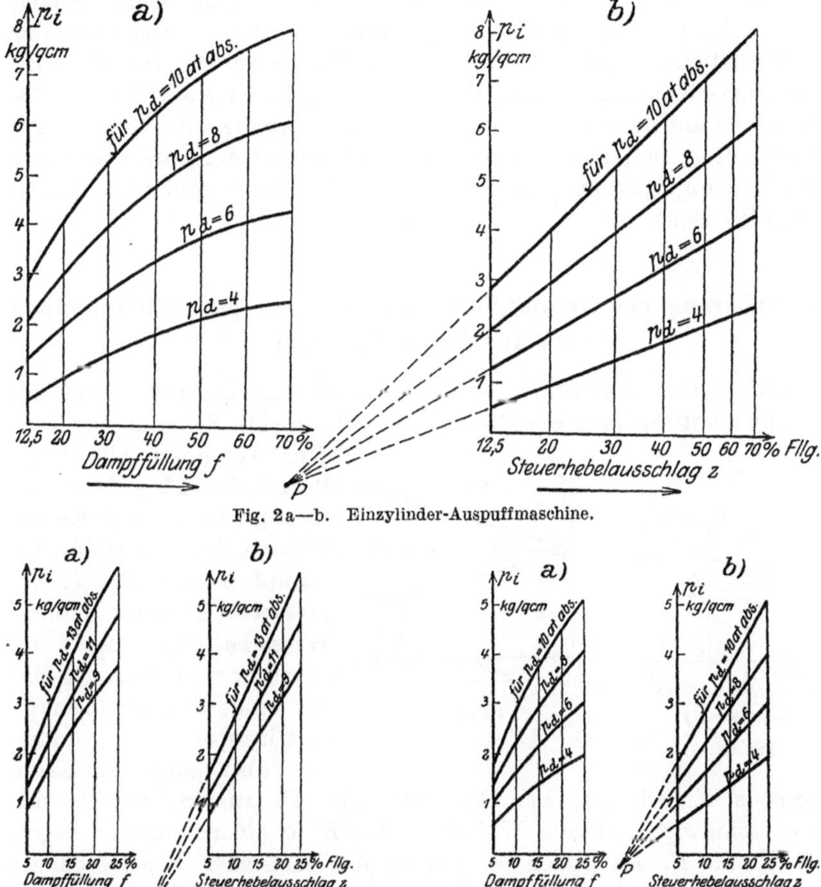

Fig. 2a—b. Einzylinder-Auspuffmaschine.

Fig. 3a—b. Zweizylinder-Auspuffmaschine.

Fig. 4a—b. Zweizylinder-Kondensationsmaschine.

Nun hängt aber die Füllungsverteilung am Steuerhebel von der **Art** der Dampfmaschinensteuerung ab und kann durch Aufzeichnung des Steuerdiagrammes ermittelt werden. In den meisten Fällen sind die Füllungsgrade auch nicht annähernd gleichmäßig über den Steuer-

[1]) Es sind die Mittelwerte der indizierten Spannungen (bei Zweizylindermaschinen die red. Spannung bezogen auf den Niederdruckzylinder) aus Hütte, des Ingenieurs Taschenbuch, benützt (siehe z. B. XX. Aufl., Bd. II, S. 164/165).

hebelausschlag z verteilt, und zwar trifft gewöhnlich auf die niederen Füllungsgrade ein größerer Ausschlag als auf die höheren[1]). Das hat zur Folge, daß sich die Kurven der Fig. 2a, 3a, 4a der Geraden nähern, wenn p_i als Ordinate zum Steuerhebelausschlag z aufgetragen wird, wie dies in den Fig. 2b, 3b, 4b gezeichnet ist. Für die nachfolgenden Untersuchungen soll, wie dies bei den dynamischen Untersuchungen der Geschwindigkeitsregelung in der Literatur[2]) ohne weiteres vorausgesetzt wird, zugrunde gelegt werden, daß die Füllungsgrade gemäß den Fig. 2b, 3b, 4b so auf den Steuerhebel verteilt sind, daß die mittlere indizierte Spannung p_i und damit auch das Kraftmoment für eine bestimmte Eintrittsdampfspannung p_d im linearen Verhältnis zum Steuerhebelausschlag steht.

b) Änderung der Dampffüllung und der Dampfeintrittsspannung bei konstanter Drehzahl.

Ein Steigen und Sinken des Dampfkesseldruckes und damit der Dampfeintrittsspannung p_d ist im Betriebe nichts Seltenes und tritt ganz besonders häufig im Bergbaubetrieb auf, wo die Inanspruchnahme der Kesselbatterie durch verschiedene Dampfverbraucher (Kompressoren, Fördermaschinen, Wasserhaltungen usw.) oft eine sehr wechselnde ist. Mit der Änderung der Dampfeintrittsspannung ändert sich aber auch das Kraft-

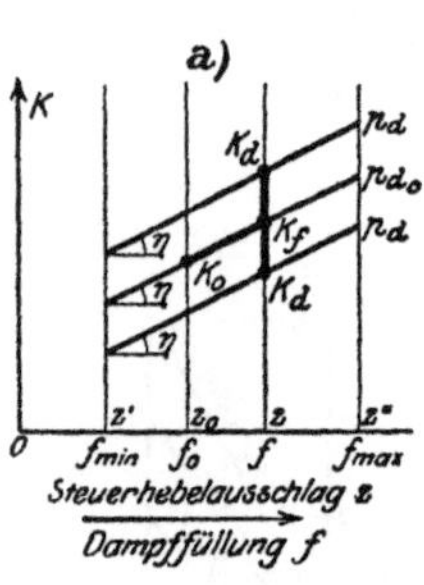

Fig. 5a.

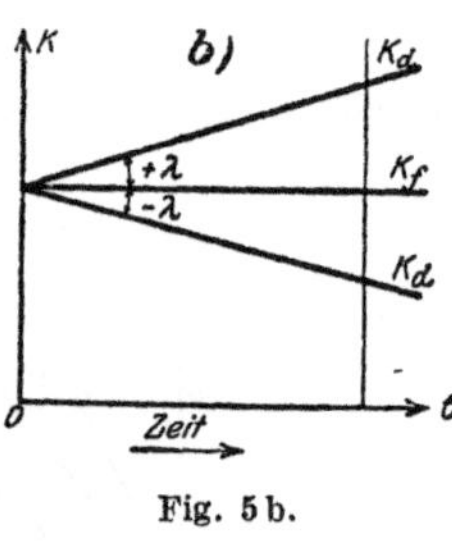

Fig. 5b.

moment K, wie aus den Fig. 2b, 3b, 4b zu ersehen ist, und zwar schneiden sich die Linienzüge für K in einem entfernt liegenden Punkt P. Da jedoch bei den zu untersuchenden Regelvorgängen nur verhältnismäßig geringe Füllungsänderungen in Frage kommen, soll zur Vereinfachung in erster Annäherung vorausgesetzt werden, daß im Bereich derselben die Linienzüge des Kraftmomentes K für die verschiedenen Dampfeintrittsspannungen zueinander parallel sind, wie dies in Fig. 5a gezeichnet ist. (Für die Regelvorgänge bei der Geschwindigkeitsregelung ist die Änderungsmöglichkeit der Dampfeintrittsspannung m. W. bisher noch nicht zum Gegenstand einer Untersuchung gemacht worden.)

---

[1]) Siehe z. B. Leist, Die Steuerung der Dampfmaschinen, II. Aufl., S. 44/45.
[2]) Siehe z. B. Tolle, Die Regelung der Kraftmaschinen, II. Aufl. S. 331.

Ändert sich nun bei einer beliebigen Dampfeintrittsspannung nur die Dampffüllung, dann ist demzufolge die Beziehung:

$$K_f - K_0 = (z - z_0)\,\mathrm{tg}\,\eta \qquad (10)$$

wie dies Fig. 5a darstellt.

Ändert sich daran anschließend die Dampfeintrittsspannung in der Zeit t gleichmäßig von p_{d_0} auf p_d bei gleichbleibender Dampffüllung f, dann kann auch diese Änderung mit guter Annäherung als linear angenommen und gemäß Fig. 5a und 5b geschrieben werden:

$$K_d - K_f = t \cdot \mathrm{tg}\,\lambda\,, \qquad (11)$$

wobei λ positiv ist, wenn die Dampfeintrittsspannung steigt und negativ, wenn sie fällt.

Ändert sich die Dampfeintrittsspannung und die Dampffüllung gleichzeitig, dann kann man sich den Vorgang nacheinander abgespielt denken, so daß entsteht:

$$K_d - K_0 = (z - z_0)\,\mathrm{tg}\,\eta + t \cdot \mathrm{tg}\,\lambda\,. \qquad (12)$$

c) Änderung der Drehzahl, der Dampffüllung und der Dampfeintrittsspannung.

Bei den vorstehenden Ausführungen ist vorausgesetzt, daß die Drehzahl konstant ist. Steigt sie, dann wird das Kraftmoment kleiner und fällt sie, dann wird es größer. Es sind hierbei in der Hauptsache die mit der Drehzahl sich ändernden Widerstände (Druckverluste) des Dampfes in Zylinder, Steuerorganen und Leitungen beteiligt. Auch eine vorhandene Dampfheizung wird mehr oder minder wirksam. Ferner ändert sich mit der Drehzahl auch der mechanische Wirkungsgrad η infolge vermehrter oder verminderter Reibungsarbeit in den bewegten Teilen der Maschinenanlage, wobei die Beschleunigungsdrücke der hin- und hergehenden Massen und die Ölzufuhr eine Rolle spielen. η wird bei größerer Drehzahl kleiner und umgekehrt.

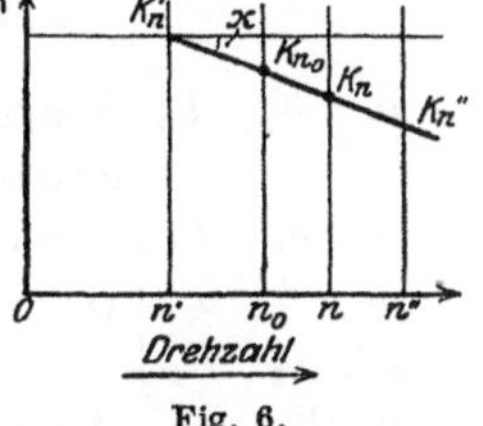

Fig. 6.

Die Größe dieser Einflüsse hängt außer von der Drehzahländerung auch nicht unwesentlich von der Größe und Art, sowie von der konstruktiven Durchbildung und Wartung der Maschinenanlage ab, ferner von der Höhe des Dampfdruckes. Wenn auch darüber vereinzelt theoretische und praktische Untersuchungen vorliegen, so verfolgten dieselben doch andere Zwecke und sind auch lückenhaft[1]; insbesondere geben sie keine ausreichende Grundlage für die Gesetzmäßigkeit der Kraftmomentänderung. Diese wird mit einer Potenz der Drehzahl

---

[1] Siehe z. B. Zeitschrift Glückauf, Jahrg. 1910, S. 745; 1911, S. 64; 1913, S. 170. Gramberg, Maschinenuntersuchungen, 1918, S. 239—244.

in Proportion stehen; immerhin wird innerhalb des Regelbereiches die Abweichung vom linearen Verhältnis nur unwesentlich sein. Es soll deshalb letzteres zugrunde gelegt werden. Es gilt dann, wie in Fig. 6 dargestellt, die Beziehung:

$$K_n - K_{n_0} = -(n - n_0)\, \mathrm{tg}\, \varkappa\,. \tag{13}$$

Ändert sich nun gleichzeitig die Dampffüllung, die Dampfeintrittsspannung und die Drehzahl, so ist zur Zeit t die Änderung des Kraftmomentes K gegenüber einem K_0 bzw. K_{n_0} zur Zeit $t = 0$:

$$\left.\begin{aligned} K - K_0 &= (K_f - K_0) + (K_d - K_f) + (K_n - K_{n_0})\\ &= (z - z_0)\, \mathrm{tg}\, \eta + t\, \mathrm{tg}\, \lambda - (n - n_0)\, \mathrm{tg}\, \varkappa \end{aligned}\right\} \tag{14}$$

VI. Das Widerstandsmoment von Kolbenkompressoren.

a) Konstante Drehzahl.

In Fig. 7 ist das Druckvolumendiagramm eines einstufigen Kolbenkompressors dargestellt. Es bedeute:

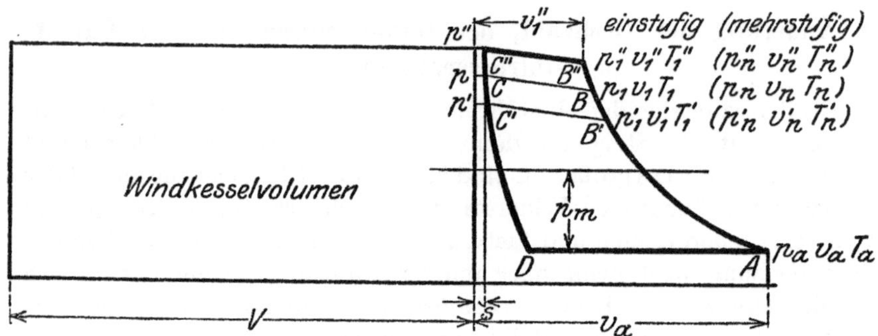

Fig. 7. Druckvolumendiagramm des Luftzylinders.

p_a, v_a, T_a Spannung, Volumen und absolute Temperatur der angesaugten Luft in Atm. abs., cbm und Celsiusgraden,

p_1, v_1, T_1 ⎫ dasselbe am Ende der Kompression im Lufzylinder
p'_1, v'_1, T'_1 ⎬ (bei mehrstufiger Kompression mit Index 2, 3...n
p''_1, v''_1, T''_1 ⎭ für den Hochdruckzylinder),

p, V, T_w dasselbe im Windkessel,

p', p'' den unteren und oberen zugelassenen Grenzdruck im Windkessel, entsprechend p'_1 bzw. p''_1 in Atm. abs.,

p_m, p'_m, p''_m die mittleren indizierten Drücke bei p, p', p'', bei mehrfacher Kompression reduziert auf den Niederdruckzylinder, in Atm.,

S den Kolbenhub in m,

s den schädlichen Raum in cbm,

F den wirksamen Kolbenquerschnitt in qm,

⎫
⎬ bei mehrfacher Kompression bezogen auf den Niederdruckzylinder,
⎭

N_i den indizierten Kraftbedarf,

Q die Ansaugemenge in cbm pro Minute,

λ den Liefergrad,

$i = 1$ eine Beizahl für einfach wirkende,

$i = 2$ „   „ für doppelt wirkende Kompressoren,

W das Widerstandsmoment an der Kurbelwelle in mkg.

Es ist dann:

$$N_i = \frac{10\,000 \cdot i \cdot n \cdot F \cdot S \cdot p_m}{60 \cdot 75} \tag{15}$$

$$Q = \lambda \cdot i \cdot F \cdot S \cdot n \tag{16}$$

und
$$\left. \begin{aligned} W &= \frac{60 \cdot 75}{2\,\pi} \cdot \frac{N_i}{n} = \frac{10\,000 \cdot i \cdot F \cdot S \cdot p_m}{2\,\pi} \\ \text{oder} \quad W &= p_m \cdot \text{const} . \end{aligned} \right\} \tag{17}$$

Trägt man für verschiedene Anfangs- und Endspannungen der Luft den mittleren indizierten Druck auf, so erkennt man, wie Fig. 8 zeigt, daß p_m und damit auch W innerhalb der üblich zugelassenen Luft-Druck-

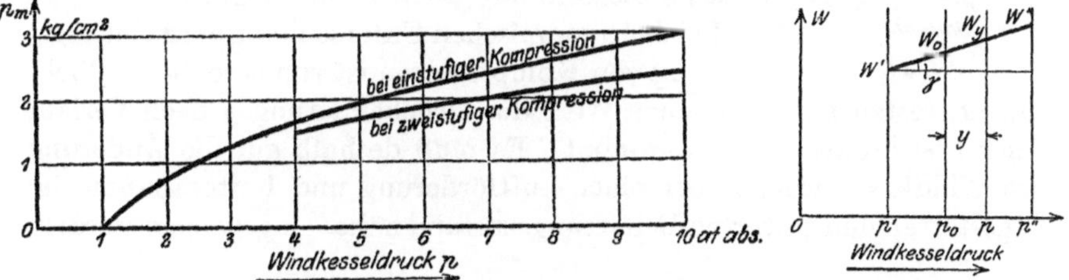

Fig. 8. Mittlerer indizierter Druck im Luftzylinder.   Fig. 9.

grenzen p' und p'', die in der Praxis nur etwa 1 Atm. auseinanderliegen, als im linearen Verhältnis zum Windkesseldruck p stehend zugrunde gelegt werden kann. Es kann also (vgl. Fig. 9) gesetzt werden:

$$W_y - W_0 = y \cdot \operatorname{tg} \gamma , \tag{18}$$

wenn mit $y = p - p_0$ die Druckänderung im Windkessel bezeichnet wird.

b) Änderung der Drehzahl.

Unabhängig vom Luftdruck im Windkessel ändert sich das Widerstandsmoment mit der Drehzahl. Es wird bei steigender Drehzahl größer und umgekehrt. Von Einfluß sind hierbei hauptsächlich die sich mit der Drehzahl ändernden Widerstände der Luft in den Steuerorganen und in den Leitungen und in geringerem Grade auch eine bessere oder schlechtere Kühlung des Zylinders. Hinsichtlich der Größe und Gesetzmäßigkeit dieser Einflüsse[1] gilt auch hier sinngemäß das auf S. 13 für das Kraftmoment Ausgeführte, und es soll deshalb auch hier

---

[1] Siehe z. B. Mitteilungen über Forschungsarbeiten auf dem Gebiete des Ingenieurwesens, Heft 58, herausgegeben vom Verein deutscher Ingenieure.

eine lineare Abhängigkeit zwischen Widerstandsmoment und Drehzahl zugrunde gelegt werden. Es kann dann, wie Fig. 10 zeigt, gesetzt werden:

$$W_n - W_{n_0} = (n - n_0)\,\mathrm{tg}\,\omega\,. \tag{19}$$

Ändert sich nun vom Zeitpunkt $t = 0$ ab sowohl der Windkesseldruck als auch die Drehzahl, dann ändert sich das Widerstandsmoment W gegenüber W_0:

$$W - W_0 = (W_y - W_0) + (W_n - W_{n_0}) = y\,\mathrm{tg}\,\gamma + (n - n_0)\,\mathrm{tg}\,\omega \tag{20}$$

Treten Resonanzerscheinungen [1]) in den Zu- oder Abströmleitungen auf, dann können verschiedene Drehzahlen einen recht wechselreichen und großen Einfluß auf das Widerstandsmoment ausüben. Abgesehen

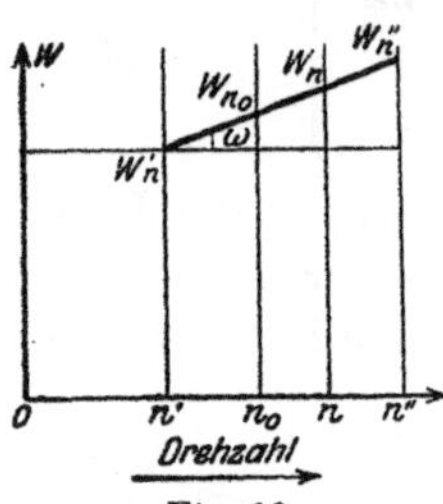
Fig. 10.

von einem mitunter recht bedeutenden Mehrverbrauch an Kraft kann die Regelung der Maschine dadurch sehr ungünstig werden. Ein solch abnormaler Zustand ist auf alle Fälle zu beseitigen. Da diese Erscheinungen auch bei jeder Anlage in anderer Weise auftreten, wäre eine allgemeine analytische Behandlung auch nicht möglich.

Bei der dynamischen Untersuchung der Leistungsregelung von Kompressoren ist von besonderer Wichtigkeit, festzustellen, welchen Wert die Druckänderung y nach Verlauf einer bestimmten Zeit t annimmt. Es muß deshalb auf die Änderung des Windkesseldruckes bei einer Luftförderung und Luftentnahme im ungestörten und gestörten Beharrungszustand näher eingegangen werden.

c) Änderung des Windkesseldruckes.

Der Windkessel hat in der Hauptsache den Zweck, Druckluft aufzuspeichern und die Druckschwankungen, die von der stoßweisen Förderung herrühren, auszugleichen. Unabhängig von diesen unerheblichen, auf den Regelvorgang einflußlosen Druckschwankungen steigt oder fällt der Luftdruck, wenn die Druckluftförderung größer oder kleiner ist als die Druckluftentnahme; seine zeitliche Änderung bildet daher den Maßstab für die gegenseitige Abhängigkeit. Die absolute Größe dieser Änderung ist für den Arbeitsprozeß am Luftverbrauchsort von maßgebender Bedeutung und abhängig vom Windkesselvolumen. Letzteres bestimmt jeder Maschinenfabrikant nach eigenem Ermessen, vielfach nach einer Faustformel ohne innere Begründung oder nach den Wünschen des Bestellers in der Platz- und Kostenfrage; die Art der zur Verwendung kommenden Regelvorrichtung wird m. W. nie berücksichtigt. Dieser Zusammenhang soll im nachfolgenden mituntersucht werden.

---

[1]) Siehe z. B. Mitteilungen über Forschungsarbeiten auf dem Gebiete des Ingenieurwesens, Heft 106 u. 129, herausgegeben vom Verein Deutscher Ingenieure; ferner Zeitschr. d. Vereins deutscher Ingenieure, Jg. 1911, S. 842; 1916, S. 565, 591, 611.

1. Druckluftförderung in den Windkessel ohne Druckluftentnahme aus demselben.

Wenn in den Windkessel nur gefördert und keine Druckluft aus ihm entnommen wird, dann wird eine fortgesetzte Steigerung des Windkesseldruckes eintreten. Um die Druckerhöhung pro Kolbenhub zu bestimmen, kann zwar der Raum, aus dem die Luft angesaugt wird, als unendlich groß angesehen werden, nicht aber, wie es in der Literatur allgemein zu finden ist, der Windkessel. Es ist dann auch das Überdrücken der Luft aus dem Kompressorzylinder in den Windkessel kein Arbeitsvorgang mit gleichbleibendem Druck, sondern ein Kompressionsvorgang, verbunden mit einem Temperaturausgleich, der bei der Mischung der verdichteten Luft im Kompressor mit der im Windkessel und in der Verbindungsleitung enthaltenen Druckluft stattfindet; der Temperaturausgleich bleibt jedoch ohne Einfluß auf die Druckänderung.

Die Kompression der Luft zerfällt also in zwei Teile, nämlich in einen solchen nach der Linie A—B und nach Öffnung der Druckventile in einen solchen nach der Linie B—C (siehe Fig. 7). Sie erfolgt im allgemeinen polytropisch nach den bekannten Zustandsgleichungen:

$$p \cdot v^{\mu} = \text{const.} \tag{21}$$

und

$$p \cdot v = R \cdot T, \tag{22}$$

wobei $R = 29{,}27$ die sog. Gaskonstante für Luft bedeutet und μ Werte zwischen den Grenzen 1 (isothermische Kompression) und 1,41 (adiabatische Kompression) annehmen kann.

Bei isothermischer Kompression gilt für A—B die Beziehung:

$$p_a \cdot v_a = p_1 \cdot v_1 = \text{const.} \tag{23}$$

und für B—C:

$$p_1 (V + v_1) = p (V + s), \tag{24}$$

oder, wenn man das sehr kleine s gegenüber dem großen V vernachlässigt, unter Berücksichtigung von Gleichung (23):

$$\Delta p = p - p_1 = \frac{p_a \cdot v_a}{V} = \text{const.} \tag{25}$$

d. h. die **Druckerhöhung Δp im Windkessel pro Kolbenhub ist bei allen Enddrücken konstant,** wenn man isothermische Kompression zugrunde legt.

Bei adiabatischer und polytropischer Kompression gilt für A—B die Beziehung:

$$\frac{p_a \cdot v_a}{T_a} = \frac{p_1 \cdot v_1}{T_1} = \text{const.} \tag{26}$$

und für B—C:

$$p_1 (V + v_1)^{\mu} = p (V + s)^{\mu}, \tag{27}$$

oder, wenn man wieder das sehr kleine s gegenüber dem großen V vernachlässigt:

$$p = p_1 \left(1 + \frac{v_1}{V}\right)^{\mu}. \tag{28}$$

Entwickelt man den Klammerausdruck nach dem binomischen Lehrsatz und setzt die Glieder höherer Ordnung wegen der verhältnismäßigen Kleinheit von $\frac{v_1}{V}$ gleich Null, so erhält man:

$$p = p_1 + \frac{p_1 \cdot v_1}{V} \cdot \mu \tag{29}$$

oder, in Verbindung mit Gleichung (26)

$$\Delta p = p - p_1 = \frac{p_a \cdot v_a}{V} \cdot \frac{T_1}{T_a} \cdot \mu = \frac{T_1}{T_a} \cdot \mu \cdot \text{const}. \tag{30}$$

Für andere Enddrücke, z. B. p' und p'' treten an Stelle von T_1 die Temperaturwerte T' und T''.

Es ist also hier die Druckerhöhung Δp noch abhängig von $\frac{T_1}{T_a}$ und von μ.

Bei der Kompression nach A—B ändert sich für verschiedene Enddrücke der Temperaturquotient $\frac{T_1}{T_a}$. Ist die Kompressorenanlage mehrstufig, so werden die Zylinderquerschnitte in der Regel so dimensioniert, daß die Arbeitsleistung und das Temperaturgefälle in jedem Zylinder gleich ist, wobei eine Abkühlung der Druckluft in den Zwischenkühlern auf die Anfangstemperatur T_a angenommen wird. An Stelle des Temperaturquotienten $\frac{T_1}{T_a}$ tritt dann allgemein $\frac{T_n}{T_a} = \sqrt[n]{\frac{T_1}{T_a}}$, also bei zweistufigen Kompressoren $\frac{T_2}{T_a} = \sqrt{\frac{T_1}{T_a}}$.

Es ist beispielsweise für den üblichen normalen Druck $p_1 = 7$ Atm. abs. und den Grenzdrücken $p_1' = 6{,}5$ und $p_1'' = 7{,}5$ Atm. abs. bei einem einstufigen Kompressor:

der Temperaturquotient	bei $\mu = 1$ (Isotherme)	bei $\mu = 1{,}1$ (Polytrope)	bei $\mu = 1{,}2$ (Polytrope)	bei $\mu = 1{,}3$ (Polytrope)	bei $\mu = 1{,}41$ (Adiabate)
$\dfrac{T_1'}{T_a}$	1,0	1,185	1,367	1,541	1,723
$\dfrac{T_1}{T_a}$	1,0	1,194	1,383	1,567	1,758
$\dfrac{T_1''}{T_a}$	1,0	1,201	1,399	1,592	1,796
Mittlere prozentuale Abweichung gegenüber $\dfrac{T_1}{T_a}$	0%	0,67%	1,15%	1,62%	2,07%

Die prozentuale Abweichung gegenüber dem normalen Druck ist also sehr gering. Bei gekühlten Luftzylindern wird die Kompression zwischen der adiabatischen und der isothermischen (etwa $\mu = 1{,}25 - 1{,}35$) liegen und somit diese Abweichung nur etwa 1,5—2% betragen. Erfolgt die Kompression in mehrfachen Zylindern, z. B. in zwei, was bei den angegebenen üblichen Enddrücken die Regel ist, dann ist .

$$\text{bei} \quad \mu = 1 \qquad 1{,}1 \qquad 1{,}2 \qquad 1{,}3 \qquad 1{,}41$$

$$\frac{T_2}{T_a} = \sqrt{\frac{T_1}{T_a}} = 1{,}0 \qquad 1{,}09 \qquad 1{,}175 \qquad 1{,}25 \qquad 1{,}325$$

und die prozentualen Abweichungen von $\dfrac{T_2'}{T_a} = \sqrt{\dfrac{T_1'}{T_a}}$ und $\dfrac{T_2''}{T_a} = \sqrt{\dfrac{T_1''}{T_a}}$ gegenüber $\dfrac{T_2}{T_a}$ sind noch wesentlich geringer. Sie sollen deshalb zur Vereinfachung der Untersuchungen unberücksichtigt bleiben. Es kann dann für die absolute Endtemperatur bei jedem Druck innerhalb der zugelassenen Grenzdrücke p' und p'' ein Mittelwert zugrunde gelegt, also $\dfrac{T_1}{T_a}$, $\dfrac{T_2}{T_a} \ldots \dfrac{T_n}{T_a}$ als konstant angesehen werden.

Bei der Kompression nach $B{-}C$ wird in Zylinder, Druckleitung und Windkessel eine Wärmeabfuhr derart stattfinden, daß die Druckluft im Windkessel fast wieder bis auf die Außentemperatur T_a abgekühlt ist[1]); es sei hierfür $\mu = $ etwa 1,1 ebenfalls als konstant angenommen.

Es kann dann unter diesen Voraussetzungen die Druckerhöhung $\varDelta p$ **auch bei adiabatischer und polytropischer Kompression für alle zwischen den Grenzen** p' **und** p'' **liegenden Enddrücke mit genügender Annäherung als konstant zugrunde gelegt werden.**

Ein Vergleich von Gleichung (25) mit (30) läßt aber erkennen, daß sie gegenüber der isothermischen Kompression um den konstanten Faktor $\dfrac{T_1}{T_a} \cdot \mu$, bei mehrstufigen Kompressoren um $\dfrac{T_n}{T_a} \cdot \mu$ größer ist.

·Aus Gleichung (25) und (30) ist ferner zu ersehen, daß $\varDelta p$ proportional zu $\dfrac{v_a}{V}$ ist (=Verhältnis des Niederdruck-Luftzylindervolumens zum Windkesselinhalt). Je größer V ist, desto kleiner wird $\varDelta p$.

Wenn nun in aufgenommenen Indikatordiagrammen die Linie $B{-}C$ mitunter ganz wesentlich anders verläuft (siehe z. B. Fig. 11), als in Fig. 7 gezeichnet, so rührt dies vornehmlich von den Reibungswiderständen der Luft in den Steuerorganen und Leitungen infolge

---

[1]) Siehe z. B. Ostertag, Theorie und Konstruktion von Kolben- und Turbokompressoren, 1911, S. 50 Mitte.

der Geschwindigkeitsänderungen beim Überdrücken in den Windkessel her. Es entstehen dabei vorübergehende Druckerhöhungen, die sich im Windkessel wieder ausgleichen. Die Druckerhöhung pro Kolbenhub,

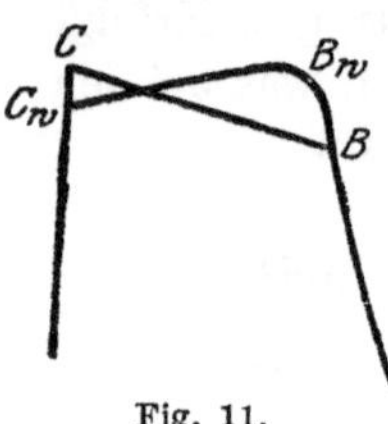

Fig. 11.

auf welche es bei den nachfolgenden Untersuchungen allein ankommt, und nicht auf den Verlauf der Kompressionslinie $B{-}C$, wird dann um die Reibungsverluste kleiner als nach dem idealen Druckvolumendiagramm, nach Fig. 11 um $C - C_w$, was als konstante Abminderung berücksichtigt werden kann. Dagegen soll der Einfluß, den dann noch eine Veränderung der Drehzahl mit sich bringt, unberücksichtigt bleiben, d. h. für die Abminderung die mittlere Drehzahl zugrunde gelegt werden.

2. Druckluftentnahme aus dem Windkessel ohne Druckluftförderung in denselben.

Die Druckluftentnahme aus dem Windkessel erfolgt durch mehr oder minder lange Rohrleitungen, welche zu den Luftverbrauchsorten führen. Die Luftverbraucher sind Apparate oder Maschinen, in denen die Druckluft Arbeit leistet. Sie sind je nach dem Verwendungszweck außerordentlich verschiedenartig gestaltet, und es ist meist eine größere Zahl verschieden großer und verschiedener Apparate und Maschinen angeschlossen. Eine Änderung des Druckluftverbrauches (Be- oder Entlastung des Kompressors) kann entweder durch Zu- oder Abschaltung von Luftverbrauchern herbeigeführt werden oder durch Vermehrung oder Verminderung der Arbeitsleistung des einen oder anderen derselben.

Welche Änderung des Luftdruckes tritt nun im Windkessel in der Zeiteinheit ein, wenn Druckluft entnommen wird und die Förderung in denselben unterbrochen ist?

Um die Verhältnisse rechnerisch erfassen zu können, soll angenommen werden, die Druckluft ströme aus dem Windkessel durch eine Öffnung unmittelbar ins Freie, dabei so, daß das Druckverhältnis über dem sog. kritischen liegt. Die Größe der Öffnung entspricht der Belastung des Kompressors. Dann ist nach Weyrauch[1]) die Beziehung zwischen der Zeit t und dem Druck im Windkessel:

$$t = \frac{2}{r-1} \cdot \frac{V}{\alpha \cdot \psi \cdot F \cdot \sqrt{R \cdot T}} \left[\left(\frac{p_0}{p} \right)^{\frac{\mu-1}{2\mu}} - 1 \right] \tag{31}$$

---

[1]) Siehe Zeitschrift des Vereins deutscher Ingenieure, Jahrg. 1899, S. 1162: Ausfluß von Gasen und Dämpfen bei abnehmendem Druck und abnehmendem Volumen.

Hierin bedeutet:

T die absolute Temperatur im Windkessel zur Zeit $t = 0$,

p_0 den absoluten Luftdruck im Windkessel zur Zeit $t = 0$,

p den absoluten Luftdruck im Windkessel zur Zeit t,

p_a den absoluten Luftdruck im Freien,

V den Windkesselinhalt in cbm,

F den Ausflußquerschnitt in qm,

μ den Exponenten der Zustandsgleichung $p \cdot v^\mu = p_i v_i^\mu$,

α den Kontraktionskoeffizienten,

$\dfrac{p_a}{p} = 0{,}53$ das kritische Druckverhältnis für Luft,

ψ einen Faktor, der dem Ausflußgewicht proportional ist,

$R = 29{,}27$ die Gaskonstante für Luft.

Das Verhältnis von p zu t ist in Fig. 12 für eine Abnahme des Luftdruckes von 7,5 auf 5 Atm. abs. zu ersehen. Es ist hierbei $\mu = 1{,}4$;

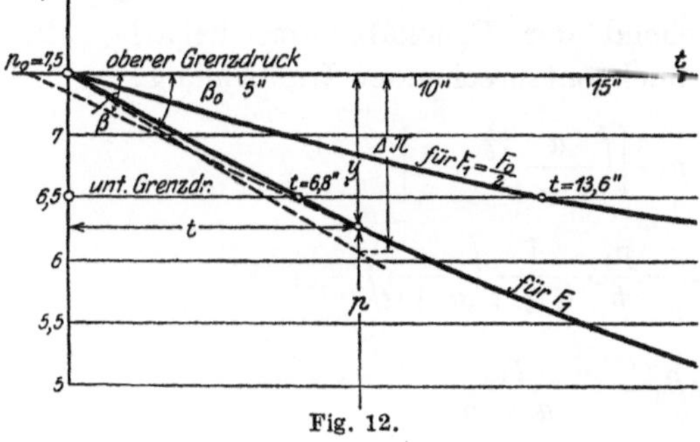

Fig. 12.

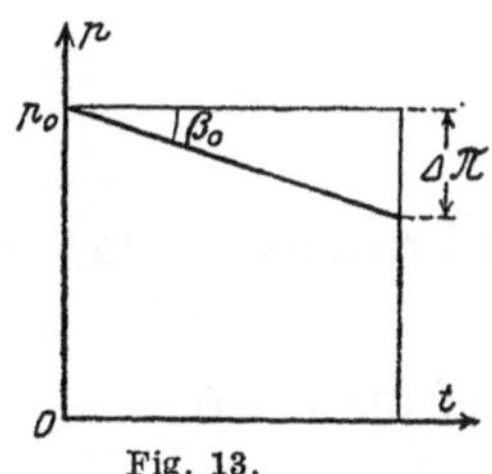

Fig. 13.

$\alpha = 1$; $\psi = 2{,}1$; $V = 125$ cbm, $T = 273^\circ + 150^\circ$ und einmal

$F_0 = 0{,}0078$ qm, das andere Mal $F_1 = \dfrac{F_0}{2}$ gesetzt. Die Änderung der Temperatur ist unbedeutend.

Aus Gleichung (31) ist zu erkennen, daß die Kurve in Fig. 12 für beliebige Ausflußquerschnitte F (Belastungen) mehr oder weniger stark abfällt, ohne ihren Charakter zu ändern. Innerhalb der für Kompressoren in der Regel zugelassenen Grenzdrücke von etwa 1 Atm. Unterschied kann sie in erster Annäherung mit genügender Genauigkeit durch eine Gerade ersetzt werden. Es besteht dann nach Fig. 13 für die Druckabnahme die Beziehung:

$$\Delta \Pi = t \cdot \operatorname{tg} \beta_0 \,, \tag{32}$$

wobei also $\operatorname{tg} \beta_0$ der Gradmesser für die Größe des Ausflußquerschnittes F_0, bzw. des Luftverbrauches ist. $\operatorname{tg} \beta_0$ ist größer, wenn der Luftverbrauch stärker ist und umgekehrt. Die Größe von $\operatorname{tg} \beta_0$ steht im umgekehrten Verhältnis zum Windkesselinhalt.

In Wirklichkeit werden, wie schon auf S. 5 und 6 ausgeführt, die angeschlossenen Luftverbraucher bei höherem Luftdruck in der gleichen Zeit etwas mehr Druckluft entnehmen als bei niederem, ebenso wie aus einer Öffnung dem Windkessel bei höherem Luftdruck mehr Druckluft entströmt als bei niederem. In Fig. 12 kommt dies dadurch zum Ausdruck, daß p nicht nach einer Geraden, wie oben in erster Annäherung angenommen ist, sondern nach einer Kurve abfällt. Es ändert sich also bei gleichbleibendem Ausflußquerschnitt bzw. bei der gleichen Zahl angeschlossener Luftverbraucher $\operatorname{tg}\beta$ mit dem Luftdruck.

Das jeweilige $\operatorname{tg}\beta$ läßt sich aus Gleichung (31) bestimmen, welche in kürzerer Schreibweise lautet:

$$t = a \cdot \left[\left(\frac{p_0}{p}\right)^b - 1\right],$$

worin a und b Konstante sind.

Setzt man $$p = p_0 + y$$

(in Fig. 12 ist y, entsprechend der Druckabnahme negativ, also $p = p_0 - y$), so erhält man nach entsprechender Umformung:

$$y = p_0 \cdot \left[\left(\frac{a}{a+t}\right)^{\frac{1}{b}} - 1\right]$$

und daraus $$\operatorname{tg}\beta = \frac{dy}{dt} = -\frac{p_0}{b} \cdot \frac{1}{a+t}\left(\frac{a}{a+t}\right)^{\frac{1}{b}}$$

und für $t = 0$: $$\operatorname{tg}\beta_0 = -\frac{p_0}{a+b}$$

Aus Fig. 12 läßt sich nun angenähert ablesen

$$\operatorname{tg}\beta = \operatorname{tg}\beta_0 + \varepsilon \cdot y \cdot \operatorname{tg}\beta_0 . \tag{33}$$

Es ergibt sich dann unter Einsetzung der obigen 3 Werte und Elimination:

$$\varepsilon = \frac{b+1}{p_0\left(1 + \dfrac{t}{a}\right)},$$

wenn man bei der Entwicklung nach dem binomischen Lehrsatz die höheren Glieder von $\dfrac{t}{a}$ wegen ihrer Kleinheit vernachlässigt. Bei dem Ausflußquerschnitt F_0 ist nach unserem Beispiel $a = 340$, demgegenüber die zwischen den Grenzdrücken liegende Ausflußzeit nur $t = 340 \cdot \left[\left(\dfrac{7,5}{6,5}\right)^{\frac{1}{7}} - 1\right] = 6,8$ Sekunden beträgt. Es ist also $\dfrac{t}{a} = \dfrac{1}{50}$, welcher Wert sich bei anderen Ausflußquerschnitten nicht ändert, weil

t im selben Verhältnis wie a größer oder kleiner wird. Man kann deshalb auch $\dfrac{t}{a}$ in ε noch vernachlässigen und schreiben:

$$\varepsilon = \frac{b+1}{p_0} = \frac{1}{p_0} \cdot \frac{3\mu-1}{2\mu} . \tag{34}$$

Nun befinden sich aber die Luftverbraucher nicht unmittelbar am Windkessel, sondern an einem mehr oder minder weit entfernten Orte. Auf dem Wege dorthin entsteht ein Druckverlust infolge der Luftreibung, der mit der Luftgeschwindigkeit und der Luftdichte wächst; der Druckverlust ist jedoch auf den Regelvorgang selbst nicht von Einfluß; er hat nur die Wirkung, daß der Luftverbrauch nicht proportional mit der Zahl der angeschlossenen Luftverbraucher wächst.

Undichtigkeiten, die bei Luftleitungen nicht selten sind, können derart in Berücksichtigung gezogen werden, daß man sich einen entsprechend großen Luftverbraucher mehr angeschlossen denkt.

3. Druckluftförderung und -entnahme im Beharrungszustand.

Würde Druckluft in den Windkessel gefördert, ohne daß solche aus demselben entnommen wird, dann würde (vgl. Fig. 14) während des ersten Kolbenhubes in der Zeitstrecke $A_0 B_0$ der Windkesseldruck p_0 sich nicht ändern. Während dieser Zeit wird die Luft im Kompressorzylinder komprimiert, ohne daß hierbei eine Verbindung mit dem Windkessel besteht. Während der darauffolgenden Zeitstrecke $B_0 C_0$ würde sich der Windkesseldruck gemäß Gleichung (25) oder (30)

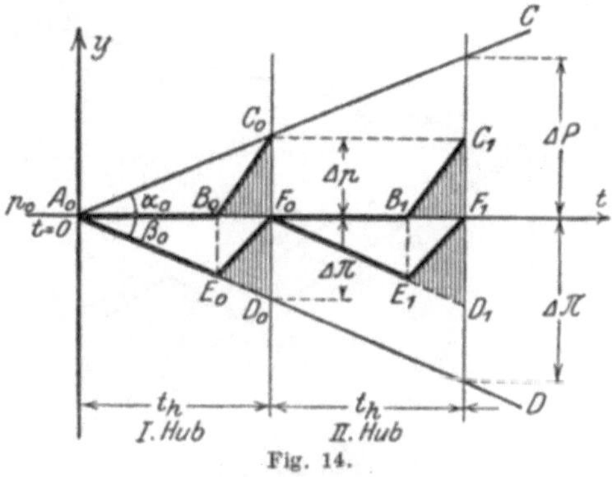

Fig. 14.

um $\varDelta p$ erhöhen. Bei einer vorhandenen Drehzahl n_0 und einer Kolbenhubzeit t_h ist die Druckerhöhung pro Kolbenhub:

$$\varDelta p = t_h \cdot \operatorname{tg}\alpha_0 = \frac{60}{2\,n_0} \cdot \operatorname{tg}\alpha_0 . \tag{35}$$

Würde nun umgekehrt die Druckluftförderung ausgesetzt und nur Druckluft entnommen, dann würde der Luftdruck im Windkessel während der Kolbenhubzeit t_h gemäß Gleichung (32) von A_0 bis D_0 um $\varDelta \pi = t_h \operatorname{tg}\beta_0$ abnehmen, wenn zunächst ε unberücksichtigt bleibt.

Findet Förderung und Entnahme gleichzeitig statt, dann wird der Windkesseldruck während der Zeitstrecke $A_0 B_0$ zunächst von A_0 bis E_0 abnehmen, dann sich aber von E_0 bis F_0 auf den Anfangsdruck p_0 wieder erhöhen. Die senkrecht schraffierten Ordinaten der Dreiecke $B_0 C_0 F_0$ und $E_0 F_0 D_0$ sind hierbei in jedem Zeitpunkt einander gleich. Im Beharrungszustand ist also $\varDelta p = \varDelta \pi$. In dem zweiten und den folgenden Kolbenhüben vollzieht sich dasselbe Spiel.

Das Endergebnis ist nun das gleiche, wenn man sich die Druckzunahme bei alleiniger Förderung nach der Linie $A_0 C_0 C \ldots$ und die Druckabnahme bei alleiniger Entnahme nach der Linie $A_0 D_0 D \ldots$ vor sich gehend denkt. Es ist dann im Beharrungszustand der Windkesseldruck praktisch konstant und es kann allgemein gesetzt werden:

$$\varDelta p - \varDelta \pi = t \operatorname{tg} \alpha_0 - t \operatorname{tg} \beta_0 = 0 \tag{36}$$

und in Verbindung mit Gleichung (35)

$$\operatorname{tg} \alpha_0 = \frac{\varDelta p}{30} n_0 = \operatorname{tg} \beta_0 . \tag{37}$$

4. Druckluftförderung und -entnahme im gestörten Beharrungszustand ohne Änderung der Drehzahl.

Es werde nun zur Zeit $t = 0$ z. B. plötzlich mehr Druckluft entnommen, als bei gleichbleibender Drehzahl gefördert wird, entsprechend $\operatorname{tg} \beta_1 > \operatorname{tg} \alpha_0$. ε sei vorerst wieder gleich Null gesetzt.

Wenn man sich den Vorgang für Förderung und Entnahme zunächst wieder nacheinander erfolgend denkt, dann geht die Luftdruckänderung bei alleiniger Förderung, wie in Fig. 14, während des ersten Hubes wieder nach der Linie $A_0 B_0 C_0$ vor sich. Die erhöhte Druckluftentnahme, gekennzeichnet durch einen Neigungswinkel

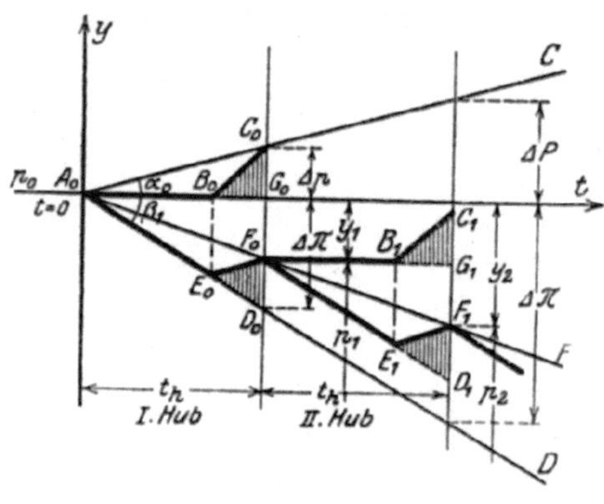

Fig. 15.

$\beta_1 > \alpha_0$, würde eine Absenkung des Druckes nach der Linie $A_0 D_0$ bringen.

Bei gleichzeitiger Förderung und Entnahme wird anfangs der Luftdruck von A_0 bis E_0 sinken, dann von E_0 bis F_0 steigen, aber nicht mehr den Anfangsdruck p_0 erreichen, sondern einen um y_1 kleineren Druck p_1. Die senkrecht schraffierten Ordinaten der Dreiecke $B_0 C_0 G_0$ und $E_0 F_0 D_0$ sind wieder in jedem Zeitpunkt einander gleich.

Im zweiten und in den folgenden Kolbenhüben wiederholt sich dann derselbe Vorgang mit dem einzigen Unterschied, daß zu Beginn des

Hubes immer ein niedrigerer Windkesseldruck vorhanden ist als im vorhergehenden (siehe Fig. 15).

Man kann sich nun auch hier ohne Einfluß auf das Endergebnis den Vorgang so denken, daß die Druckerhöhung bei alleiniger Förderung nach der Linie $A_0 C_0 C \ldots$, die Druckabsenkung bei alleiniger Entnahme nach der Linie $A_0 D_0 D \ldots$ und die wirkliche Luftdruckänderung nach der Linie $A_0 F_0 F_1 F \ldots$ als Differenz der Ordinaten der Linien AC und AD vor sich gehe. Die Änderung des Windkesseldruckes ergibt sich dann analog Gleichung (36) und (37) unter Vernachlässigung von ε zu:

$$y = \Delta P - \Delta \Pi = t \cdot \mathrm{tg}\,\alpha_0 - t \cdot \mathrm{tg}\,\beta_1 = \frac{\Delta p}{30}\, n_0 \cdot t - t \cdot \mathrm{tg}\,\beta_1 \ . \quad (38)$$

Der Windkesseldruck würde also ständig sinken und im umgekehrten Falle steigen, wenn keine Regelung stattfinden würde.

5. Druckluftförderung und -entnahme im gestörten Beharrungszustand bei Änderung der Drehzahl.

In Anwendung des Vorhergehenden kennzeichne in Fig. 16a $A_0 C$ die Druckerhöhung bei der Förderung, $A_0 D$ die Druckabsenkung bei der Entnahme und $A_0 F$ die Druckerhöhung y. Hierbei ist im Gegensatz zu Fig. 15 das Beispiel gezeichnet, bei welchem die Förderung größer als die Entnahme ist, also $\mathrm{tg}\,\alpha_0 > \mathrm{tg}\,\beta_1$. y bestimmt sich dann bei einer konstanten Drehzahl n_0 aus Gleichung (38).

In Fig. 16b sind $\mathrm{tg}\,\alpha_0$ und $\mathrm{tg}\,\beta_1$ als Ordinaten in Abhängigkeit von der Zeit aufgetragen. Der Ordinate ΔP in Fig. 16a entspricht also die Rechtecksfläche $A_0 A_c C B$ in Fig. 16b und der Ordinate $\Delta \Pi$ die Rechtecksfläche $A_0 A_d D B$ und y der Differenzfläche $A_d A_c C D$.

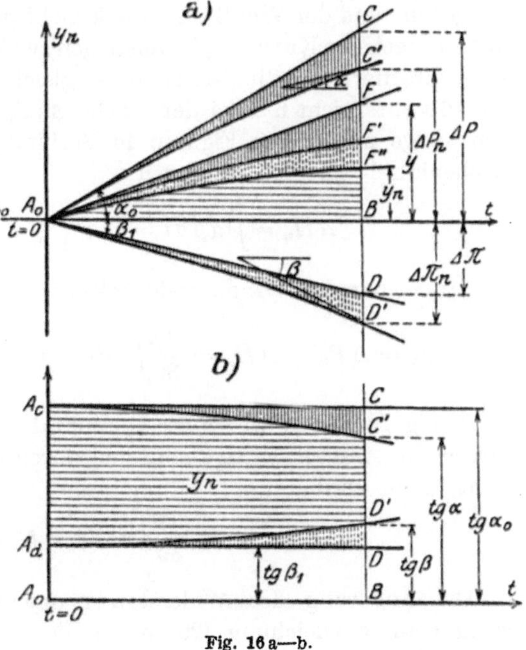

Fig. 16a—b.

Es soll nun zur Zeit $t = 0$ eine allmähliche Änderung der Drehzahl n_0 eintreten. Es ändert sich dann auch gleichzeitig $\mathrm{tg}\,\alpha_0$, wobei jedem $\mathrm{tg}\,\alpha$ eine bestimmte Drehzahl n und damit eine bestimmte Druckluftförderung zugeordnet ist, und zwar ist analog Gleichung (37)

$$\operatorname{tg}\alpha = \frac{\Delta p}{30}\,n\,. \tag{39}$$

Die Druckerhöhung bei alleiniger Förderung ist dann, wenn beispielsweise $n < n_0$, in Fig. 16 a durch die Kurve $A_0 C'$ und die Änderung von $\operatorname{tg}\alpha$ in Fig. 16 b durch die Kurve $A_c C'$ gekennzeichnet. Der Windkesseldruck wird dann nicht mehr nach der Geraden $A_0 F$, sondern nach der Kurve $A_0 F'$ ansteigen, wobei die senkrecht und ausgezogen schraffierten Ordinaten einander gleich sind; die Ordinate ΔP_n in Fig. 16 a entspricht hierbei der Fläche $A_0 C_c C' B$ in Fig. 16 b und es ist demzufolge:

$$\Delta P_n = \int\limits_0^t \operatorname{tg}\alpha\cdot dt = \frac{\Delta p}{30}\int\limits_0^t n\,dt\,.$$

Wie auf S. 21 und 22 dargetan, ändert sich mit dem Windkesseldruck auch $\operatorname{tg}\beta_1$. Bei höherem Windkesseldruck, wie gezeichnet, wird nach Gleichung (33) zur Zeit t ein Wert $\operatorname{tg}\beta > \operatorname{tg}\beta_1$ vorhanden sein. Bei alleiniger Druckluftentnahme wird dann die Druckabsenkung in Fig. 16 a nicht mehr nach der Geraden $A_0 D$, sondern nach der Kurve $A_0 D'$ vor sich gehen, und der Windkesseldruck nicht mehr nach der Kurve $A_0 F'$, sondern nach der Kurve $A_0 F''$ ansteigen, wobei die senkrecht und punktiert schraffierten Ordinaten einander gleich sind. Die Ordinate $\Delta \Pi_n$ in Fig. 16 a entspricht hierbei der Fläche $A_0 A_d D' B$ in Fig. 16 b und es ist demzufolge aus diesen Figuren in Verbindung mit Gleichung (33) als Flächeninhaltsintegral abzulesen:

$$\Delta \Pi_n = \int\limits_0^t \operatorname{tg}\beta\,dt = t\operatorname{tg}\beta_1 + \varepsilon\cdot\operatorname{tg}\beta_1\int\limits_0^t y_n\,dt\,.$$

Die Änderung des Windkesseldruckes ist dann nach einer Zeit t:

$$y_n = \Delta P_n - \Delta \Pi_n = \frac{\Delta p}{30}\int\limits_0^t n\,dt - t\operatorname{tg}\beta_1 - \varepsilon\cdot\operatorname{tg}\beta_1\int\limits_0^t y_n\,dt\,. \tag{40}$$

In Fig. 16 b ist y_n durch die horizontal scharffierte Fläche $A_d A_c C' D'$ dargestellt. Berücksichtigt man den durch ε gekennzeichneten Einfluß nicht, dann wird

$$y_n = \frac{\Delta p}{30}\int\limits_0^t \dot{n}\cdot dt - t\operatorname{tg}\beta_1\,. \tag{41}$$

Die Änderung des Widerstandsmomentes $W - W_0$ erhält man, wenn man in Gleichung (20) an Stelle von y den Wert y_n einsetzt.

Im Vorstehenden ist der ungünstigste Fall einer plötzlichen Änderung der Druckluftentnahme und damit ein plötzlicher Übergang des Wertes $\operatorname{tg}\beta_0$ in $\operatorname{tg}\beta_1$ zur Zeit $t = 0$ zugrunde gelegt. Bei einer allmählichen Änderung, die sich auf eine bestimmte Zeit t erstrecken mag, ist $\operatorname{tg}\beta_1$ nicht konstant, sondern mit der Zeit t veränderlich, also $\operatorname{tg}\beta_1 = f(t)$. Als einfachen Sonderfall könnte man den Verlauf der Druckluftentnahme nach dem Gesetz $d\operatorname{tg}\beta_1 = \text{const.}\cdot dt$ annehmen und in den obigen Werten ΔII und y_n entsprechend verwerten. Doch soll auf solch günstigere, aber analytisch noch schwieriger zu behandelnde Fälle nicht weiter eingegangen werden, um den Überblick nicht zu verlieren.

Man könnte nun Zweifel haben, ob die Ableitungen aus der Ausflußformel (Gleichung 31) als Integrationsformel, die sich dann ergibt, wenn Luft nicht zugeführt wird, ohne weiteres mit den entwickelten Gleichungen für die Förderung ohne Druckluftentnahme in Verbindung gebracht werden dürfen. Es wird deshalb die Zulässigkeit dieses Verfahrens durch die folgenden Überlegungen nachgewiesen, die von Herrn Privatdozent Dr. Zerkowitz und Professor Schmeer in München herrühren.

Der Zustand der Luft im Windkessel ändere sich nach der Zustandsgleichung: $p_0 v_0^\mu = p v^\mu$, wobei v_0 und v die den Luftdrücken p_0 und p entsprechenden spezifischen Volumen sind.

Ist ΔG das Gewicht der pro Kolbenhub dem Windkessel zugeführten Luftmenge, dann strömt im Zeitelement dt eine Gewichtsmenge

$$dG_z = \frac{\Delta G \cdot n}{30} \cdot dt$$

zu.

Aus dem Windkessel strömt im Zeitelement dt eine Luftmenge ab, deren Gewicht

$$dG_a = \alpha \cdot \psi \cdot F \sqrt{\frac{p}{v}} \cdot dt$$

oder unter Berücksichtigung der obigen Zustandsgleichung

$$dG_a = \alpha \cdot \psi \cdot F \cdot \sqrt{\frac{p_0}{v_0}} \cdot \left(\frac{p}{p_0}\right)^{\frac{\mu+1}{2\mu}} \cdot dt$$

ist. Setzt man $\alpha \cdot \psi \cdot F \cdot \sqrt{\dfrac{p_0}{v_0}} = A$, so folgt:

$$dG_a = A \cdot \left(\frac{p}{p_0}\right)^{\frac{\mu+1}{2\mu}} \cdot dt\;.$$

Die Änderung des Gewichtes der im Windkessel enthaltenen Luftmenge in der Zeit dt ist nun

$$dG = dG_z - dG_a.$$

Das Windkesselvolumen ist $V = G_0 \cdot v_0 = G \cdot v$ und demzufolge

$$G = G_0 \frac{v_0}{v} = G_0 \left(\frac{p}{p_0}\right)^{\frac{1}{\mu}},$$

also ist

$$dG = \frac{G_0}{\mu \cdot p_0} \cdot \left(\frac{p}{p_0}\right)^{\frac{1}{\mu}-1} \cdot dp \,,$$

oder wenn $\quad \dfrac{G_0}{\mu\, p_0} \cdot \left(\dfrac{p}{p_0}\right)^{\frac{1}{\mu}-1} = \Phi \quad$ gesetzt wird

$$dG = \Phi \cdot dp \,.$$

Dabei ist dp die Änderung des Luftdruckes in der Zeit dt infolge des gleichzeitigen Zu- und Abströmens von Druckluft.

Bezeichnet man mit dp_z die Änderung des Luftdruckes in der Zeit dt infolge der Förderung der Druckluftmenge dG_z allein, so ist ebenso $dG_z = \Phi \cdot dp_z$; dabei ist mit den früheren Bezeichnungen

$$dp_z = \frac{\varDelta p \cdot n}{30} \cdot dt \,.$$

Es ergibt sich somit:

$$\Phi \cdot dp = \Phi \cdot dp_z - dG_a$$

und hieraus:

$$dp = dp_z - \frac{dG_a}{\Phi} \,.$$

Führt man in diese Gleichung die Werte für dp_z, dG_a und Φ ein, so erhält man nach einer einfachen Umformung:

$$dp \doteq \frac{\varDelta p \cdot n}{30} \cdot dt - \frac{\mu \cdot p_0}{G_0} \cdot A \cdot \left(\frac{p}{p_0}\right)^{\frac{3\mu-1}{2\mu}} \cdot dt \,.$$

Setzt man nun $p = p_0 + y_n$, so wird $dp = dy_n$ und $\dfrac{p}{p_0} = 1 + \dfrac{y_n}{p_0}$; entwickelt man den Potenzausdruck in eine binomische Reihe, so kann man, da $\dfrac{y_n}{p_0}$ gegen 1 klein ist, die Glieder höherer Ordnung vernachlässigen und erhält:

$$dy_n = \frac{\varDelta p \cdot n}{30} \cdot dt - \frac{\mu \cdot p_0}{G_0} \cdot A \left(1 + \frac{3\mu-1}{2\mu \cdot p_0} \cdot y_n\right) dt \,;$$

setzt man schließlich $\dfrac{\mu \cdot p_0}{G_0} \cdot A = \operatorname{tg}\beta_1$ und $\dfrac{3\mu-1}{2\mu \cdot p_0} = \varepsilon$ und integriert, so ergibt sich:

$$y_n = \frac{\varDelta p}{30} \int n \cdot dt - t \cdot \operatorname{tg}\beta_1 - \varepsilon \cdot \operatorname{tg}\beta_1 \int y_n \cdot dt \,,$$

also dieselbe Gleichung wie Gleichung 40, wobei $\operatorname{tg}\beta_1$ und ε die gleichen Wertbezeichnungen darstellen, die in den Ableitungen auf S. 21—26 zu finden sind.

Damit ist die Zulässigkeit der vorausgehenden Entwicklungen dieses Abschnittes nachgewiesen.

Wie Gleichung (34) (S. 23, oben) ersehen läßt, ist ε mit p_0 und μ veränderlich. Man erhält z. B. für

$$p_0 = 10 \qquad\qquad 7,5 \qquad\qquad 5 \text{ atm abs.}$$

bei $\mu = 1{,}4$ (Adiabate) . . . $\varepsilon = 0{,}114$ $\varepsilon = 0{,}153$ $\varepsilon = 0{,}228$

bei $\mu = 1{,}0$ (Isotherme) . . . $\varepsilon = 0{,}100$ $\varepsilon = 0.134$ $\varepsilon = 0{,}200$

In den späteren Beispielen ist $\varepsilon = 0{,}12 = \text{const}$ gesetzt, welcher Wert ursprünglich aus Fig. 12 graphisch ermittelt wurde.

VII. Das Widerstandsmoment von Kolbenpumpen.
a) Konstante Drehzahl.

Fig. 17 stellt das Druckvolumendiagramm einer Kolbenpumpe dar. Es bedeute:

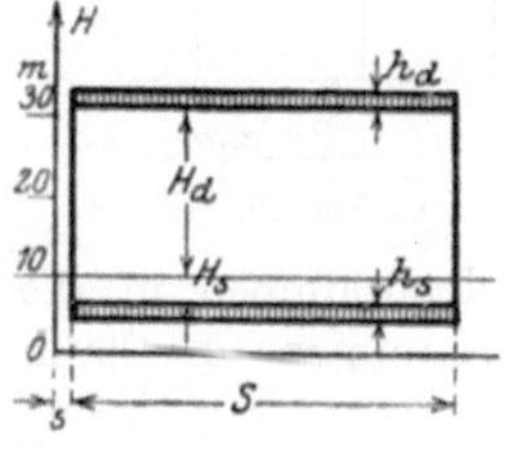

Fig. 17.

H_s die Saughöhe in m Wassersäule,

H_d die Druckhöhe in m Wassersäule,

$h_w = h_d + h_s$ die gesamten Bewegungswiderstände des Wassers in m Wassersäule,

S den Kolbenhub in m,

s den schädlichen Raum in cbm,

F den wirksamen Kolbenquerschnitt in qm,

λ den Lieferungsgrad der Pumpe,

$\left.\begin{array}{l} i = 1 \\ i = 2 \end{array}\right\}$ eine Beizahl $\left\{\begin{array}{l} \text{für einfach wirkende,} \\ \text{für doppelt wirkende Pumpen,} \end{array}\right.$

N_i den indizierten Kraftbedarf in PS,

Q die Fördermenge in cbm pro Minute,

W das Widerstandsmoment an der Kurbelwelle in mkg.

Es ist dann:

$$N_i = \frac{1000\,Q\,(H_s + H_d + h_w)}{60 \cdot 75 \cdot \lambda}, \tag{42}$$

$$Q = i \cdot F \cdot S \cdot \lambda \cdot n, \tag{43}$$

$$W = \frac{60 \cdot 75}{2\,\pi} \cdot \frac{N_i}{n} = \frac{1000 \cdot i \cdot F \cdot S \cdot (H_s + H_d + h_w)}{2\,\pi} \tag{44}$$

oder $\qquad W = C_w \cdot (H_s + H_d + h_w).$ $\qquad\qquad$ (45)

Gibt man dem Widerstandsmoment des Beharrungszustandes den Index Null, dann ist die jeweilige Änderung des Widerstandsmomentes bei gestörten Beharrungszustand:

$$\left.\begin{array}{l} W - W_0 = C_w \cdot [(H_s - H_{s_0}) + (H_d - H_{d_0})] \\ \qquad\quad = (W_s - W_{s_0}) + (W_d - W_{d_0}) \end{array}\right\} \tag{46}$$

Hierbei ist die in der Regel verschwindende Änderung von h_w bei den vorkommenden verschiedenen Saug- und Druckhöhen und konstanter Drehzahl gleich Null gesetzt.

b) Änderung der Drehzahl.

Bei steigender oder fallender Drehzahl ist die Änderung der Bewegungswiderstände h_w infolge der wechselnden Wassergeschwindigkeiten in Pumpe, Ventilen und Leitungen von wesentlichem Einfluß, und zwar in viel stärkerem Maße als bei der spezifisch leichteren Luft. Sie setzen sich zusammen aus dem Druckhöhenverlust zur Erzeugung der Wassergeschwindigkeit in Pumpe und Leitungen und aus den Reibungswiderständen in denselben[1]). Sie ändern sich annähernd im quadratischen Verhältnis mit der Wassergeschwindigkeit und der Drehzahl. Trägt man für gegebene Verhältnisse die errechneten Werte bei verschiedenen Drehzahlen auf, so kann man sich gestatten, innerhalb weiter Drehzahlgrenzen in erster Annäherung mit genügender Genauigkeit bezüglich der Beurteilung des Regelvorganges eine lineare Abhängigkeit zugrunde zu legen, besonders wenn man berücksichtigt, daß bei

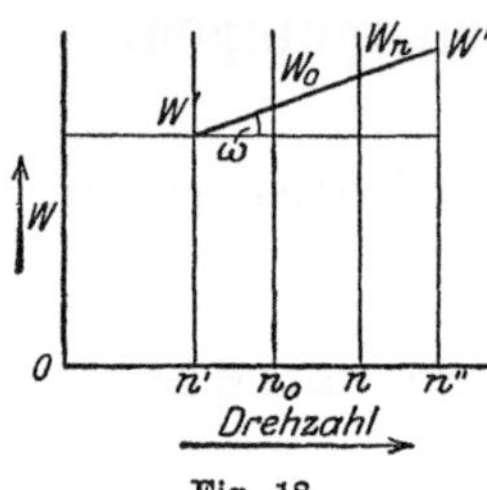
Fig. 18.

Kolbenpumpen in der Regel große Änderungen der Drehzahl nicht vorkommen. Es kann dann gemäß Fig. 18 gesetzt werden:

$$W_n - W_0 = (n - n_0)\,\mathrm{tg}\,\omega \ . \tag{47}$$

Ändert sich dann auch noch die Saug- und Druckhöhe, dann ist die gesamte Änderung des Widerstandsmomentes:

$$W - W_0 = C_w\,[(H_s - H_{s_0}) + (H_d - H_{d_0})] + (n - n_0)\,\mathrm{tg}\,\omega \tag{48}$$

oder
$$W - W_0 = (W_s - W_{s_0}) + (W_d - W_{d_0}) + (n - n_0)\,\mathrm{tg}\,\omega \ . \tag{49}$$

Bezüglich etwa vorhandener Resonanzerscheinungen[2]) gilt auch hier das auf S. 16 darüber Ausgeführte.

c) Änderung der Saughöhe.

Die Saughöhe H_s hängt bei einer gegebenen Pumpenanlage vom Zulauf des Wassers in den Saugschacht ab. Es sollen hier folgende Fälle unterschieden werden:

1. H_s ist konstant. Das ist der Fall, wenn das Wasser unmittelbar aus praktisch unendlich großen Wasserspeichern entnommen wird, z. B. aus Flüssen, Seen, Talsperren, deren Wasserspiegel sich innerhalb verhältnismäßig langer Zeit, d. i. innerhalb Tagen, Wochen, Monaten nicht ändert. Es ist dann

$$W_s - W_{s_0} = 0 \ . \tag{50}$$

---

[1]) Siehe z. B. Hütte, Des Ingenieurs Taschenbuch, XX. Aufl., S. 560—562; ferner Gramberg, Maschinenuntersuchungen, 1918, S. 389—391.
[2]) Siehe Anm. 1 auf S. 16.

2. H_s ändere sich im linearen Verhältnis mit der Zeit. Das trifft beispielsweise zu, wenn das Wasser aus solch großen Wasserspeichern entnommen wird, deren Wasserspiegel beim Wechsel der Witterung und der Jahreszeiten allmählich einen höheren oder niederen Stand annimmt. Es ist dann, wie Fig. 19 zeigt:

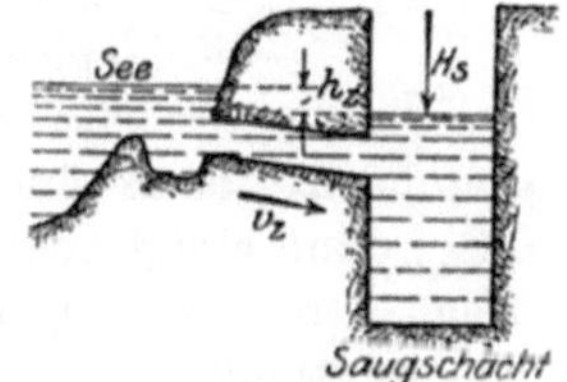

Fig. 19.

$$W_s - W_{s_0} = C_w \cdot (H_s - H_{s_0}) = t\,\mathrm{tg}\,\varphi\,, \qquad (51)$$

wobei φ positiv ist für zunehmende Saughöhe und negativ für abnehmende.

3. H_s ändere sich mit der Fördermenge derart, daß sich bei tiefstem Wasserstand im Saugschacht die größte Fördermenge einstellt und umgekehrt. Das ist z. B. annähernd der Fall, wenn das Wasser aus einem unendlich großen Wasserspeicher mittels einer langen Zuleitung selbsttätig zum Saugschacht fließt (Fig. 20), wobei die Wassergeschwindigkeit v_z und damit die Reibungswiderstandshöhe h_z zu- oder abnimmt, wenn infolge vermehrter oder verminderter Förderung der Wasserstand im Saugschacht sinkt oder steigt.

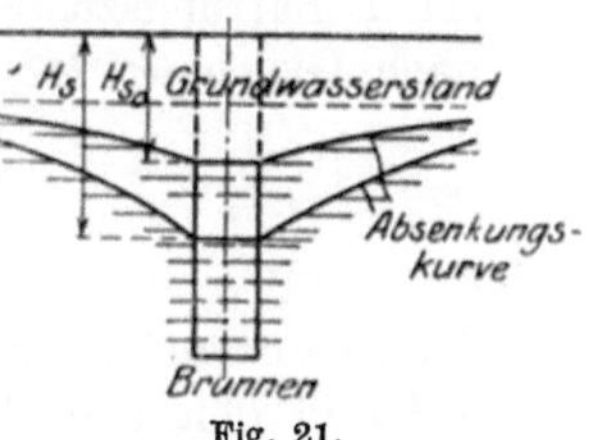

Fig. 20.

Ähnlich ist es, wenn das Wasser aus Grundwasserbrunnen entnommen wird, bei welchen eine Absenkung des Brunnenwasserspiegels einen größeren Wasserzufluß zur Folge hat. (Fig. 21).

Es ist also im Beharrungszustand jeder Fördermenge und damit jeder Drehzahl eine ganz bestimmte Saughöhe zugeordnet. Wird vorausgesetzt, daß auch im gestörten Beharrungszustand der Wasserzulauf zum Saugschacht oder Brunnen in jedem Augenblick gleich der Fördermenge ist, dann ist H_s nur von der Drehzahl n abhängig. Das Verhältnis von H_s zu n sei der Einfachheit halber als ein lineares angenommen. Es ist dann, wie Fig. 22 zeigt:

$$W_s - W_{s_0} = C_w (H_s - H_{s_0}) = (n - n_0)\,\mathrm{tg}\,\sigma\,. \qquad (52)$$

In Wirklichkeit wird sich die Saughöhe nach etwas anderen Gesetzmäßigkeiten ändern, doch ist an sich, wie später dargetan wird, der von dieser Änderung herrührende Einfluß auf den Regelvorgang unbedeutend.

d) Änderung der Druckhöhe.

1. Mit Änderung der Drehzahl.

Die Druckhöhe H_d ist bei Kolbenpumpen in der Regel konstant, weil das geförderte Wasser gewöhnlich in gleicher Höhenlage unter atmosphärischem Druck ausfließt. Es ist dann

$$W_d - W_{d_0} = 0 \; . \tag{53}$$

Fördert die Pumpe z. B. unmittelbar in ein Rohrnetz der Wasserversorgung einer Ortschaft, dann ändert sich die Druckhöhe, wenn

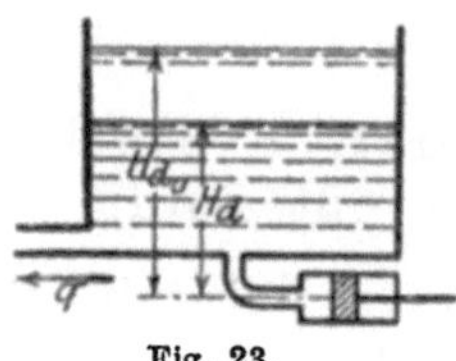
Fig. 23.

Wasserförderung und Entnahme nicht gleich sind. Man kann sich diesen Fall dann so vorstellen, als würde die Druckleitung der Pumpe unter dem Wasserspiegel eines Behälters einmünden, dessen Grundrißfläche F_0 und dessen Wasserspiegel um H_d über Pumpenmitte liegt. (Fig. 23). Ist pro Minute die Fördermenge Q_0 gleich der Entnahme q_0, dann ändert sich die Druckhöhe H_{d_0} nicht. Ist aber $q \lessgtr Q_0$, dann steigt oder fällt die Druckhöhe.

Nach den Erfahrungen bei der Wasserversorgung von Ortschaften ist q meist stundenlang praktisch unverändert, ja, vielfach tagsüber und nachtsüber zwar verschieden, aber je gleichbleibend groß. Es soll deshalb der Fall untersucht werden, daß q eine Zeitlang praktisch konstant und $\lessgtr Q_0$ ist.

Im Beharrungszustand sei die Drehzahl $n_0 = $ konstant. Hierbei ist nach Gleichung (43) die Fördermenge in der Zeit t

$$\left.\begin{aligned} Q_0 &= \frac{i \cdot F \cdot S \cdot \lambda \cdot n_0}{60} t \\ Q_0 &= C_0 \cdot n_0 \, t \end{aligned}\right\} \tag{54}$$

oder

Setzt man zunächst $q = 0$, dann würde, wie Fig. 24 a zeigt, die Druckhöhe H_{d_0} in dem gedachten Behälter in der Zeit t um h_Q steigen, und zwar ist

$$h_Q = \frac{C_0 \cdot n_0}{F_0} t = t \, \mathrm{tg} \, \alpha_0 \tag{55}$$

entsprechend der Geraden $A_0 C$ bzw. der Rechtechtsfläche $A_0 A_c C B$ in Fig. 24 b.

Setzt man nun umgekehrt $Q_0 = 0$, dann würde (vgl. Fig. 24 a) die Druckhöhe H_{d_0} bei einer Entnahme von q cbm pro Minute nach Umfluß einer Zeit t um h_q sinken, und zwar ist

$$h_q = \frac{q}{60 F_0} \cdot t = t \cdot \mathrm{tg} \, \beta_1 \tag{56}$$

entsprechend der Geraden $A_0 D$ bzw. der Rechtecksfläche $A_0 A_d D B$ in Fig. 24 b. h_q wie h_Q stehen also im umgekehrten Verhältnis zur Grundrißfläche des Behälters.

Findet nun Förderung und Entnahme gleichzeitig statt, dann ist die Änderung der Druckhöhe H_d in der Zeit t:

$$h = h_Q - h_q = t \operatorname{tg} \alpha_0 - t \cdot \operatorname{tg} \beta_1 \tag{57}$$

entsprechend der Geraden $A_0 F$ bzw. der Rechtecksfläche $A_d A_0 C D$.

Nun wird aber die Regelvorrichtung der Pumpe bei einer Änderung der Druckhöhe wegen der gleichzeitigen Änderung des Widerstandsmomentes eine andere Drehzahl einstellen. Ist beispielsweise, wie gezeichnet, $Q > q$, dann wird die Drehzahl abnehmen. Verläuft die Drehzahländerung nach der Kurve $A_c C'$ in Fig. 24 b, dann entspricht analog die Fläche $A_0 A_c C' B$ der Wasserförderung Q_n. Es ist dann:

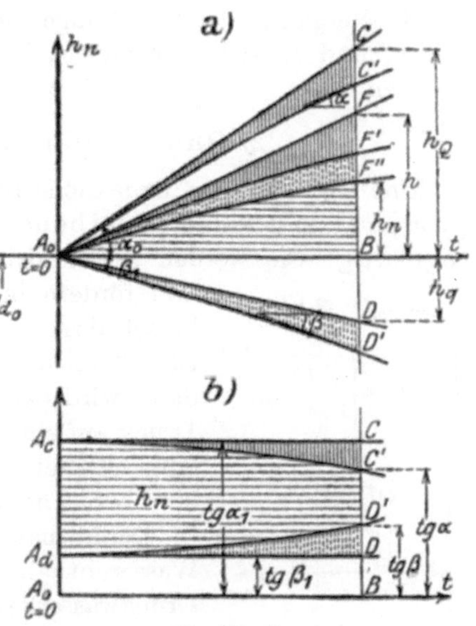

Fig. 24 a—b.

$$Q_n = C_0 \int_0^t \cdot n\, dt \tag{58}$$

Gleichzeitig damit wird die Druckhöhenänderung kleiner; an Stelle der Geraden $A_0 C$ und $A_0 F$ in Fig. 24 a treten die Kurven $A_0 C'$ und $A_0 F'$, wobei die senkrecht schraffierten Ordinaten einander gleich sind und je weils der senkrecht schraffierten Fläche in Fig. 24 b zwischen $t = 0$ und der inzwischen verstrichenen Zeit t entsprechen.

Es wird ferner bei höherem Druck in einem Wasserleitungsrohrnetz mehr Wasser entnommen als bei niederem. Sinngemäß gilt hier dasselbe, wie in Abschnitt VI c, 2 für die Luftkompressoren ausgeführt wurde; an Stelle der Ausflußformeln für Luft treten jene für Wasser[1]) und in Gleichung (33) tritt h an Stelle von y. In Fig. 24 a, b ist dieser Einfluß in analoger Weise wie oben durch die Kurven $A_0 F'' A_d D'$ dargestellt.

Die Druckhöhenänderung h_n ist dann in Fig. 24 a durch die horizontal schraffierten Ordinaten $B F''$ und in Fig. 24 b durch die horizontal schraffierte Fläche $A_d A_c C' D'$ gegeben; nach vorstehenden Ausführungen ist

$$h_n = \frac{C_0}{F_0} \int_0^t (n\, dt) - t \cdot \operatorname{tg} \beta_1 - \varepsilon \cdot \operatorname{tg} \beta_1 \int_0^t h_n\, dt . \tag{59}$$

---

[1]) Siehe z. B. Hütte, Des Ingenieurs Taschenbuch, XX. Aufl., 1908, S. 257.

Berücksichtigt man den durch ε gekennzeichneten Einfluß (d. i. die Fläche $A_d\,D'D$) nicht, dann wird

$$h_n = \frac{C_0}{F_0}\int_0^t (n\,dt) - t\,\mathrm{tg}\,\beta_1 . \tag{60}$$

Die Änderung des Widerstandsmomentes ist dabei

$$W_d - W_{d_0} = C_w \cdot h_n . \tag{61}$$

Ein Vergleich der Gleichungen (40/41) mit (59/60) läßt erkennen, daß y_n und h_n sich nur hinsichtlich der konstanten Faktoren unterscheiden.

<h3 style="text-align:center">2. Ohne Änderung der Drehzahl.</h3>

Eine veränderliche Druckhöhe findet man auch noch bei **Kolbenpumpen mit gleichbleibender Drehzahl und Aussetzerregelung.** Sie werden gewöhnlich von Elektromotoren angetrieben

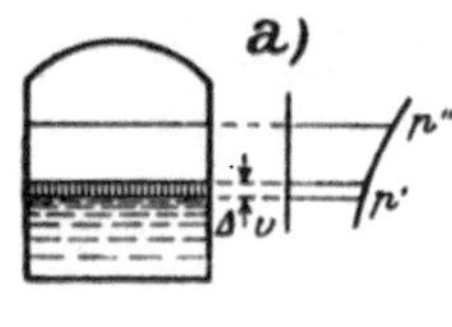
Fig. 25 a—b.

und fördern in einen geschlossenen Druckwasserkessel, dessen oberer Teil mit Druckluft ausgefüllt ist. Erreicht der Druck eine obere Grenze p'', dann wird der Motor ausgeschaltet und sinkt der Druck auf eine untere Grenze p', dann wird wieder eingeschaltet und so lange gefördert, bis wieder die obere Druckgrenze erreicht ist.

Denkt man sich zunächst eine Förderung ohne Wasserentnahme, dann wird die Luft in dem Druckwasserkessel nach einer Polytrope komprimiert (Fig. 25 a). Innerhalb der verhältnismäßig engen Druckgrenzen p' und p'' kann dieselbe mit genügender Genauigkeit durch eine Gerade ersetzt werden. Das Volumen des geförderten Wassers entspricht dann der Verringerung des Luftinhaltes $\varDelta V$. Innerhalb der Zeit t ist dann die Druckerhöhung

$$\varDelta P = t \cdot \mathrm{tg}\,\alpha_0 , \tag{62}$$

wie Fig. 25 b ersehen läßt.

Würde nun ohne Förderung eine gleichmäßige Entnahme von Druckwasser stattfinden, dann würde der Druck in der Zeit t um

$$\varDelta \varPi = t\,\mathrm{tg}\,\beta_1 \tag{63}$$

sinken (siehe Fig. 25 b).

Findet nun Förderung und Entnahme gleichzeitig statt, dann ist die Druckänderung

$$y = t\,\mathrm{tg}\,\alpha_0 - t\,\mathrm{tg}\,\beta_1 . \tag{64}$$

Das Ergebnis ist also dasselbe, wie bei den Kompressoren mit unveränderlicher Drehzahl (siehe Abschnitt VI c, 3 und 4). $\mathrm{tg}\,\alpha$ und $\mathrm{tg}\,\beta$ stehen im umgekehrten Verhältnis zum Luftinhalt des Windkessels.

VIII. Stabilität der Regelung.

Die nachfolgenden Untersuchungen der Leistungsregelung führen meist auf homogene lineare Differentialgleichungen 1. oder 2. Grades mit konstanten Koeffizienten und einer Störungsfunktion von der allgemeinen Form:

$$a\frac{d^2n}{dt^2} + b\frac{dn}{dt} + cn = k_1 + kt \, . \tag{65}$$

n und t sind hierbei die Veränderlichen.

Für die Lösung dieser Differentialgleichung sind drei Fälle zu unterscheiden, und zwar je nachdem die quadratische Gleichung

$$a w^2 + b w + c = 0 \tag{66}$$

Wurzelwerte

$$w_{\tfrac{1}{2}} = -\frac{b}{2a} \pm \sqrt{\left(\frac{b}{2a}\right)^2 - \frac{c}{a}} \tag{67}$$

ergibt, die reell und verschieden groß, reell und gleich groß oder komplex sind.

1. *Die Wurzeln w_1 und w_2 sind reell und verschieden groß.*

Hierbei ist $\left(\dfrac{b}{2a}\right)^2 > \dfrac{c}{a}$. Die Lösung lautet dann:

$$n = C_1 e^{w_1 t} + C_2 e^{w_2 t} + u + vt \, . \tag{68}$$

Die Konstanten C_1 und C_2 ergeben sich aus den Anfangsbedingungen des technischen Problems. Ist, wie dies bei den nachfolgenden Untersuchungen meist zutrifft, für den Zeitpunkt $t = 0$: $n = n_0$ und $\dfrac{dn}{dt} = 0$, dann ergibt sich aus Gleichung (68):

$$C_1 = \frac{w_2(n_0 - u) + v}{w_2 - w_1} \; ; \quad C_2 = n_0 - u - C_1 \, . \tag{69}$$

Die Konstanten u und v erhält man, indem man die aus Gleichung (68) sich ergebenden Ausdrücke n, $\dfrac{dn}{dt}$ und $\dfrac{d^2n}{dt^2}$ in Gleichung (65) einsetzt, welche dabei zu einer identischen werden muß. Es ergibt sich dann:

$$\left.\begin{aligned} u &= \frac{k_1 \cdot c - k \cdot b}{c^2} \\ v &= \frac{k}{c} \end{aligned}\right\} \tag{70}$$

Ist $k = 0$, dann ist $u = \dfrac{k_1}{c}$ und $v = 0$.

2. *Die Wurzeln sind reell und gleich groß.* Da hierbei $\left(\dfrac{b}{2a}\right)^2 = \dfrac{c}{a}$ sein muß, ergibt sich $w = -\dfrac{b}{2a}$. Die Lösung der Differentialgleichung (65) ist dann:

$$n = e^{wt}(C_1 + C_2 t) + u + vt \, . \tag{71}$$

u und v bestimmen sich aus Gleichung (70) und die Konstanten C_1 und C_2 bei den gleichen Anfangsbedingungen zu

$$C_1 = n_0 - u \; ; \quad C_2 = -w \cdot C_1 - v \, . \tag{72}$$

3. *Die Wurzeln w_1 und w_2 sind mit* $\left(\dfrac{b}{2\,a}\right)^2 < \dfrac{c}{a}$ *komplex*, also von der Form:

$$w_{\scriptscriptstyle \frac{1}{2}} = q \pm i\,r \, ,$$

wobei $q = -\dfrac{b}{2\,a}$ und $r = \sqrt{\dfrac{c}{a} - \left(\dfrac{b}{2\,a}\right)^2}$ ist. Die Lösung der Differentialgleichung (65) ist dann:

$$\left. \begin{aligned} n &= e^{q\,t} \cdot [A \cdot \cos(r\,t) + B \cdot \sin(r\,t)] + u + v\,t \\ n &= \sqrt{A^2 + B^2} \cdot e^{q\,t} \cdot \sin(r\,t + \tau) + u + v\,t \end{aligned} \right\} \tag{73}$$

oder

u und v haben dieselben Werte wie in Gleichung (70) und die Konstanten A und B ergeben sich bei den gleichen Anfangsbedingungen zu

$$\left. \begin{aligned} A &= n_0 - u \\ B &= -\frac{q \cdot A + v}{r} \end{aligned} \right\} \tag{74}$$

Der Winkel τ bestimmt sich aus der Gleichung

$$\operatorname{tg}\tau = \frac{A}{B} \, . \tag{75}$$

Die Dauer einer Schwingungsperiode ist

$$T = \frac{2\,\pi}{r} \, . \tag{76}$$

Die **Stabilität der Regelung** hängt von den Wurzelwerten w und vom Wert v ab. Es sei zunächst $v = 0$ gesetzt.

Sind eine oder beide Wurzeln w positiv, dann wird $e^{w\,t}$ und damit auch die Drehzahl n mit wachsendem t schließlich unendlich groß. Die Regelung wäre unstabil und unbrauchbar (siehe Fig. 26 a).

Sind beide Wurzeln w negativ, dann wird $e^{w\,t}$ mit wachsendem t allmählich zu Null und die Drehzahl nähert sich bei

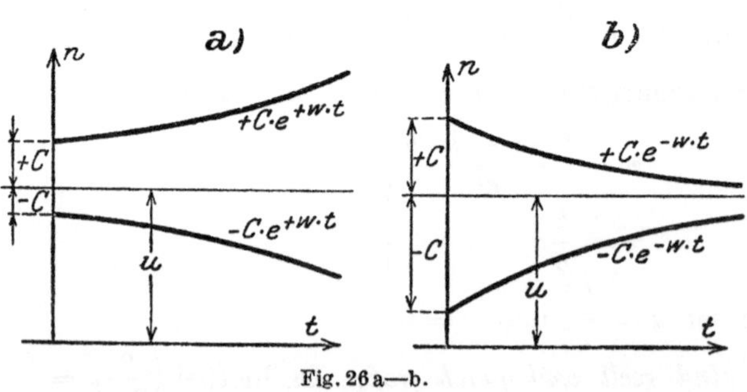

Fig. 26 a—b.

$t = \infty$ dem Wert u, welcher die Drehzahl des neuen Beharrungszustandes darstellt (siehe Fig. 26 b). Der Regelvorgang vollzieht sich also stabil und aperiodisch.

Sind die Wurzeln w komplex, dann stellt der Wert $\sqrt{A^2 + B^2} \cdot \sin(rt + \tau)$ der Gleichung (73) eine Sinuskurve mit der Amplitude $\sqrt{A^2 + B^2}$ dar (siehe Fig. 27 a).

Je nachdem nun der reelle Teil der Wurzeln q positiv oder negativ ist, nehmen die Schwingungsamplituden und damit die Drehzahl n nach Fig. 27 b stetig zu oder nach Fig. 27 c stetig ab. Die Kurve $e^{qt} \cdot \sqrt{A^2 + B^2}$ berührt die n-Linie in jeder Schwingung.

Ist also $q = 0$, dann ist die Regelung labil; die Drehzahl schwankt fortgesetzt um den Mittelwert u (siehe Fig. 27 a). Ist q positiv, dann ist sie unstabil; die Drehzahl nimmt immer größere Werte an (siehe Fig. 27 b). Ist q negativ, dann ist die Regelung stabil (siehe Fig. 27 c); die Drehzahl n nähert sich mit abnehmenden Schwankungen der Drehzahl u des neuen Beharrungszustandes, theoretisch erst nach unendlich langer Zeit, praktisch schon innerhalb einiger Minuten oder Bruchteilen davon, was sinngemäß auch für den aperiodischen Übergang (Fig. 26 b) gilt.

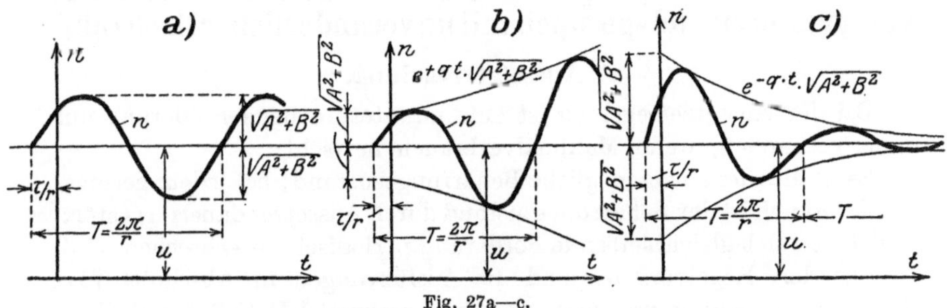

Fig. 27a—c.

Aus Gleichung (67) ergibt sich, daß die Regelung nach dem Vorstehenden nur stabil sein kann, wenn die Faktoren a, b und c der Gleichung (65) positive Werte haben. Hierbei ist das Glied $b \cdot \dfrac{dn}{dt}$ das sog. Dämpfungsglied; ist dasselbe nicht vorhanden, dann werden die Wurzeln w immer imaginär und $q = 0$, was eine labile Regelung zur Folge hat (Fig. 27 a).

Ist der Faktor $a = 0$, dann geht die Gleichung (65) in folgende Differentialgleichung erster Ordnung über:

$$b \cdot \frac{dn}{dt} + c \cdot n = k_1 + k \cdot t \,. \tag{65a}$$

An Stelle der quadratischen Wurzelgleichung tritt:

$$b \cdot w + c = 0 \,; \quad w = -\frac{c}{b}$$

und als Lösung der Differentialgleichung erhält man:

$$n = C_1 e^{wt} + u + v\,t$$

C_1 bestimmt sich aus den Anfangsbedingungen, u und v aus Gleichung (70). Positive Werte von b und c ergeben bei $v = 0$ eine stabile Regelung mit aperiodischem Übergang gemäß Fig. 26 b.

Wenn die Dampfspannung konstant bleibt, ist $v = 0$; ändert sich diese, dann wird v positiv oder negativ und die Regelung wird durch den Summanden $v \cdot t$ immer unstabil, aber nur so lange, als diese Änderung dauert.

Die Exponentialkurven $C \cdot e^{wt}$ oder $\sqrt{A^2 + B^2} \cdot e^{qt}$ lassen sich rasch und bequem so aufzeichnen, daß man jene Abszissen t bestimmt, für welche $w \cdot t$ bzw. $q \cdot t$ die Werte der ganzen Zahlen 0, 1, 2, 3 ... annimmt. Bei $\frac{1}{4} T$ und $\frac{3}{4} T$ eines Schwingungsvorganges berühren sich die $n =$ Kurven und die Exponentialkurve, bei $\frac{1}{2} T$ und $\frac{1}{4} T$ schneidet die $n =$ Kurve die Horizontale u, bzw. die Gerade $u + v \cdot t$.

IX. Der Regelvorgang von einzeln arbeitenden Kolbenkompressoren und -pumpen mit unveränderlicher Drehzahl.

a) Aussetzerregelung.

Bei der Aussetzerregelung ist eine ununterbrochene Förderung nur dann vorhanden, wenn Maximalverbrauch herrscht.

Es ist dies der einzig mögliche Beharrungszustand; bei jedem geringeren Verbrauch ist der Beharrungszustand durch Aussetzer dauernd gestört, weil die an sich gleichbleibende Förderung periodisch unterbrochen wird.

Für den Regelvorgang sind die Ausführungen in Abschnitt VI c, 3—5 für Kolbenkompressoren und in Abschnitt VII d, 2 für Kolbenpumpen maßgebend. Der Einfluß von ε (siehe S. 22—29) soll hier der Übersichtlichkeit halber vernachlässigt werden; bei Berücksichtigung desselben würden nur die Förder- und Aussetzerzeiten ganz unbedeutend kleiner oder größer werden, weil die Grenzdrücke üblicherweise nicht weit voneinanderliegen und hier nicht überschritten werden können.

Bei unveränderlicher Drehzahl ist auch $\operatorname{tg}\alpha_0$ stets konstant; im Beharrungszustand ist dann nach Gleichung (37) $\operatorname{tg}\alpha_0 = \operatorname{tg}\beta_0$. Der Windkesseldruck bleibt hierbei auf gleicher Höhe und kann jede Größe zwischen den Grenzdrücken haben. Vermindert sich der Verbrauch plötzlich entsprechend einem $\operatorname{tg}\beta_1 < \operatorname{tg}\beta_0$, dann steigt der Windkesseldruck zunächst bis zur oberen Grenze p'', bei welcher dann die Förderung selbsttätig ausgesetzt wird. Die Zeitdauer der Förderung bestimmt sich dann aus Gleichung (38) bzw. (64) zu

$$t_f = \frac{y_0}{\operatorname{tg}\alpha_0 - \operatorname{tg}\beta_1} = \frac{y_0}{\operatorname{tg}\alpha_0} \cdot \frac{1}{1 - \dfrac{\operatorname{tg}\beta_1}{\operatorname{tg}\alpha_0}}, \tag{77}$$

wenn man für $y = y_0 =$ die Differenz der Grenzdrücke einsetzt.

Es sinkt von da ab der Windkesseldruck bei unveränderter Druckluftentnahme allmählich bis zur unteren Grenze p', bei welcher die Förderung selbsttätig wieder einsetzt. Es verstreicht darüber eine Zeit

$$t_a = \frac{-y_0}{-\operatorname{tg}\beta_1} = \frac{y_0}{\operatorname{tg}\alpha_0} \cdot \frac{1}{\dfrac{\operatorname{tg}\beta_1}{\operatorname{tg}\alpha_0}} \ . \tag{78}$$

Das Spiel wiederholt sich nun bei unveränderter Entnahme in der gleichen Weise (siehe Diagramm I).

Es erhellt ohne weiteres, daß die Zeiten t_f und t_a um so größer werden und damit die Zahl der Aussetzer in einer Zeiteinheit um so kleiner, je größer bei Kompressoren der Windkesselinhalt V und bei Pumpen der Luftraum V ist; denn $\operatorname{tg}\alpha_0$ und $\operatorname{tg}\beta_1$ stehen im umgekehrten Verhältnis zu V.

Es ist weiter zu erkennen, daß jeder Verbrauchsstärke ein ganz bestimmter Wert t_f und t_a zugeordnet ist. Je kleiner der Druckluftverbrauch und damit $\operatorname{tg}\beta_1$ ist, desto kleiner ist die Zeitdauer der Förderung t_f und desto größer die Zeitdauer der Aussetzung.

Die Zeitdauer einer Aussetzerperiode bestimmt sich aus Gleichung (77) und (78) zu

$$t_a + t_f = \frac{y_0}{\operatorname{tg}\alpha_0} \cdot \frac{1}{\dfrac{\operatorname{tg}\beta_1}{\operatorname{tg}\alpha_0}\left(1 - \dfrac{\operatorname{tg}\beta_1}{\operatorname{tg}\alpha_0}\right)} \ . \tag{79}$$

Der erste Faktor $\dfrac{y}{\operatorname{tg}\alpha_0} = t_0$ ist eine konstante Zeitgröße, und zwar die Zeit, die verstreichen würde, wenn in den Windkessel gefördert, ohne daß Druckluft oder Druckwasser entnommen würde und hierbei der Druck von der unteren Grenze p' bis zur oberen Grenze p'' ansteigt (siehe Diagramm I). Im zweiten Faktor stellt $\dfrac{\operatorname{tg}\beta_1}{\operatorname{tg}\alpha_0}$ das Verhältnis der Entnahme zur Förderung, also das Entlastungsverhältnis des Kompressors dar. Es ergibt sich dann beispielsweise

bei einer Entlastung auf $\dfrac{\operatorname{tg}\beta_1}{\operatorname{tg}\alpha_0} =$	Förderzeit t_f	Aussetzungszeit t_a	Aussetzerperiode $t_f + t_a$
$\frac{1}{2}$	$2\,t_0$	$2\,t_0$	$4\,t_0$
$\frac{1}{3}$ bzw. $\frac{2}{3}$	$\frac{3}{2}\,t_0$ bzw. $3\,t_0$	$3\,t_0$ bzw. $\frac{3}{2}\,t_0$	$(3 + \frac{3}{2})\,t_0$
$\frac{1}{4}$ „ $\frac{3}{4}$	$\frac{4}{3}\,t_0$ „ $4\,t_0$	$4\,t_0$ „ $\frac{4}{3}\,t_0$	$(4 + \frac{4}{3})\,t_0$
$\frac{1}{5}$ „ $\frac{4}{5}$	$\frac{5}{4}\,t_0$ „ $5\,t_0$	$5\,t_0$ „ $\frac{5}{4}\,t_0$	$(5 + \frac{5}{4})\,t_0$
$\frac{1}{n}$ „ $\frac{n-1}{n}$	$\frac{n}{n-1}\,t_0$ „ $n\,t_0$	$n\,t_0$ „ $\frac{n}{n-1}\,t_0$	$\left(n + \frac{n}{n-1}\right)t_0$
$\frac{1}{\infty}$ „ $\frac{1}{1}$	$1 \cdot t_0$ „ ∞	∞ „ $1 \cdot t_0$	∞

Die Zahl der Aussetzer pro Stunde würde $\dfrac{3600}{t_a + t_f}$ betragen.

Aus vorstehender Tabelle geht hervor, daß bei halber Entlastung die Aussetzerperiode am kürzesten und damit die Zahl der Aussetzer am größten ist. Bei größerer oder geringerer Entlastung dauert die Aussetzerperiode länger und die Zahl der Aussetzer wird geringer, und zwar sind die Verhältnisse bei $\frac{1}{n}$ Entlastung die gleichen wie bei einer Entlastung von $\frac{n-1}{n}$; es sind nur die Zeiten t_a und t_f vertauscht. Bei voller Entlastung, wie beim Maximalverbrauch wird $t_a + t_f = \infty$, d. h. die Förderung hört ganz auf, bzw. sie dauert ununterbrochen fort.

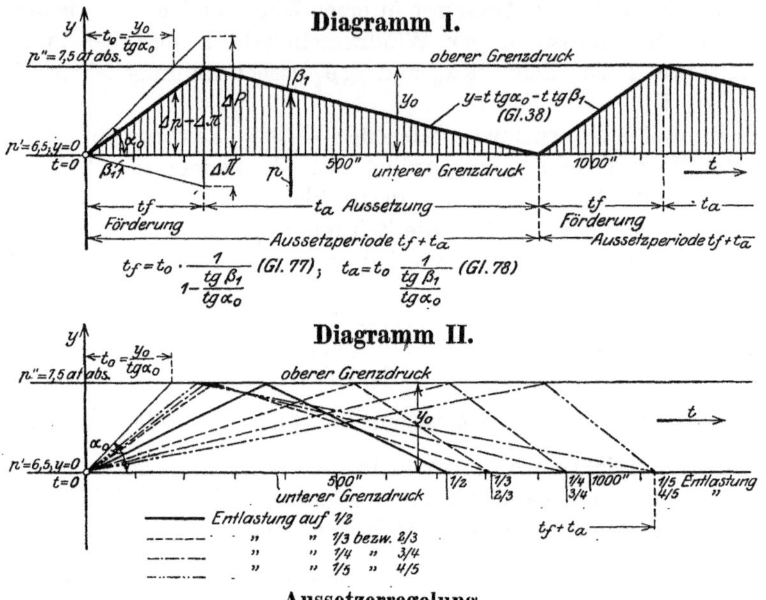

$$t_f = t_0 \cdot \frac{1}{1-\frac{tg\,\beta_1}{tg\,\alpha_0}} \;(Gl.\,77); \qquad t_a = t_0\,\frac{1}{\frac{tg\,\beta_1}{tg\,\alpha_0}}\;(Gl.\,78)$$

Aussetzerregelung.

n = const.; gleichzeitige Ausschaltung beider Zylinderseiten.

Diagramm II läßt die Zeitdauer der Förderung, der Aussetzung derselben, sowie der Aussetzerperioden für die in obiger Tabelle aufgeführten Entlastungsbeispiele erkennen.

Die Änderung des Windkesseldruckes ist durch senkrecht schraffierte Ordinaten in Diagramm I ersichtlich gemacht. Setzt zur Zeit der Förderung plötzlich Maximalverbrauch ein, dann bleibt der Windkesseldruck auf der eben erreichten Höhe unverändert stehen; ist dies aber zur Zeit der Aussetzung der Fall, dann wird der Windkesseldruck zunächst entsprechend schneller auf die untere Grenze fallen und diese dann beibehalten.

Legt man die Druckgrenzen näher aneinander, macht also y_0 kleiner, dann verringern sich die Zeiten t_f und t_a nach Gleichung (77) und (78) im selben Verhältnis wie y_0; die Zahl der Aussetzer wird dementsprechend größer. Da aber anzustreben ist, die Zahl der Aussetzer möglichst gering zu halten, muß man entweder größere Druckdifferenzen in Kauf nehmen oder den Windkesselinhalt V entsprechend größer halten.

Bei Kolbenkompressoren lassen sich diese Verhältnisse günstiger gestalten, indem zunächst nur eine Zylinderseite ausgeschaltet wird und, wenn erforderlich, dann erst die zweite. Es ist hierbei ein Beharrungszustand beim Maximalverbrauch und beim halben Maximalverbrauch gegeben; bei jeder anderen Verbrauchsstärke ist der Beharrungszustand

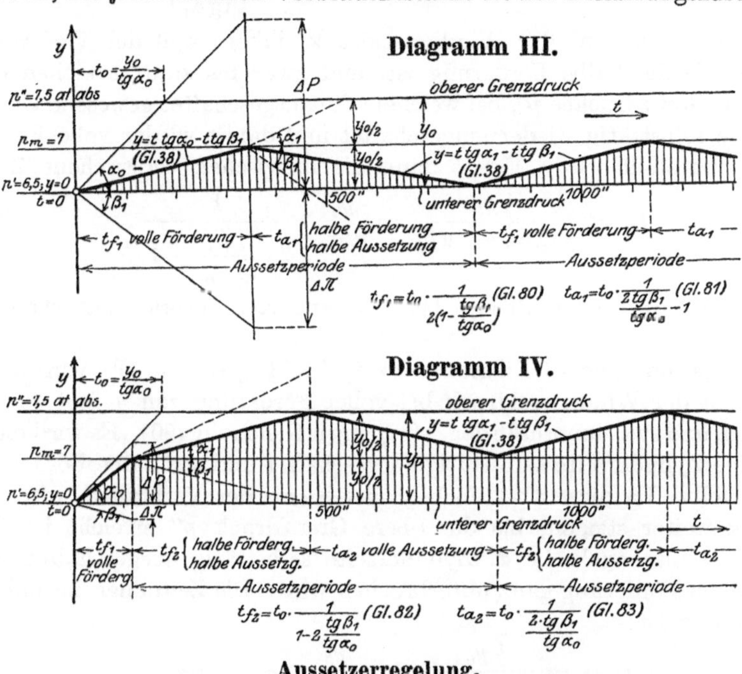

Aussetzerregelung.

$n = $ const.; Hintereinanderausschaltung der Zylinderseiten.

periodisch durch Aussetzung der halben oder der ganzen Förderung gestört. Es spielt sich dann der Regelvorgang nach Diagramm III und IV ab.

Bei Maximalverbrauch ist $tg\,\alpha_0 = tg\,\beta_0$; der Windkesseldruck ist konstant, kann jedoch nur eine Größe zwischen dem unteren Grenzdruck p' und dem mittleren Druck $p_m = \dfrac{p' + p''}{2}$ haben. Bei halbem Maximalverbrauch ist der Windkesseldruck ebenfalls konstant und kann jede Größe zwischen dem oberen Grenzdruck p'' und dem mittleren Druck p_m einnehmen. Ist eine andere Verbrauchsstärke vorhanden, dann ist zu unterscheiden, ob diese größer oder kleiner als die halbe Förderung ist $(tg\,\beta_1 \gtrless \tfrac{1}{2}\,tg\,\alpha_0)$.

Es möge beispielsweise gemäß Diagramm III zur Zeit $t = 0$ der untere Grenzdruck vorhanden und $\operatorname{tg}\beta_1 > \frac{1}{2}\operatorname{tg}\alpha_0$ sein. Die volle Förderung wird dann eine Zeit t_f dauern, bis der mittlere Druck p_m erreicht ist, bei welchem die eine Zylinderseite selbsttätig ausgeschaltet und damit halbe Förderung eingestellt wird. Es ist dann analog Gleichung (77) die Zeitdauer der vollen Förderung:

$$t_{f_1} = \frac{\frac{1}{2}y_0}{\operatorname{tg}\alpha_0 - \operatorname{tg}\beta_1} = \frac{y_0}{\operatorname{tg}\alpha_0} \cdot \frac{1}{2\left(1 - \dfrac{\operatorname{tg}\beta_1}{\operatorname{tg}\alpha_0}\right)} . \tag{80}$$

Von da ab wird der Windkesseldruck sinken, weil der Verbrauch größer als die halbe Förderung ist, und zwar bis zum Erreichen des unteren Grenzdruckes p', bei welchem die ausgeschaltet gewesene Zylinderseite selbsttätig wieder eingeschaltet und damit wieder volle Förderung eingestellt wird. Es ist dann die inzwischen verstrichene Zeit:

$$t_{a_1} = \frac{\frac{1}{2}y_0}{\frac{1}{2}\operatorname{tg}\alpha_0 - \operatorname{tg}\beta_1} = \frac{y_0}{\operatorname{tg}\alpha_0} \cdot \frac{1}{2 \cdot \dfrac{\operatorname{tg}\beta_1}{\operatorname{tg}\alpha_0} - 1} . \tag{81}$$

Von da ab wiederholt sich bei unveränderter Verbrauchsstärke dasselbe Spiel.

Es soll nun gemäß Diagramm IV $\operatorname{tg}\beta_1 < \frac{1}{2}\operatorname{tg}\alpha_0$ sein. Es wird dann zunächst der Windkesseldruck bei voller Förderung von p' auf p_m ansteigen, und zwar innerhalb der Zeit t_{f_1} nach Gleichung (80). Es wird dann die eine Zylinderseite selbsttätig ausgeschaltet und auf halbe Förderung eingestellt. Da diese aber noch größer ist als der Verbrauch, wird der Druck weiter steigen, bis der obere Grenzdruck p'' erreicht ist, bei welchem nun auch die 2. Zylinderseite selbsttätig ausgeschaltet und damit die Förderung ganz unterbrochen wird. Die Zeitdauer der halben Förderung ist:

$$t_{f_2} = \frac{\frac{1}{2}y_0}{\frac{1}{2}\operatorname{tg}\alpha_0 - \operatorname{tg}\beta_1} = \frac{y_0}{\operatorname{tg}\alpha_0} \cdot \frac{1}{1 - 2\dfrac{\operatorname{tg}\beta_1}{\operatorname{tg}\alpha_0}} . \tag{82}$$

Es sinkt dann der Windkesseldruck bei unveränderter Druckluftentnahme auf den mittleren Druck p_m, bei welchem die 2. Zylinderseite wieder eingeschaltet und damit wieder auf halbe Förderung eingestellt wird. Die Zeitdauer der vollen Ausschaltung des Kompressors erhält man zu

$$t_{a_2} = \frac{-\frac{1}{2}y_0}{-\operatorname{tg}\beta_1} = \frac{y_0}{\operatorname{tg}\alpha_0} \cdot \frac{1}{2\dfrac{\operatorname{tg}\beta_1}{\operatorname{tg}\alpha_0}} . \tag{83}$$

Von da ab wiederholt sich dasselbe Spiel zwischen halber Förderung und völliger Ausschaltung.

Setzt man auch hier die konstante Zeitgröße $\dfrac{y_0}{\operatorname{tg}\alpha_0} = t_0$, dann ergibt sich

bei einer Entlastung auf $\dfrac{\operatorname{tg}\beta_1}{\operatorname{tg}\alpha_0} =$	t_{f2} bzw. t_{f1}		t_{a2} bzw. t_{a1}		$\begin{matrix} t_{a2} + t_{f2} \\ \text{bzw.} \\ t_{a1} + t_{f1} \end{matrix}$
$\tfrac{1}{2}$	t_0		∞		∞
$\tfrac{1}{3}$ bzw. $\tfrac{2}{3}$	$3\,t_0$ bzw.	$\tfrac{3}{2}\,t_0$	$\tfrac{3}{2}\,t_0$ bzw.	$3\,t_0$	$\left(\tfrac{3}{2}+3\right)t_0$
$\tfrac{1}{4}$,, $\tfrac{3}{4}$	$\tfrac{4}{2}\,t_0$,,	$\tfrac{4}{2}\,t_0$	$\tfrac{4}{2}\,t_0$,,	$\tfrac{4}{2}\,t_0$	$\left(\tfrac{4}{2}+\tfrac{4}{2}\right)t_0$
$\tfrac{1}{5}$,, $\tfrac{4}{5}$	$\tfrac{5}{3}\,t_0$,,	$\tfrac{5}{2}\,t_0$	$\tfrac{5}{2}\,t_0$,,	$\tfrac{5}{3}\,t_0$	$\left(\tfrac{5}{2}+\tfrac{5}{3}\right)t_0$
$\dfrac{1}{n}$,, $\dfrac{n-1}{n}$	$\dfrac{n}{n-2}\,t_0$,,	$\dfrac{n}{2}\,t_0$	$\dfrac{n}{2}\,t_0$,,	$\dfrac{n}{n-2}\,t_0$	$\left(\dfrac{n}{2}+\dfrac{n}{n-2}\right)t_0$
$\tfrac{1}{\infty}$,, $\tfrac{1}{1}$	$1\cdot t_0$,,	∞	∞ ,,	$1\cdot t_0$	∞

Aus der Tabelle ist zunächst zu erkennen, daß bei $\tfrac{1}{4}$ und $\tfrac{3}{4}$ Entlastung die Aussetzerperiode am kürzesten und damit die Zahl der Aussetzer am größten ist. Bei größerer oder geringerer Entlastung dauert die Aussetzerperiode länger, die Zahl der Aussetzer wird geringer, und zwar sind diese Verhältnisse bei $\dfrac{1}{n}$ Entlastung die gleichen wie bei einer Entlastung von $\dfrac{n-1}{n}$, nur die Zeiten t_a und t_f sind vertauscht. Bei voller Entlastung, sowie bei $\tfrac{1}{2}$ und $\tfrac{1}{1}$ Maximalverbrauch wird $t_a + t_f = \infty$, d. h. die Förderung hört ganz auf, bzw. sie dauert ununterbrochen fort.

Die Änderung des Windkesseldruckes ist durch senkrecht schraffierte Ordinaten in Diagramm III und IV ersichtlich gemacht. Setzt zur Zeit der vollen Förderung im Diagramm III Maximalverbrauch ein, dann bleibt der Windkesseldruck auf der eben erreichten Höhe stehen; setzt halber Maximalverbrauch ein, dann steigt er noch auf p_m und behält dann diesen Druck bei. Treten diese Verbräuche zur Zeit der halben Förderung ein, dann wird im ersteren Fall der Druck entsprechend schneller auf p' fallen und diesen, im letzteren Falle den eben erreichten Druck beibehalten. In ähnlicher Weise läßt sich der Übergang in die beiden Beharrungszustände bei Diagramm IV verfolgen.

Ein Vergleich der durch Diagramm I und II gekennzeichneten Regolungsart mit jener in Diagramm III und IV läßt ersehen, daß bei letzterer die Druckschwankungen während der Aussetzerperioden um die Hälfte kleiner sind, was eine wirtschaftlichere Arbeitsweise der Druckluftverbraucher zur Folge hat; die Zahl der Aussetzer ist bei Entlastungen zwischen $\tfrac{1}{3}$ und $\tfrac{2}{3}$ ebenfalls geringer und damit günstiger, über $\tfrac{2}{3}$ und unter $\tfrac{1}{3}$ Entlastung etwas größer, was zwar ungünstiger, aber nicht von großer Bedeutung ist.

Man wird demzufolge besonders da, wo zwecks Erhöhung der Wirtschaftlichkeit kleine Windkesseldruckschwankungen angezeigt erscheinen und größere Luftverbrauchsänderungen vorkommen, die zwar etwas verwickeltere, aber verhältnismäßig wenig teuerere Regelungsart der Hintereinanderausschaltung der Zylinderseiten empfehlen können. Das wird in der Regel bei größeren Anlagen der Fall sein, wo zur Erreichung desselben Zweckes eine Vergrößerung des Windkessels aus örtlichen Gründen nicht möglich ist oder wesentlich teuerer zu stehen kommt, während bei kleineren Anlagen der Windkessel gewöhnlich an sich schon im Verhältnis zur Luftförderung größer ausgeführt wird und kleinere Luftverbrauchsänderungen in Frage stehen, weiter die unwirtschaftlichere Betriebsführung nicht so ins Gewicht fällt und einfachere Bauweise bevorzugt wird; im übrigen werden kleinere Anlagen meist als sog. Stufenkompressoren mit einfach wirkendem Niederdruckzylinder ausgeführt, was eine solche Verbesserung der Regelung an sich ausschließt.

Zahlenbeispiel[1]):

Es sei für eine Luftkompressoranlage:

der Durchmesser des Hochdruckluftzylinders   570 mm $\Big\}$ doppelt
der Durchmesser des Niederdruckluftzylinders 900 „ $\Big.$ wirkend
der Durchmesser der Kolbenstange . . . . . 160 „
der Kolbenhub S . . . . 800 „
der schädliche Raum s 3%
die unveränderliche Drehzahl $n_0 = 100$
der normale Luftdruck im Windkessel $p_0 = 7$ Atm. abs.
der obere Grenzdruck im Windkessel $p'' = 7{,}5$ Atm. abs.
der untere Grenzdruck im Windkessel $p' = 6{,}5$ Atm. abs.
der Windkesselinhalt $V = 100$ cbm.

Es ist dann der wirksame Querschnitt des Niederdruckzylinders $F = 0{,}616$ qm

$$v_a = 1{,}03 \cdot 0{,}616 \cdot 0{,}8 = 0{,}51$$

und

$$\frac{V}{v_a} = \text{rd. } 200$$

(also schon ein außergewöhnlich großes Verhältnis).

Erfolgt die Kompression zweistufig nach der Linie AB (siehe Fig. 7) als Polytrope mit $\mu = 1{,}3$, also $\sqrt{\dfrac{T_1}{T_a}} = 1{,}25$ (siehe Tabelle S. 19) und nach der Linie BC als Polytrope mit $\mu = 1{,}1$, dann ist nach Gleichung (30) die Windkesseldruckerhöhung pro Kolbenhub

$$\varDelta p = \frac{0{,}51}{100} \cdot 1{,}1 \cdot 1{,}25 = 0{,}007 \text{ Atm.},$$

---

[1]) Die Zahlenbeispiele in dieser Abhandlung entsprechen der Genauigkeit einer Rechenschieberablesung, mitunter mit entsprechender Abrundung.

die Hubzeit

$$t_h = \frac{60}{2 \cdot n} = 0,3'',$$

$$\operatorname{tg}\alpha_0 = \frac{\varDelta p}{t_h} = 0,0234$$

und

$$t_0 = \frac{y_0}{\operatorname{tg}\alpha_0} = \frac{7,5 - 6,5}{0,0234} = 43 \text{ Sekunden}.$$

Für die Regelungsart nach Diagramm I und II errechnen sich dann aus der Tabelle auf S. 39 folgende abgerundete Werte:

Bei einer Entlastung auf $\dfrac{\operatorname{tg}\beta_1}{\operatorname{tg}\alpha_\bullet} =$	t_f		t_a		$t_f + t_a$	Zahl der Aussetzer pro Stunde
$\frac{1}{2}$		86''		86''	172''	21
$\frac{1}{8}$ bzw. $\frac{2}{8}$	65'' bzw.	129''	129'' bzw.	65''	194''	18,5
$\frac{1}{4}$,, $\frac{3}{4}$	58'' ,,	172''	172'' ,,	58''	230''	15,5
$\frac{1}{5}$,, $\frac{4}{5}$	54'' ,,	215''	215'' ,,	54''	269''	13,5
$\frac{1}{10}$,, $\frac{9}{10}$	48'' ,,	430''	430'' ,,	48''	478''	7,5
$\frac{1}{\infty}$,, 1	43'' ,,	∞	∞ ,,	43''	∞	0

Dieselben Werte erhält man bei einer Kolbenpumpe, für die

$$\operatorname{tg}\alpha_0 = \frac{2 \cdot F \cdot S \cdot n_0 \cdot \lambda}{60 \cdot F_0} = 0,0234$$

Für die Regelungsart nach Diagramm III und IV errechnen sich aus der Tabelle auf S. 43 für den Kompressor folgende Werte:

Bei einer Entlastung auf $\dfrac{\operatorname{tg}\beta_1}{\operatorname{tg}\alpha_0} =$	t_{f2} bzw. t_{f1}		t_{a2} bzw. t_{a1}		$t_{a2} + t_{f2}$ bzw. $t_{a1} + t_{f1}$	Zahl der Aussetzer pro Stunde
$\frac{1}{2}$		43''		∞	∞	0
$\frac{1}{8}$ bzw. $\frac{2}{8}$	129'' bzw.	65''	65'' bzw.	129''	194''	18,5
$\frac{1}{4}$,, $\frac{3}{4}$	86'' ,,	86''	86'' ,,	86''	172''	21
$\frac{1}{5}$,, $\frac{4}{5}$	72'' ,,	108''	108'' ,,	72''	180''	20
$\frac{1}{10}$,, $\frac{9}{10}$	54'' ,,	215''	215'' ,,	54''	269''	13,5
$\frac{1}{\infty}$,, 1	43'' ,,	∞	∞ ,,	43''	∞	0

Würde der Windkesselinhalt z. B. nur halb so groß gewählt, also $\dfrac{V}{v_a} = 100$, dann würde $\varDelta p$ und $\operatorname{tg}\alpha_0$ und ebenso die Zahl der Aussetzer doppelt so groß, die Zeiten t_0, t_f und t_a halb so groß sein.

b) Regelung der Saugleistung von Hand.

Die Regelung der Saugleistung erfolgt durch ein verstellbares Ventil oder wie in Fig. 28 a gezeichnet, mit derselben Wirkung durch einen

verstellbaren Schieber S, welche an den Kompressor oder am Pumpenzylinder angebaut sind und als Steuerorgane stets mitbewegt werden.
Sie haben u. a. die Aufgabe, beim Rückgang des Kolbens einen Teil
des angesaugten Fördermittels wieder ins Freie hinauszulassen. Die
Einstellung geschieht in dem gezeichneten Beispiel durch Verdrehen des
mit schrägen Schlitzen versehenen Schiebers mittels des Hebels OA,
der entweder von Hand betätigt werden kann oder bei Kompressoren
selbsttätig durch Beeinflussnng eines federbelasteten Reglerkolbens
vom Windkessel aus wie dies in Fig. 28a punktiert angedeutet ist.

Bei den Pumpen liegen die Verhältnisse einfach. Wird der Hebel OA_0
in die Lage OA_1 verbracht, dann beginnt das Fortdrücken des Wassers

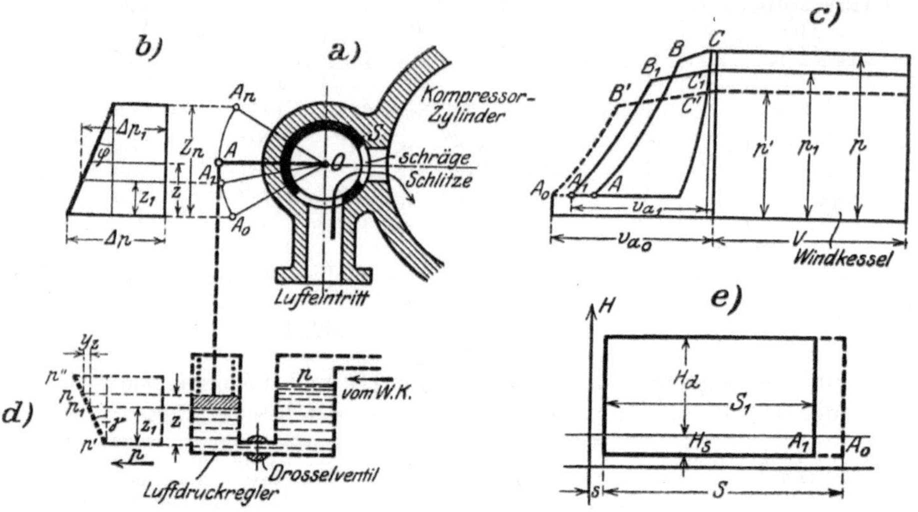

Fig. 28 a—e.

nach dem Druckvolumendiagramm in Fig. 28e nicht mehr in A_0,
sondern erst in A_1, weil der der Kolbenhubstrecke $A_0 A_1$ entsprechende
Teil der angesaugten Wassermenge wieder abgelassen wird. Die Fördermenge ist dann:

$$Q = i \cdot F \cdot S_1 \cdot \lambda \cdot n_0 . \tag{84}$$

Ist dieselbe noch größer oder kleiner als gewünscht, dann ist dies
weniger von Belang, weil die Förderhöhe in der Regel konstant ist.
Man wird eben dann, wenn notwendig, eine weitere Verstellung vornehmen.

Wird bei Kompressoren der Hebel von OA_0 nach OA_1 verstellt,
dann wird ebenfalls der der Hubstrecke $A_0 A_1$ entsprechende Teil der
angesaugten Luftmenge zunächst wieder hinausgeschoben und die Kompression beginnt erst in A_1 (siehe das Druckvolumendiagramm in Fig. 28c).
Die Windkesseldruckerhöhung pro Hub Δp ändert sich dann nach

Gleichung (25) oder (30) im linearen Verhältnis mit dem reduzierten Ansaugevolumen v_{a_1} bzw. mit der Hebelverschiebung z_1 .

Wird zur Zeit $t = 0$ beispielsweise die Luftentnahme entsprechend einem $\operatorname{tg}\beta_1$ verringert, ohne daß der Hebel OA_0 verstellt wird, dann steigt der Windkesseldruck nach den Ausführungen in Abschnitt VI c, 4 innerhalb der Zeit t um y (Fig. 29),
wobei nach Gleichung (38)

$$y = t \cdot \operatorname{tg}\alpha_0 - t \cdot \operatorname{tg}\beta_1 \,,$$

wenn zunächst der Übersichtlichkeit halber der Einfluß von ε (siehe Abschnitt VI c, 5) vernachlässigt wird.

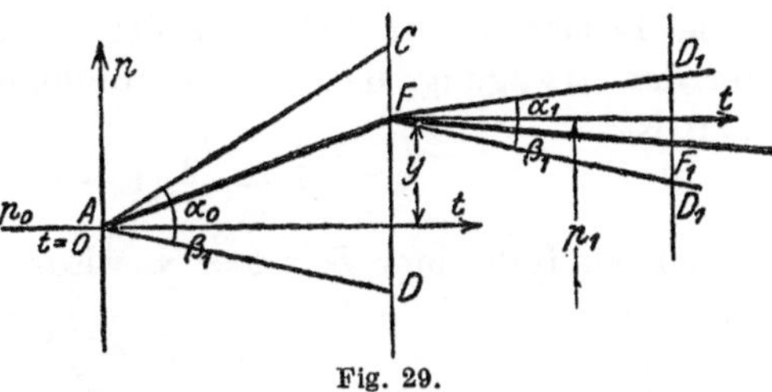

Fig. 29.

Wird nun der Hebel von OA in die Lage OA_1 gebracht, dann ist, wie in Fig. 28 b dargestellt:

$$\Delta p_1 = \Delta p - z_1 \cdot \operatorname{tg}\varphi$$

und bei einer konstanten Drehzahl n_0:

$$\operatorname{tg}\alpha_1 = \frac{\Delta p_1}{t_h} = \frac{2\,n_0}{60}\,(\Delta p - z_1 \operatorname{tg}\varphi) = \operatorname{tg}\alpha_0 - \frac{z_1 \cdot n_0}{30} \cdot \operatorname{tg}\varphi \qquad (85)$$

und nach Umfluß einer weiteren Zeit t:

$$y_z = t \operatorname{tg}\alpha_1 - t \operatorname{tg}\beta_1 = t \operatorname{tg}\alpha_0 - t \operatorname{tg}\beta_1 - \frac{z_1 \cdot n_0}{30} \cdot t \cdot \operatorname{tg}\varphi \,. \qquad (86)$$

Wäre der Windkesselinhalt größer, dann wäre y und y_z im selben Verhältnis kleiner, da $\operatorname{tg}\alpha$, $\operatorname{tg}\beta$ und $\operatorname{tg}\varphi$ im umgekehrten Verhältnis zu $\dfrac{V}{v_a}$ stehen.

In Fig. 29 tritt also nach der Verstellung des Hebels an Stelle des Winkels α_0 der Winkel α_1; ist dieser, wie gezeichnet, kleiner als β_1, dann nimmt der Windkesseldruck stetig ab. Ein neuer Beharrungszustand träte nur ein, wenn $\operatorname{tg}\alpha_1 = \operatorname{tg}\beta_1$ wäre, und zwar bei jedem zur Zeit $t = 0$ herrschenden Windkesseldruck. Da ein anderer Maßstab für die jeweilige Stärke der Luftentnahme nicht vorhanden ist als die zeitliche Zu- und Abnahme des Windkesseldruckes, so würde es allein von der Geschicklichkeit des Maschinisten abhängen, jeweils die richtige Hebelstellung zu treffen, wenn nicht noch der Einfluß von ε zur Auslösung käme, der den Windkesseldruck nur um ein gewisses Maß steigen oder fallen läßt.

Legt man nämlich Gleichung (40) zugrunde und beachtet, daß hier $n = n_0$ konstant, also $\dfrac{\Delta p}{30} \cdot n_0 = \operatorname{tg}\alpha_0$ ist, dann erhält man an Stelle von Gleichung (86):

$$y_z = t \cdot \operatorname{tg}\alpha_0 - \frac{z_1 \cdot n_0}{30}\,t \operatorname{tg}\varphi - t \operatorname{tg}\beta_1 - \varepsilon \cdot \operatorname{tg}\beta_1 \int_0^t y_z \cdot dt \qquad (87)$$

und durch Differentiation:

$$\frac{dy_z}{dt} + \varepsilon \cdot \operatorname{tg}\beta_1 \cdot y_z = \operatorname{tg}\alpha_0 - \operatorname{tg}\beta_1 - \frac{n_0}{30} z_1 \cdot \operatorname{tg}\varphi \left.\right\} \tag{88}$$

oder

$$\frac{dy_z}{dt} + c \cdot y_z = k_1$$

Die Lösung dieser Differenzialgleichung ist nach Abschnitt VIII unter der Erwägung, daß zur Bestimmung der Konstanten für $t = 0$ $y_z = 0$ ist:

$$y_z = \frac{k_1}{c}\left(1 - e^{-ct}\right) . \tag{89}$$

Nach Umfluß einer Zeit $t = \infty$ wird

$$y_{z\,max} = \frac{k_1}{c} . \tag{90}$$

c) Selbsttätige Regelung der Saugleistung.

Eine selbsttätige Regelung der Saugleistung findet man seltener und dann nur bei Kompressoren. Der Windkesseldruck wirkt bei dieser unter Zwischenschaltung einer Ölmasse auf einen federbelasteten Reglerkolben, welcher bei einer Druckänderung sich auf- oder abwärts bewegt und durch ein Gestänge den Hebel OA_0 verstellt (siehe Fig. 28a punktiert). Jede Stellung des Reglerkolbens und damit auch jede Hebelstellung OA ist einem ganz bestimmten Windkesseldruck zugeordnet. Demzufolge ist auch die Hebelstellung z nach Fig. 28d proportional der Windkesseldruckänderung.

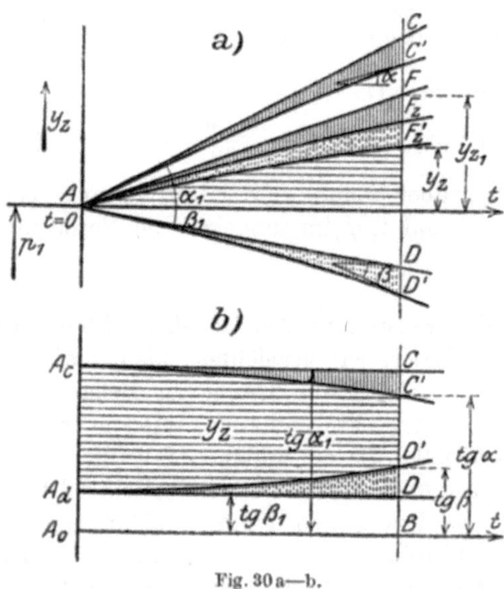

Fig. 30a—b.

Der Regelvorgang vollzieht sich ähnlich, wie in Abschnitt VI c, 5 und man erhält in analoger Anwendung des dort Ausgeführten nach Fig. 30a und b:

$$y_z = \int \operatorname{tg}\alpha \, dt - \int \operatorname{tg}\beta \, dt .$$

Rückt der Hebel in der Zeit t von OA_1 nach OA, dann ist nach Fig. 28d

$$z = z_1 + \frac{y_z}{\operatorname{tg}\gamma}$$

und analog Gleichung (85):

$$\operatorname{tg}\alpha = \operatorname{tg}\alpha_0 - \frac{z \cdot n_0}{30}\cdot\operatorname{tg}\varphi = \operatorname{tg}\alpha_1 - \frac{n_0}{30}\cdot\frac{\operatorname{tg}\varphi}{\operatorname{tg}\gamma}\cdot y_z \,. \qquad (91)$$

Da analog S. 26

$$\int \operatorname{tg}\beta\,dt = t\operatorname{tg}\beta_1 + \varepsilon\cdot\operatorname{tg}\beta_1\int y_z\cdot dt$$

ist, wenn man den Einfluß von ε als auch hier einzige Selbstregelungseigenschaft berücksichtigt, so ergibt sich:

$$y_z = t\operatorname{tg}\alpha_1 - t\operatorname{tg}\beta_1 - \frac{n_0}{30}\frac{\operatorname{tg}\varphi}{\operatorname{tg}\gamma}\int y_z\cdot dt - \varepsilon\cdot\operatorname{tg}\beta_1\int y_z\cdot dt \qquad (92)$$

und durch Differentiation:

$$\left.\begin{aligned} \frac{dy_z}{dt} + \left(\frac{n_0}{30}\frac{\operatorname{tg}\varphi}{\operatorname{tg}\gamma} + \varepsilon\cdot\operatorname{tg}\beta_1\right)\cdot y_z &= \operatorname{tg}\alpha_1 - \operatorname{tg}\beta_1 \\[2ex] \frac{dy_z}{dt} + c\cdot y_z &= k_1 \end{aligned}\right\} \qquad (93)$$

oder

Nachdem auch hier für $t = 0$ $y_z = 0$ ist, erhält man als Lösung:

$$y_a = \frac{k_1}{c}\,(1 - e^{-ct}) \qquad (94)$$

und nach Umfluß einer Zeit $t = \infty$, praktisch aber schon nach einigen Minuten:

$$y_{z\,\mathrm{max}} = \frac{k_1}{c}\,. \qquad (95)$$

Gleichung (94) und (89) sind von derselben äußeren Form und unterscheiden sich nur durch die Größe der Konstanten k_1 und c; die Druckkurven (siehe Diagramm V) haben deshalb den gleichen Charakter. Der Regelvorgang ist nach beiden Gleichungen stabil und schwingungslos, weil c positiv ist; $y_{z\,\mathrm{max}}$ ist unabhängig vom Windkesselinhalt, jedoch bedingt der Exponent $-c\cdot t$, daß die Zeit, bei welcher ein y_z erreicht wird, im direkten Verhältnis zum Windkesselinhalt

Diagramm V.

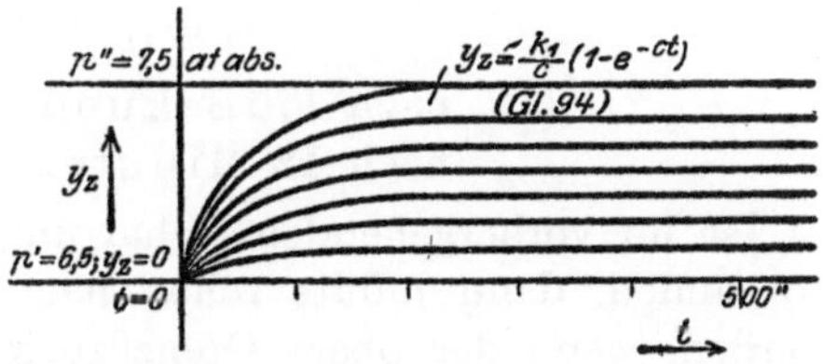

Selbsttätige Regelung der Saugleistung.
$n = \mathrm{const.}$

steht. Bei beispielsweise halbem Windkesselinhalt wird also derselbe Wert y_z schon in der halben Zeit erreicht, d. h. der Windkesseldruck strebt rascher demselben Wert $y_{z\,\mathrm{max}}$ zu.

In Gleichung (94) ist c um $\dfrac{n_0}{30}\cdot\dfrac{\operatorname{tg}\varphi}{\operatorname{tg}\gamma}$ größer als in Gleichung (89). Das hat zur Folge, daß $y_{z\,\mathrm{max}}$ bei der selbsttätigen Regelung kleiner wird und somit die Druckkurve zeitlich rascher fällt oder steigt.

Im übrigen ist bei beiden Regelungsarten im Beharrungszustand jeder Hebelstellung des Schiebers ein ganz bestimmter Windkesseldruck zugeordnet, entsprechend $y_{z\,max}$.

Zahlenbeispiel: Es möge die Anordnung so getroffen sein, daß der Hebel OA in der untersten Lage maximale Förderung und in der obersten $\frac{1}{4}$ derselben einstellt. Es ist dann für einen Kolbenkompressor mit den Daten auf S. 44:

$$\operatorname{tg}\varphi = \frac{\frac{3}{4}\cdot \varDelta p}{z_n}\; ; \qquad \varDelta p = 0,007 \text{ Atm.,}$$

$$\operatorname{tg}\gamma = \frac{p'' - p'}{z_n}\; ; \qquad y = p'' - p' = 1 \text{ Atm.}$$

und $\qquad \dfrac{n_0}{30}\cdot\dfrac{\operatorname{tg}\varphi}{\operatorname{tg}\gamma} = \dfrac{100}{30}\cdot\dfrac{3}{4}\cdot 0,007 = 0,0175$.

Es soll nun der Beharrungszustand mit maximaler Förderung und Entnahme beispielsweise so gestört werden, daß letztere auf die Hälfte abnimmt. Es ist dann mit $\varepsilon = 0,12$:

$$\operatorname{tg}\beta_1 = \tfrac{1}{2}\operatorname{tg}\alpha_0 \quad \text{und} \quad \varepsilon = \operatorname{tg}\beta_1 = 0,12\cdot 0,0117 = 0,0014\;.$$

Ohne Handverstellung würde der Windkesseldruck bei Vernachlässigung von ε nach Gleichung (86) (mit $z_1 = 0$) steigen um

$$y_z = t\cdot\operatorname{tg}\alpha_0 - \tfrac{1}{2}\cdot t\cdot\operatorname{tg}\alpha_0 = \tfrac{1}{2}0,0234\,t\;,$$

d. i. nach 85 Sekunden um 1 Atm. und
nach 12 Minuten um 8,4 Atm.

Vermindert der Maschinist sofort bei Beginn der Störung durch Verstellung des Hebels die Förderung nur um $\frac{1}{4}$, dann steigt der Druck um

$$y_z = \tfrac{1}{4}\cdot 0,0234\cdot t\;,$$

d. i. nach 170 Sekunden um 1 Atm. und
nach 12 Minuten um 4,2 Atm.

Ist im vorhergehenden Beharrungszustand der untere Grenzdruck vorhanden, dann müßte schon nach fast 3 Minuten wieder verstellt werden, wenn der obere Grenzdruck nicht überschritten werden soll und das so lange, bis er genau die richtige Hebelstellung träfe, die der Entnahme entspricht.

Bei Berücksichtigung von ε würde ohne Handverstellung nach Gleichung (89):

$$y_z = \frac{\tfrac{1}{2}\cdot 0,0234}{0,0014}\left(1 - e^{-0,0014\,t}\right)$$

und mit Verstellung des Hebels um $\frac{1}{4}$ der Förderung:

$$y_z = \frac{\tfrac{1}{4}\cdot 0,0234}{0,0014}\left(1 - e^{-0,0014\,t}\right)\;.$$

Im ersteren Falle wäre
nach 12 Minuten $y_z = 8{,}4 \cdot 0{,}63 = 5{,}3$ Atm. und bei $t = \infty\, y_{z\,max} = 8{,}4$ Atm.
und im letzteren Falle
nach 12 Minuten $y_z = 4{,}2 \cdot 0{,}63 = 2{,}6$ Atm. und bei $t = \infty\, y_{z\,max} = 4{,}2$ Atm.

Der Einfluß von ε ist, wie ersichtlich, bei solch großen Druckdifferenzen naturgemäß sehr stark.

Auch der Inhalt des **Windkessel** beeinflußt die Druckänderung in erheblichem Maße. Da sie im umgekehrten Verhältnis zu ihm steht [s. Gl. (25), (30), (38)]. Würde der Windkessel beispielsweise **dreimal** **größer** sein, dann stiege der Windkesseldruck ohne Handverstellung nach Gleichung (86) $(\varepsilon = 0)$ um

$$y_z = \frac{\frac{1}{2} \cdot 0{,}0234 \cdot t}{3},$$

d. i. nach 85 Sekunden um $^1/_3$ Atm. und
nach 12 Minuten um 2,8 Atm.

Bei Berücksichtigung von ε würde nach Gleichung (89) ohne Handverstellung:

nach 12 Minuten $y_z = 8{,}4 \cdot 0{,}28 = 2{,}4$ Atm. und $y_{z\,max} = 8{,}4$ Atm.
und mit Handverstellung um $\frac{1}{4}$:

nach 12 Minuten $y_z = 4{,}2 \cdot 0{,}28 = 1{,}2$ Atm. und $y_{z\,max} = 4{,}2$ Atm.

Soll $y_{z\,max}$ die Grenzdruckdifferenz von 1 Atm. nicht überschreiten, so ergibt sich aus Gleichung (90) daß der Maschinist die neue Hebelstellung sofort bei Beginn der Störung mit $\dfrac{0{,}0014}{0{,}0234} = 6\%$ Genauigkeit treffen muß. Er muß also mit großer Aufmerksamkeit **rechtzeitig** **und genügend** eingreifen, wenn der Grenzdruck, besonders bei starker Be- oder Entlastung des Kompressors, nicht überschritten werden soll.

Ein größerer Windkessel bringt nur den Vorteil, daß der Druck anfänglich weniger rasch abfällt, wodurch dem Maschinisten mehr Zeit verbleibt, seinen Pflichten nachzukommen, und am Luftverbrauchsort werden die Arbeitsverhältnisse etwas günstiger.

Bei der **selbsttätigen Regelung der Saugleistung** nach Gleichung (94) ist im Beharrungszustand bei maximaler Förderung der untere Grenzdruck p' vorhanden und nach obigem bei $\frac{1}{4}$ derselben der obere p''. Es steigt dann bei halber Entnahmestärke der Windkesseldruck innerhalb der Zeit t um

$$y_z = \frac{0{,}0234 - 0{,}0117}{0{,}0175 + 0{,}0014}(1 - e^{-0{,}0189\,t}) = 0{,}62\,(1 - e^{-0{,}0189\,t})$$

und bei $t = \infty$ nur um

$$y_{z\,max} = 0{,}62 \text{ Atm.}$$

Ohne Berücksichtigung von ε würde $y_{z\,max} = 0{,}67$ Atm. sein; dessen Einfluß ist also bei diesen geringen Druckänderungen unbedeutend. Sowohl deshalb, als weil die absolute Änderung des Windkesseldruckes immer innerhalb der vorgeschriebenen Grenzen bleibt und die Zeitdauer einer solchen Änderung keine besondere Rolle spielt, ist die Größe des Windkessels belanglos. Er kann hier verhältnismäßig klein gehalten werden, besonders wenn die Reibung im Steuergestänge und im Reglerkolben klein ist; denn bis zur Überwindung derselben greift der Regelvorgang nach Gleichung (89) Platz.

Die selbsttätige Regelung der Saugleistung mittels Reglerkolbens empfiehlt sich demzufolge, wenn der Luftverbrauch stärkerem und häufigerem Wechsel unterworfen ist oder wenn der Windkessel aus irgendeinem Grunde sehr klein gehalten werden muß.

In Diagramm V sind die Werte von y_z nach Gleichung (94) für verschiedene Entlastungen aufgetragen. Bei allen ist nach Umfluß einer Zeit von etwa 4 Minuten bereits der Wert $0{,}98 \cdot y_{z\,max}$ erreicht, also der Regelvorgang praktisch schon nach einigen Minuten beendet.

X. Die Selbstregelung von einzeln arbeitenden Kolbenkompressoren mit veränderlicher Drehzahl
(mit und ohne Dampfdruckänderung).

Für die Beurteilung des Regelvorganges bei Störung eines Beharrungszustandes solcher Kompressoren ist die zeitliche Änderung der Drehzahl und des Luftdruckes im Windkessel maßgebend. Hierbei sind die sogen. Selbstregelungseigenschaften von grundlegender Bedeutung und müssen deshalb einer eingehenderen Untersuchung unterzogen werden.

Um diese Selbstregelungseigenschaften analysieren zu können, sei zunächst angenommen, die antreibende Dampfmaschine möge konstante Dampffüllung haben und einen Sicherheitsregler, der lediglich bei Überschreitung einer noch zulässigen Höchstdrehzahl zur Wirkung kommt und dabei die Maschine zum Stillstand bringt. Bei der Störung eines Beharrungszustandes durch plötzlich vermehrte oder verminderte Druckluftentnahme oder durch allmählich steigenden oder fallenden Dampfkesseldruck kommen sie dann allein zur Wirkung. Es sind hierbei folgende Einzelbeziehungen zu unterscheiden:

1. das Kraftmoment der Dampfmaschine ändert sich mit der Dampfeintrittsspannung (Änderung gekennzeichnet durch $\mathrm{tg}\,\lambda$, siehe Fig. 5b und Gleichung (11));

2. das Widerstandsmoment des Kompressors ändert sich mit dem jeweils im Windkessel herrschenden Luftdruck, der bei Ungleichheit

zwischen Drucklufterzeugung und Druckluftentnahme steigt oder fällt (Änderung gekennzeichnet durch tg γ, siehe Fig. 9 und Gleichung (18));

3. das Kraft- und Widerstandsmoment des Dampfkompressors ändert sich zusätzlich mit der Drehzahl (Änderung gekennzeichnet durch tg $\varkappa$ + tg ω, siehe Fig. 6 und 10, Gleichung (13) und (19));

4. die Druckluftentnahme ist nicht nur abhängig von der Zahl der angeschlossenen Luftverbraucher, sondern auch von der Höhe des jeweils herrschenden Windkesseldruckes (gekennzeichnet durch ε, siehe Fig. 12 und Gleichung (33)).

Sofern in der einschlägigen Literatur von Selbstregelungseigenschaften überhaupt die Rede ist, findet man Ziffer 1 nicht als Ursache einer Selbstregelung, sondern lediglich als eine ungünstige Erscheinung bezeichnet, die besondere Maßnahmen erfordert, den Einfluß von Ziffer 2 bis 4 nur angedeutet oder in anderem Zusammenhange nebenbei erwähnt, wobei aber recht unklare und unrichtige Ausführungen zu finden sind [1]).

Während die Selbstregelungseigenschaften unter Ziffer 2—4 bei jedem Dampfkompressor vorhanden sind und stets einen Regelvorgang im günstigen Sinne bewirken, macht sich der Einfluß von Ziffer 1 nur zeitweise, aber auch meist im ungünstigen Sinne geltend.

Es möge nun p l ö t z l i c h der Beharrungszustand belspielsweise durch Ausschalten von Luftverbrauchern gestört werden. Es wird dann infolge der geringeren Luftentnahme der Windkesseldruck steigen und damit das Widerstandsmoment erhöht. Diese Ungleichheit zwischen Kraft- und Widerstandsmoment wird einen Regelvorgang mit sinkender Drehzahl einleiten. Das hat zur Folge, daß die Förderung vermindert und damit das Steigen des Windkesseldruckes und die Erhöhung des Widerstandsmomentes verlangsamt wird, gleichzeitig wird aber auch zusätzlich das Kraft- und Widerstandsmoment durch die Änderung der Drehzahl beeinflußt. Daneben nimmt auch die Luftentnahme infolge des höheren Windkesseldruckes etwas zu. Diese Verhältnisse, die bei Zuschalten von Luftverbrauchern sich im umgekehrten Sinne abspielen, beeinflussen sich gegenseitig so lange, bis ein neuer Beharrungszustand eingeregelt ist.

Wird der Beharrungszustand beispielsweise durch ein allmähliches Fallen des Dampfkesseldruckes gestört, dann wird das Kraftmoment vermindert und die Drehzahl sinkt. Infolge der dadurch eintretenden Abnahme der Förderung sinkt dann auch der Windkesseldruck und verringert das Widerstandsmoment, was wieder diese Änderungen verlangsamt. Das Sinken des Windkesseldruckes bewirkt nebenher noch eine geringe Abnahme des Luftverbrauches mit den gleichen Folgen.

Ein neuer Beharrungszustand wird erst dann eingeregelt, sobald der Dampfkesseldruck wieder konstant wird.

---

[1]) Siehe die Literaturangaben in der Anmerkung auf S. 1.

Steigt der Dampfkesseldruck, dann treten die Änderungen im umgekehrten Sinne auf.

Tritt nun gleichzeitig eine Änderung des Dampfkesseldruckes und in der Zahl der angeschlossenen Luftverbraucher ein, dann können sich die Wirkungen verstärken oder abschwächen. Dieser Fall soll der analytischen Behandlung zugrunde gelegt werden, weil aus ihm jede Art der Störung des Beharrungszustandes abgeleitet werden kann.

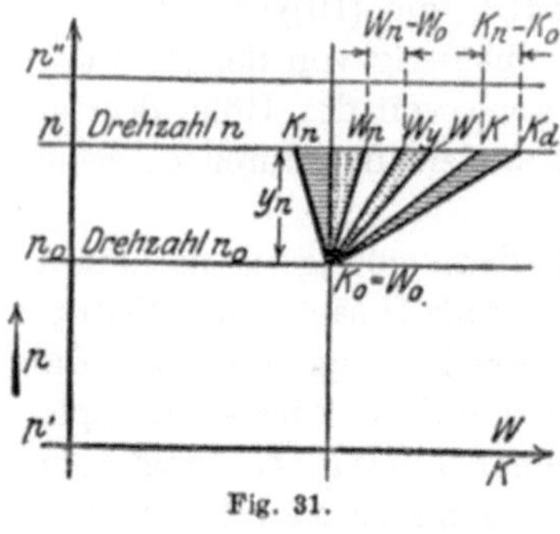

Fig. 31.

Nach Fig. 31 und in Anwendung der Gleichungen (14) und (20) bestehen für die Kraft- und Widerstandsmomentänderungen folgende Beziehungen:

$$K - K_0 = t\,\mathrm{tg}\,\lambda - (n - n_0)\,\mathrm{tg}\,\varkappa\,, \qquad (96)$$

$$W - W_0 = y_n \cdot \mathrm{tg}\,\gamma + (n - n_0)\,\mathrm{tg}\,\omega \qquad (97)$$

Da die Dampffüllung konstant bleibt, ist in Gleichung (14) $K_f = K_0$ zu setzen. Durch Einsetzen in Gleichung (4) erhält man dann allgemein:

$$\frac{\pi\,\Theta}{30}\,\frac{dn}{dt} = t\,\mathrm{tg}\,\lambda - y_n \cdot \mathrm{tg}\,\gamma - (n - n_0)\,(\mathrm{tg}\,\varkappa + \mathrm{tg}\,\omega) \qquad (98)$$

oder

$$y_n + \frac{1}{\mathrm{tg}\,\gamma}\cdot\left[t\,\mathrm{tg}\,\lambda - (n - n_0)\,(\mathrm{tg}\,\varkappa + \mathrm{tg}\,\omega) - \frac{\pi\,\Theta}{30}\,\frac{dn}{dt}\right]. \qquad (99)$$

Hierin ist für steigenden Dampfkesseldruck λ positiv, für fallenden negativ. Für $\mathrm{tg}\,\varkappa + \mathrm{tg}\,\omega$ sei im folgenden als Abkürzung die Bezeichnung b_0 eingeführt.

Die Änderung des Windkesseldruckes vollzieht sich nach Gleichung (40). Eliminiert man aus dieser und Gleichung (99) den Wert y_n und differenziert, so ergibt sich:

$$\left.\begin{aligned}
\frac{\pi\,\Theta}{30}\cdot\frac{d^2n}{dt^2} &+ \left[b_0 + \frac{\pi\,\Theta}{30}\cdot\varepsilon\cdot\mathrm{tg}\,\beta_1\right]\frac{dn}{dt} + \left[\frac{\varDelta p}{30}\cdot\mathrm{tg}\,\gamma + b_0\cdot\varepsilon\cdot\mathrm{tg}\,\beta_1\right]\cdot n \\
&= [\mathrm{tg}\,\lambda + \mathrm{tg}\,\beta_1\cdot\mathrm{tg}\,\gamma + b_0\cdot n_0\cdot\varepsilon\cdot\mathrm{tg}\,\beta_1] + [\varepsilon\cdot\mathrm{tg}\,\beta_1\cdot\mathrm{tg}\,\lambda]\cdot t
\end{aligned}\right\} (100)$$

oder

$$a\cdot\frac{d^2n}{dt^2} + b\cdot\frac{dn}{dt} + c\cdot n = k_1 + k\cdot t$$

Die Lösung dieser Differentialgleichung ist durch die Gleichungen (67) bis (76) gegeben.

1. Ist nach Gleichung (68) für **verschieden große und reelle Wurzelwerte**

$$n = C_1\,e^{w_1 t} + C_2\,e^{w_2 t} + u + v\,t \qquad (68)$$

und daraus

$$\frac{dn}{dt} = C_1\,w_1\,e^{w_1 t} + C_2\,w_2\,e^{w_2 t} + v\,,$$

so erhält man durch Einsetzen dieser Werte in Gleichung (99):

$$\left.\begin{aligned}
y_n &= -\frac{C_1}{\operatorname{tg}\gamma}(b_0 + a\,w_1)\,e^{w_1 t} - \frac{C_2}{\operatorname{tg}\gamma}(b_0 + a\,w_2)\,e^{w_2 t} \\
&\quad + \frac{(n_0 - u)\cdot b_0 - a\cdot v}{\operatorname{tg}\gamma} + \frac{\operatorname{tg}\lambda - b_0\cdot v}{\operatorname{tg}\gamma}\cdot t
\end{aligned}\right\} \quad (101)$$

oder

$$y_n = P\cdot e^{w_1 t} + Q\cdot e^{w_2 t} + R + S\cdot t$$

2. Ist nach Gleichung (71) für reelle gleiche Wurzelwerte (Grenzfall)

$$n = e^{wt}(C_1 + C_2\,t) + u + v\,t \qquad (71)$$

und daraus

$$\frac{dn}{dt} = e^{wt}(C_2 + w\,C_1 + w\,C_2\,t) + v\,,$$

so erhält man durch Einsetzen dieser Werte in Gleichung (99):

$$\left.\begin{aligned}
y_n &= e^{wt}\cdot\left[-\frac{C_1(b_0 + a\cdot w) + a\,C_2}{\operatorname{tg}\gamma} - \frac{C_2(b_0 + a\cdot w)}{\operatorname{tg}\gamma}\cdot t\right] \\
&\quad + \frac{(n_0 - u)\,b_0 - a\,v}{\operatorname{tg}\gamma} + \frac{\operatorname{tg}\lambda - b_0\cdot v}{\operatorname{tg}\gamma}\cdot t
\end{aligned}\right\} \quad (102)$$

oder

$$y_n = e^{w\cdot t}\cdot[P + Q\cdot t] + R + S\cdot t$$

3. Ist nach Gleichung (73) für komplexe Wurzelwerte

$$n = \pm\sqrt{A^2 + B^2}\,e^{qt}\cdot\sin(r\,t + \tau) + u + v\,t \qquad (73)$$

und daraus

$$\frac{dn}{dt} = \pm\sqrt{A^2 + B^2}\,e^{qt}\cdot[q\cdot\sin(r\,t + \tau) + r\cdot\cos(r\,t + \tau)] + v\,,$$

so erhält man durch Einsetzen dieser Werte in Gleichung (99):

$$\left.\begin{aligned}
y_n &= -\frac{\pm\sqrt{A^2 + B^2}\,(b_0 + a\,q)}{\operatorname{tg}\gamma}\cdot e^{qt}\cdot\sin(r\cdot t + \tau) \\
&\quad - \frac{\pm\sqrt{A^2 + B^2}\cdot a\cdot r}{\operatorname{tg}\gamma}\cdot e^{qt}\cdot\cos(r\,t + \tau) + \frac{(n_0 - u)\cdot b_0 - a\cdot v}{\operatorname{tg}\gamma} \\
&\quad + \frac{\operatorname{tg}\lambda - b_0\cdot v}{\operatorname{tg}\gamma}\cdot t \\[4pt]
\text{oder}& \\[4pt]
y_n &= -\frac{\pm\sqrt{A^2 + B^2}}{\operatorname{tg}\gamma}\cdot\sqrt{a^2\cdot r^2 + (b_0 + a\,q)^2}\cdot e^{qt}\cdot\sin(r\cdot t + \tau + \tau') \\
&\quad + \frac{(n_0 - u)\,b_0 - a\cdot v}{\operatorname{tg}\gamma} + \frac{\operatorname{tg}\lambda - b_0\cdot v}{\operatorname{tg}\gamma}\cdot t \\[4pt]
\text{oder}& \\[4pt]
y_n &= Q\cdot e^{qt}\cdot\sin(r\cdot t + \tau + \tau') + R + S\cdot t
\end{aligned}\right\} \quad (103)$$

wobei $\operatorname{tg}\tau' = \dfrac{a\cdot r}{b_0 + a\cdot q}$ ist. Wenn $\varepsilon = 0$ gesetzt wird, ist $\tau' = \tau$.

Das positive Vorzeichen von $\pm\sqrt{A^2 + B^2}$ gilt hierbei für eine Störung des Beharrungszustandes durch Abschalten, das negative durch Zuschalten von Luftverbrauchern.

Bleibt die Dampfeintrittsspannung während des Regelvorganges konstant, dann ist in obigen Gleichungen $\operatorname{tg}\lambda = 0$ zu setzen. Würde man statt der plötzlichen eine allmähliche Änderung der Druckluftentnahme zugrunde legen, dann würde die Regelkurve für n und y_n sowohl bei der Selbstregelung, als auch bei den später behandelten Regelungsvorrichtungen im Anfang etwas anders verlaufen. Eine Untersuchung dieses für die Beurteilung der Regelung unwichtigeren Falles sei jedoch aus dem auf S. 26 und 27 schon angedeuteten Grunde unterlassen.

In den vorstehenden Gleichungen (68), (71), (73), (100—103) sind die auf S. 52 und 53 unter Ziffer 1—4 aufgeführten Selbstregelungseigenschaften durch die Werte $\operatorname{tg}\lambda$, $\operatorname{tg}\gamma$, $b_0 = \operatorname{tg}\varkappa + \operatorname{tg}\omega$ und ε der analytischen Untersuchung zugänglich gemacht. Will man den Einfluß der Vernachlässigung der einen oder anderen Selbstregelungseigenschaft kennen lernen, so braucht man nur den entsprechenden Wert in diesen Gleichungen $= 0$ zu setzen.

Von besonderem Interesse ist hierbei der Einfluß der Vernachlässigung von b_0 und ε, weil dadurch das sog. Dämpfungsglied $b \cdot \dfrac{dn}{dt}$ in Gleichung (100) verschwinden würde. Es würde dies bedeuten, daß die Drehzahl das Kraft- und Widerstandsmoment des Dampfkompressors nicht beeinflußt ($b_0 = 0$), also eine Vernachlässigung der Widerstände in den Zu- und Abströmkanälen und daß der Druckluftverbrauch unabhängig von der Höhe des Windkesseldruckes ist ($\varepsilon = 0$). Man erhält in diesem Falle aus Gleichung (67), da $\dfrac{c}{a}$ immer positiv ist, zwei konjugiert imaginäre Wurzelwerte

$$w_{\frac{1}{2}} = \pm i \cdot \sqrt{\frac{c}{a}} = \pm i \cdot r\,, \quad \text{wobei } r = \sqrt{\frac{c}{a}}\,.$$

Es wird demzufolge $q = 0$ und $B = 0$ und nach Gleichung (75) und (103)

$$n = A \cdot \cos r \cdot t + u\,, \quad \text{wobei } u = \frac{k_1}{c} \tag{104}$$

oder

$$\left.\begin{aligned}
y_n &= \frac{A}{\operatorname{tg}\gamma} \cdot a \cdot r \cdot \sin(r\,t) + \frac{\operatorname{tg}\lambda}{\operatorname{tg}\gamma} \cdot t \\[2mm]
y_n &= Q \cdot \sin(r\,t) + S \cdot t
\end{aligned}\right\} \tag{105}$$

Diese beiden Gleichungen stellen die sog. Selbstregelung ohne Dämpfung dar, die jedoch nur theoretische Bedeutung hat, weil der den Regelvorgang dämpfende Einfluß von b_0 und ε nicht ausgeschaltet werden kann, wie etwa z. B. die dämpfende Wirkung der Ölbremse eines Fliehkraftreglers.

An Hand eines **Zahlenbeispiels** mögen nun die Schlußfolgerungen aus vorstehenden analytischen Ergebnissen gezogen werden.

Nach Fig. 8 ist für $p_a = 1$ und zweistufige Kompression

bei $p' = 6,5$ Atm. abs. (unterer Grenzdruck) $p_m = 1,92$ Atm.,
bei $p'' = 7,5$ Atm. abs. (oberer Grenzdruck) $p_m = 2,11$ Atm.

Unter Zugrundelegung der Daten auf S. 44 ergeben sich nach Gleichung (17) die Widerstandsmomente für die Grenzdrucke:

$$\left. \begin{array}{l} W' = 3000 \text{ mkg} \\ W'' = 3300 \text{ mkg} \end{array} \right\} \text{ Differenz } 10\%, \text{ also nicht unerheblich,}$$

welche bei der unteren Grenzdrehzahl $n' = 50$ vorhanden sein mögen (siehe Fig. 9). Das Kraftmoment hat im Beharrungszustand dieselbe Größe. Es ergibt sich dann

$$\operatorname{tg}\gamma = \frac{3300 - 3000}{7,5 - 6,5} = 300 .$$

Bei der oberen Grenzdrehzahl $n'' = 100$ sei infolge der Widerstände in den Zu- und Abströmkanälen usw. das Kraftmoment bei gleicher Füllung um 3% kleiner (siehe Fig. 6) und das Widerstandsmoment um 7% größer (siehe Fig. 10). Es ist dann:

$$\left. \begin{array}{l} \operatorname{tg}\varkappa = \dfrac{0,03 \cdot 3000}{100 - 50} = 1,8 \\[2ex] \operatorname{tg}\omega = \dfrac{0,07 \cdot 3000}{100 - 50} = 4,2 \end{array} \right\} \quad \text{also} \quad b_0 = \operatorname{tg}\varkappa + \operatorname{tg}\omega = 6 .$$

Diese Werte werden bei gut durchkonstruierten und instandgehaltenen Dampfkompressorenanlagen mit ähnlichen Abmessungen und Drehzahlen nicht weit von der Wirklichkeit abweichen. Ebenso der auf S. 29 angegebene Wert von $\varepsilon = 0,12$.

Das Schwungrad habe einen Außendurchmesser von $D_a = 4,5$ m; der Kranzschwerpunkt liege auf einem Durchmesser von $D = 4,415$ m. Das Kranzgewicht sei $G = 7000$ kg . Es ist dann das Trägheitsmoment

$$\Theta = \frac{g \cdot D^2}{4\,g} = 3500 , \quad \text{also} \quad a = \frac{\pi \cdot \Theta}{30} = 366.$$

Der Regelbereich möge zwischen halbem und Maximaldruckluftverbrauch liegen.

Bei einer Drehzahl	$n = 50$	75	100
ist dann die Hubzeit	$t_h = 0,6''$	$0,4''$	$0,3''$
	$\varDelta p = 0,007$	$0,007$	$0,007$
und $\operatorname{tg}\alpha_0 = \dfrac{\varDelta p}{t_h} = 0,0117$		$0,0175$	$0,0234$.

Im Beharrungszustand ist $\mathrm{tg}\,\alpha_0 = \mathrm{tg}\,\beta_0$, d. h. Druckluftförderung und Druckluftentnahme sind einander gleich.

Das Kraftmoment einer Zweizylinderkondensationsmaschine mit 15% reduzierter Dampffüllung erhöhe sich bei einer allmählichen Steigerung der Dampfeintrittsspannung von $p_d = 8$ auf $p_d = 10$ Atm. abs. unter Zugrundelegung von Fig. 4b von 3000 auf 3800 mkg. Es ist dann, wenn diese Steigerung gleichmäßig innerhalb 1000 Sekunden vor sich geht, gemäß Fig. 5b

$$\mathrm{tg}\,\lambda = \frac{3800 - 3000}{1000} = +0{,}8 \; .$$

Wenn p_d in 1000 Sekunden gleichmäßig von 10 auf 8 Atm. abs. fällt, dann ist $\mathrm{tg}\,\lambda = -0{,}8$ und wenn p_d in 1000 Sekunden von 10 auf 9 Atm. abs. oder in 2000 Sekunden von 10 auf 8 Atm. abs. gleichmäßig fällt, wäre $\mathrm{tg}\,\lambda = -0{,}4$.

Als ungünstigster Fall sei

$$t \cdot \mathrm{tg}\,\lambda = \pm\,800$$

vorgeschrieben, wobei $t \lessgtr 1000$ Sekunden sein soll.

Es sollen nun zur Beurteilung des Einflusses der einzelnen Selbstregelungseigenschaften eine Reihe verschiedener Regelvorgänge graphisch dargestellt und gewertet werden. Hierbei werde der Beharrungszustand mit einer Drehzahl $n_0 = n' = 50$ (halbe Förderung) zur Zeit $t = 0$ durch plötzlichen Anschluß sämtlicher Luftverbraucher (Belastungsänderung $\frac{1}{2}$ auf voll) oder allein oder gleichzeitig durch Änderung der Dampfeintrittsspannung gestört.

Diagramm VI läßt die Selbstregelung ohne Dämpfung ersehen ($b_0 = 0$, $\varepsilon = 0$, siehe S. 56). Es würde ein labiler Bewegungszustand eintreten; die Drehzahl und der Windkesseldruck wären fortwährenden gleich starken Schwankungen um Mittelwerte unterworfen, wobei die Werte n und y_n im gegenseitigen Abhängigkeitsverhältnis zueinander stehen, derart, daß Maxima, Minima und Wendepunkte der Sinuslinien wechselnd einander zugeordnet sind.

Fall 1 behandelt eine Belastungsänderung von $\frac{1}{2}$ auf voll bei konstanter Dampfeintrittsspannung, d. h. es ist auch $\mathrm{tg}\,\lambda = 0$. Die Drehzahl würde in Sinuslinien um einen konstanten Mittelwert u schwanken, der der Drehzahl des neu anzustrebenden Beharrungszustandes entspricht, während der Mittelwert für die Druckschwankungen unabhängig von der Größe der Belastungsänderung immer der gleiche bliebe.

Die zulässigen Grenzen von Drehzahl und Druck würden bei großen Belastungsänderungen wesentlich überschritten, bei kleineren nicht mehr, weil dabei u und die Schwingungsausschläge von n und y_n kleiner werden.

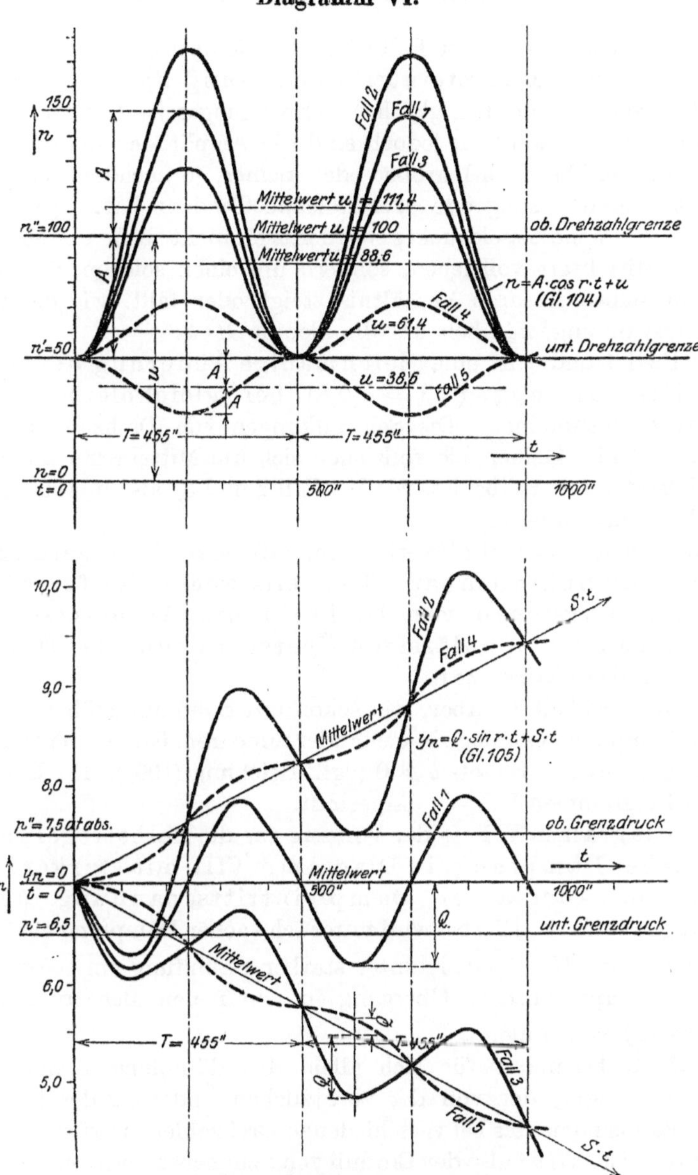

Selbstregelung ohne Dämpfung.

Belastungsänderung $\tfrac{1}{2}$ auf voll.

$n_0 = 50$; $\operatorname{tg}\beta_1 = 0{,}0234$.

Fall 1: $b_0 = 0$; $\varepsilon = 0$; $\operatorname{tg}\lambda = 0$; $u = 100$; $A = -50$; $Q = -0{,}84$; $S = 0$.

Fall 2 und 3: $b_0 = 0$; $\varepsilon = 0$; $\operatorname{tg}\lambda = \pm 0{,}8$; $u = \dfrac{111{,}4}{88{,}6}$; $A = \dfrac{-61{,}4}{-88{,}6}$; $Q = \dfrac{-1{,}03}{-0{,}65}$; $S = \pm 0{,}00267$.

Belastung unverändert.

$n_0 = 50$; $\operatorname{tg}\beta_1 = 0{,}0117$.

Fall 4 und 5: $b_0 = 0$; $\varepsilon = 0$; $\operatorname{tg}\lambda = \pm 0{,}8$; $u = \dfrac{61{,}4}{88{,}6}$; $A = \mp 11{,}4$; $Q = \mp 0{,}19$; $S = \pm 0{,}00267$.
(punktiert)

In Fall 2 und 3 tritt zu Fall 1 gleichzeitig noch eine gleichmäßige Änderung der Dampfeintrittsspannung $(\mathrm{tg}\,\lambda = \pm 0{,}8)$ hinzu. Die Drehzahl würde bei gleicher Schwingungszeit T zwar ebenfalls in Sinuslinien schwanken, jedoch sind die Amplituden und die Mittelwerte u gegenüber Fall 1 größer oder kleiner, je nachdem die Dampfeintrittsspannung steigende oder fallende Tendenz hat. Die Schwankungen des Windkesseldruckes würden sich nicht mehr um einen konstanten Mittelwert vollziehen, sondern um einen solchen, der mit der Zeit im selben linearen Verhältnis steigt oder fällt, wie die Dampfeintrittsspannung, nämlich um die Gerade $S \cdot t$.

In Fall 4 und 5 ist eine gleichmäßige Änderung der Dampfeintrittsspannung $(\mathrm{tg}\,\lambda = \pm 0{,}8)$ bei gleichbleibender Belastung angenommen. Die Schwankungen von Drehzahl und Luftdruck sind hier kleiner; sie vollziehen sich um Mittelwerte u und $S \cdot t$, wobei letzterer derselbe ist, wie bei Fall 2 und 3, also unabhängig von der Belastungsänderung.

Diagramm VI läßt also erkennen, daß die Selbstregelung ohne Dämpfung unbrauchbar wäre, teils wegen der fortwährenden Schwankungen von Drehzahl und Windkesseldruck, teils wegen der unzulässigen Überschreitung der Drehzahl- und Luftdruckgrenzen.

In Wirklichkeit ist aber, wie schon auf S. 56 ausgeführt, bei jeder Dampfkompressorenanlage in mehr oder minderem Grade eine Dämpfung vorhanden; es ist als stets $b > 0$ (vgl. Gleichung (100)). Ihr Einfluß ist in den Diagrammen VII—X dargestellt.

In Diagramm VII ist der Vorgang für die Selbstregelung mit schwacher Dämpfung, in Diagramm VIII mit starker Dämpfung bei konstanter Dampfeintrittsspannung $(\mathrm{tg}\,\lambda = 0)$ vor Augen geführt. Hierbei wird unter schwacher Dämpfung ein Schwingungsübergang $(b < \sqrt{4\,ac})$, unter starker Dämpfung ein schwingungsloser oder aperiodischer Übergang in den neuen Beharrungszustand $(b \gtreqless \sqrt{4\,ac})$ verstanden.

Fall 6 behandelt für sich allein den dämpfenden Einfluß von $b_0 = \mathrm{tg}\,\varkappa + \mathrm{tg}\,\omega$, der von der zusätzlichen Änderung des Kraft- und Widerstandsmomentes bei verschiedenen Drehzahlen herrührt und recht bedeutend ist. Es ist also der Einfluß von ε zunächst noch vernachlässigt.

Drehzahl und Windkesseldruck vollführen hierbei Sinusschwingungen mit abnehmenden Amplituden um einen konstanten Mittelwert u bzw. R, der im neuen Beharrungszustand angestrebt wird. Da $\mathrm{tg}\,\lambda = 0$ und somit auch $k = 0$ und $v = 0$ ist, folgt aus Gl. (70), (100—101):

$$u = \frac{k_1}{c} = \frac{30\,\mathrm{tg}\,\beta_1}{\varDelta p} \qquad \text{und} \qquad R = \frac{(n_0 - u) \cdot b_0}{\mathrm{tg}\,\gamma}.$$

Diagramm VII. **Diagramm VIII.**

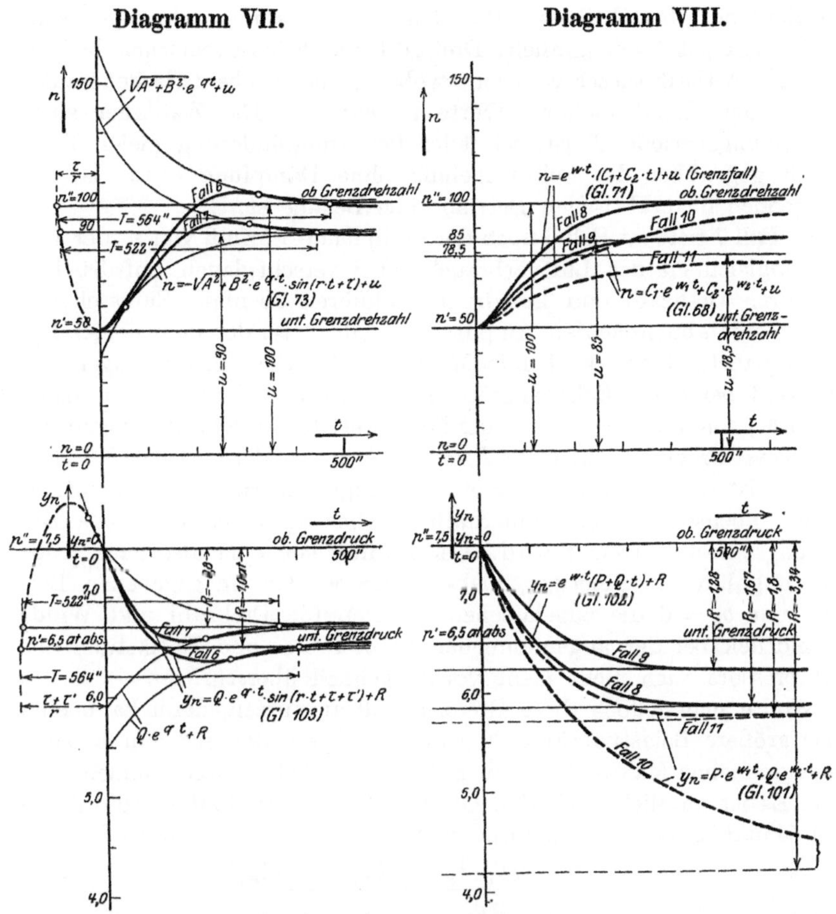

Selbstregelung mit schwacher Dämpfung bei konstanter Dampfeintrittsspannung.

Belastungsänderung $^1/_2$ auf voll.

$n_0 = 50$; $\operatorname{tg}\beta_1 = 0{,}0234$; $\operatorname{tg}\lambda = 0$.

$$\left(\frac{b}{2\,a}\right)^2 < \frac{c}{a}$$

Fall 6: $b_0 = 6$; $\varepsilon = 0$; $b = 6$; $u = 100$; $R = -1{,}0$.
Fall 7: $b_0 = 6$; $\varepsilon = 0{,}12$; $b = 7$; $u = 90$; $R = -0{,}8$.

Selbstregelung mit starker Dämpfung bei konstanter Dampfeintrittsspannung.

Belastungsänderung $^1/_2$ auf voll.

$n_0 = 50$; $\operatorname{tg}\beta_1 = 0{,}0234$; $\operatorname{tg}\lambda = 0$.

I. $\left(\dfrac{b}{2\,a}\right)^2 = \dfrac{c}{a}$ (Grenzfall)

Fall 8: $b_0 = 10$; $\varepsilon = 0$; $b = 10$; $u = 100$; $R = -1{,}67$.
Fall 9: $b_0 = 11$; $\varepsilon = 0{,}12$; $b = 12$; $u = 85$; $R = -1{,}28$.

II. $\left(\dfrac{b}{2\,a}\right)^2 > \dfrac{c}{a}$ (punktiert gezeichnet)

Fall 10: $b_0 = 20$; $\varepsilon = 0$; $b = 20$; $u = 100$; $R = -3{,}34$.
Fall 11: $b_0 = 19$; $\varepsilon = 0{,}12$; $b = 20$; $u = 100$; $R = -1{,}8$.

Diese Werte werden theoretisch bei $t = \infty$, bei der angenommenen Größe von $b_0 = 6$ praktisch aber schon nach Umfluß von etwa 8 Minuten erreicht. Bei der zugrunde gelegten größten Belastungsänderung von $\frac{1}{2}$ auf voll werden die zugelassenen Grenzen vorübergehend nur ganz unbedeutend überschritten. Bei kleineren Belastungsänderungen sind die Übergangskurven ähnlich; Drehzahl und Windkesseldruck bleiben hierbei innerhalb dieser Grenzen, wobei u und R ebenfalls konstante, aber entsprechend kleinere Werte annehmen. Die Zeitdauer einer Schwingungsperiode T ist bei jeder Belastungsänderung gleich lang, jedoch gegenüber der Selbstregelung ohne Dämpfung etwas länger, was jedoch im praktischen Betrieb ohne Belang ist.

In Fall 7 tritt zu Fall 6 noch der dämpfende Einfluß von ε, der von der Ungleichheit des Luftverbrauches bei verschiedenen Luftdrücken herrührt. Drehzahl und Luftdruck vollführen ebenfalls Sinusschwingungen mit abnehmenden Amplituden, jedoch ist der dem neuen Beharrungszustand entsprechende Mittelwert für die Schwankungen der Drehzahl bei einer Belastungsänderung von $\frac{1}{2}$ auf voll nicht mehr $u = 100$, sondern $u = 90$ und der Mittelwert für die Schwankungen des Windkesseldruckes nicht mehr $R = -1$ Atm., sondern $R = -0,8$ Atm. Ferner ist die Zeitdauer einer Schwingungsperiode T wesentlich kürzer, ebenso die Zeit, innerhalb welcher praktisch der neue Beharrungszustand erreicht wird. Der Einfluß von ε ist also nach jeder Richtung hin ein günstiger, insbesondere werden im gegebenen Beispiel mit $b_0 = 6$ die zugelassenen Grenzen für Drehzahl und Windkesseldruck bei der angenommenen größten Be- und Entlastung des Kompressors auch nicht mehr vorübergehend überschritten.

Wollte man jedoch diese Grenzen voll ausnutzen, dann kann eine noch größere Belastungsänderung als von $\frac{1}{2}$ auf den in dem Beispiel angenommenen Maximalverbrauch ($\mathrm{tg}\,\beta_1 = 0,0234$) vorgenommen werden. Es ist nämlich nach den Gleichungen (70) und (100—103) (S. 35 und 54 und 55) bei gleichbleibender Dampfeintrittsspannung ($\mathrm{tg}\,\lambda = 0$):

$$u = \frac{k_l}{c} = \frac{\mathrm{tg}\,\beta_1 \cdot \mathrm{tg}\,\gamma + b_0 \cdot n_0 \cdot \varepsilon \cdot \mathrm{tg}\,\beta_1}{\dfrac{\Delta p}{30} \cdot \mathrm{tg}\,\gamma + b_0 \cdot \varepsilon \cdot \mathrm{tg}\,\beta_1}$$

und

$$R = \frac{(n_0 - u) \cdot b_0}{\mathrm{tg}\,\gamma}\,.$$

Setzt man hierin nach dem angenommenen Beispiel für die obere Drehzahl $u = 100$ und für die Differenz der Grenzdrücke $R = -1$ Atm., so erhält man daraus mit $b_0 = 6$ $\mathrm{tg}\,\beta_1 = 0,0265$. Es würde sich demnach ein Schwingungsvorgang, ähnlich den Kurven für Fall 6 mit vorübergehender geringer Überschreitung der Grenzen ergeben, wobei $\mathrm{tg}\,\beta_1$ infolge des Einflusses von ε um $0,0265 - 0,0234 = $ rd. 13% größer sein darf als bei Vernachlässigung von ε, d. h. es können 13% mehr Luftverbraucher angeschlossen werden.

Würde b_0 wesentlich kleiner sein als angenommen, dann würden die Drehzahlen trotz des günstigen Einflusses von ε anfangs Schwingungen mit größeren Amplituden ausführen und damit die Grenzen in unzulässiger Weise überschreiten. Der Mittelwert R für die Schwankungen des Windkesseldruckes würde kleiner ausfallen.

Fall 8 und 9 behandelt den Grenzfall des schwingungslosen Überganges in den neuen Beharrungszustand mit und ohne Vernachlässigung von ε . Hierbei muß der Dämpfungsfaktor $b = \sqrt{4\,ac}$ und deshalb der Dämpfungsanteil b_0 größer sein als im Fall 6 und 7, nämlich bei Fall 8 $(\varepsilon = 0)\,b_0 = 10$, bei Fall 9 $(\varepsilon = 0{,}12)\,b_0 = 11$; denn aus Gl. 100 folgt:

$$b_0 = a \cdot \varepsilon \cdot \operatorname{tg}\beta_1 + \sqrt{4a \cdot \frac{\Delta p}{30} \cdot \operatorname{tg}\gamma}$$

und

$$b = b_0 + a \cdot \varepsilon \cdot \operatorname{tg}\beta_1 .$$

Der Einfluß von ε läßt sich auch hier als ein recht günstiger erkennen. Während im Fall 8 die Drehzahl des neuen Beharrungszustandes $u = 100$ wäre, genügt im Fall 9 für die volle Belastung schon eine solche von $u = 85$. Es könnten also hier noch etwas mehr Luftverbraucher angehängt werden, bis die obere Grenzdrehzahl erreicht würde. Auch der Windkesseldruck fällt in Fall 9 nicht so stark wie in Fall 8. Den Nachteil der stärkeren Dämpfung gegenüber Diagramm VII erkennt man darin, daß der Abfall des Windkesseldruckes stärker ist und die Grenzen nicht unbedeutend überschreitet; auch der Regelvorgang dauert praktisch etwas länger, was aber ohne besonderen Belang ist.

In Fall 10 und 11 ist ein noch größerer Dämpfungsfaktor $(b = 20)$ zugrunde gelegt. Der Übergang in den neuen Beharrungszustand ist ebenfalls aperiodisch und vollzieht sich praktisch innerhalb noch längerer Zeit. Der günstige Einfluß von ε tritt durch ein noch kleineres $u = 78{,}5$ und durch ein weniger starkes Fallen des Windkesseldruckes gegenüber Fall 10 in Erscheinung, jedoch bewirkt die noch stärkere Dämpfung eine wesentlich weitergehende Überschreitung der Luftdruckgrenzen.

Aus Diagramm VII und VIII ist zu ersehen, daß die Selbstregelung mit Dämpfung stabil ist; es ist also jedem Beharrungszustand und damit auch jeder Belastung des Kompressors eine ganz bestimmte Drehzahl und ein ganz bestimmter Windkesseldruck folgerichtig zugeordnet, die den Werten u und R bei Belastungsänderungen entsprechen.

In den Fällen 7, 9 und 11 sind alle Selbstregelungseigenschaften bei gleichbleibender Dampfeintrittsspannung $(\operatorname{tg}\lambda = 0)$ berücksichtigt; sie unterscheiden sich nur durch Annahme verschiedener Dämpfungsfaktoren b, bzw. Dämpfungsanteile b_0 (siehe Gleichung (100)).

Der in der Maschine selbst liegende Dämpfungsanteil b_0 ist bei der Konstruktion einer Kompressoranlage im voraus schwer genauer bestimmbar und meines Wissens an ausgeführten Anlagen zum Zwecke der Beurteilung der Leistungsregelung überhaupt noch nicht festzustellen versucht worden; es läßt sich dies jedoch leicht bewerkstelligen. Er ist im Interesse der Wirtschaftlichkeit der Anlage so klein wie möglich zu halten. Falls er nicht zureicht, kann er ohne weiteres nachträglich vergrößert werden, nämlich durch Vergrößerung der Widerstände in den Zu- und Abströmleitungen für Luft und Dampf, was durch Drosselung derselben erreicht werden kann. (Wie später noch dargetan wird, bestehen auch noch andere Möglichkeiten, die Regelung zu verbessern, nämlich durch Vergrößerung des Windkessels oder durch Anbau von Leistungs- und Druckluftreglern, welche eine Vergrößerung von b durch einen weiteren Dämpfungsanteil zulassen.)

Wie die dargestellten Regelvorgänge zu Fall 7—11 ersehen lassen, darf b_0 bei alleiniger Selbstregelung nicht zu groß ausfallen, weil sonst die Windkesseldruckgrenzen in unzulässiger Weise überschritten werden. Besonders durch Unregelmäßigkeiten in den Dampf- und Luftsteuerorganen wird b_0 nicht selten unerwünscht vergrößert und verursacht dann nicht nur unnützen Mehrverbrauch an Kraft, sondern bringt auch den Nachteil zu großer und unwirtschaftlich wirkender Windkesseldruckänderungen bei größeren Belastungsänderungen mit ·sich. Man darf dann den Fehler nicht in dem Mangel einer Regelvorrichtung oder, da die Selbstregelung auch beim Vorhandensein einer Regelvorrichtung von erheblichem Einfluß ist, in letzterer suchen. Abhilfe kann nur durch Beseitigung der vorgenannten ursächlichen Unregelmäßigkeit erfolgen. Daß solche Störungen häufig vorkommen und oft längere Zeit unbehoben bleiben, trotzdem insbesondere durch eine mangelhafte Regulierung klar in Erscheinung tritt, daß irgend etwas nicht in Ordnung ist, zeigt eine große Zahl veröffentlichter Indikatordiagramme von Dampfkompressoren. Konnte also früher der Windkesseldruck leicht innerhalb annehmbarer Grenzen gehalten werden und ist dies im späteren Betrieb nicht mehr der Fall, dann suche man vor allem durch Indizierung der Anlage bei verschiedenen Drehzahlen festzustellen, ob nicht in den Zuund Abströmleitungen und besonders in den Steuerorganen durch Unregelmäßigkeiten oder infolge von Resonanzerscheinungen zu große oder mit der Drehzahl unstetig wachsende Widerstände vorhanden sind, schon auch um unnütze Kraftvergeudung zu vermeiden. Viele Klagen über eine schlechte Leistungsregelung werden darauf zurückzuführen sein!

Als idealer Regelvorgang ist der a p e r i o d i s c h e Übergang in den neuen Beharrungszustand anzustreben und mit Rücksicht auf den Kraftmehrverbrauch und allzu große Windkesseldruckänderungen der Grenzfall mit $b = \sqrt{4\,a\,c}$. Würde jedoch hierbei, wie z. B. in Fall 8 und 9, b zu groß sein müssen, so können auch durch V e r g r ö ß e r u n g d e s W i n d k e s s e l i n h a l t e s V günstigere Verhältnisse geschaffen werden. Nach Gleichung (25), (30) und (31) ist nämlich $\varDelta p$ und $\operatorname{tg}\beta_1$ umgekehrt proportional zu V. Ist V beispielsweise dreimal größer als angenommen, dann wäre in Gleichung (100) an Stelle von $\operatorname{tg}\beta_1 = 0{,}0234$ der Wert $\dfrac{\operatorname{tg}\beta_1}{3}$ und an Stelle von $\varDelta p = 0{,}007$ der Wert $\dfrac{\varDelta p}{3}$ einzusetzen. Der Grenzfall des schwingungslosen Überganges würde dann gegenüber Fall 9 statt bei $b=12$ schon bei einem $b_0 = 6{,}2$ eintreten, dem $b = 6{,}5$ entspricht (siehe die Gleichungen auf S. 63). Nach den beiden Gleichungen auf S. 62 würde sich ein $u = 90$ und ein $R = -0{,}83$ Atm. ergeben. Als Regelvorgang würde sich ein Bild etwa wie in Fall 7 ergeben, jedoch mit aperiodischen Übergang ohne die dort gezeichnete Schwingungsausbauchung. Er ist also bei viel kleinerem b wesentlich günstiger; die Grenzen werden nicht mehr überschritten.

Ergeben sich bei zu kleinem b_0 unzulässige Drehzahlschwankungen bei größeren Belastungsänderungen, so wird es wirtschaftlicher sein, den Windkessel zu vergrößern, anstatt die Widerstände in den Zu- und Abströmleitungen zu erhöhen, wobei jedoch auch zu prüfen ist, ob nicht besser ein Leistungsregler zu verwenden ist (siehe Abschnitt XI u. XII).

Durch eine Vergrößerung des Windkessels werden bei gleichem b_0 die Werte u und R nicht verändert (siehe die Gleichungen auf S. 62), sondern es können nur übermäßige Schwingungsausschläge dadurch vermindert oder aufgehoben werden, daß der Grenzfall des schwingungslosen Überganges schon bei wesentlich kleinerem b_0 eintritt.

Die Größe des Windkessels spielt, wie aus Vorstehendem zu erkennen ist, eine einflußreiche Rolle. Bei Bemessung desselben wird anzustreben sein, den Grenzfall des schwingungslosen Überganges mit $b = \sqrt{4ac}$ in Gleichung (100) zu erhalten, wobei sich b_0 aus der Gleichung auf S. 63 und den obigen Überlegungen ergibt. R dürfte aber hierbei nicht größer als $p'' - p'$ sein. Will man aus irgendeinem Grunde einen wesentlich kleineren Windkessel verwenden, so empfiehlt es sich, zu einer geeigneten Regelvorrichtung zu greifen.

Wie aus Gleichung (100) ersichtlich ist, könnte der Dämpfungsfaktor b noch durch ein anderes Trägheitsmoment Θ des Schwungrades etwas vergrößert oder verkleinert werden, doch wäre der hierbei erzielbare Gewinn so geringfügig, daß es sich nicht verlohnen würde, die Schwere des Schwungrades von diesem Umstand mit abhängig zu machen.

In kurzer Zusammenfassung lassen sich aus den vorstehenden Untersuchungen folgende **wichtige Schlußfolgerungen für die Selbstregelung bei gleichbleibender Dampfeintrittsspannung** ziehen:

1. **Die Selbstregelung mit Dämpfung ist stabil. Ohne solche wäre sie labil. Dämpfung ist aber stets vorhanden.**

2. **Jedem Beharrungszustand und damit auch jeder Belastung des Kompressors ist eine ganz bestimmte Drehzahl und ein ganz bestimmter Windkesseldruck folgerichtig zugeordnet.**

3. Die Selbstregelung leistet den Anforderungen der Praxis vollauf Genüge, wenn eine geeignete Dämpfung b vorhanden ist.

4. Ist $b < \sqrt{4\,ac}$, dann ist der Regelvorgang nicht schwingungslos; ist $b \gtreqqless \sqrt{4\,ac}$, dann ist der Übergang in den neuen Beharrungszustand aperiodisch. Anzustreben ist der Grenzfall des schwingungslosen Überganges mit $b = \sqrt{4\,ac}$, wobei die zugelassenen Grenzen für Drehzahl und Windkesseldruck bei der üblichen größten Belastungsänderung voll ausgenützt und nicht überschritten werden sollen.

5. Je nach der Größe von b ist die Zeitdauer des Regelvorganges praktisch verschieden groß. Diese Zeitdauer ist für verschiedene Belastungsänderungen nur unwesentlich anders. Diese Unterschiede sind jedoch ohne besonderen Belang.

6. Die Dämpfung setzt sich aus 2 Teilen zusammen, nämlich aus dem Einfluß von ε, herrührend von der Ungleichheit des Luftverbrauches bei verschiedenen Windkesseldrücken und aus b_0, in welchem in der Hauptsache die Widerstände in den Zu- und Abströmleitungen des Dampfkompressors zum Ausdruck kommen.

7. Der Wert ε beeinflußt den Regelvorgang stets in günstigem Sinne. Bei sonst gleicher Belastungsänderung bewirkt er einen praktisch kürzeren Regelvorgang und geringere Abweichungen vom vorhergehenden Beharrungszustand. Bei Ausnützung der zugelassenen Drehzahlgrenzen können mehr Luftverbraucher angeschlossen werden als der Drehzahl proportional wäre.

8. Die durch b_0 gekennzeichneten, sonst **schädlichen Widerstände sind nützliche Regelungskräfte.**

9. Ist b_0 zu groß, dann werden bei größeren Belastungsänderungen die zugelassenen Windkesseldruckgrenzen in unzulässiger Weise überschritten. Ist b_0 zu klein, dann werden bei größeren Belastungsänderungen die zugelassenen Drehzahlgrenzen durch anfänglich zu große Schwingungsausschläge überschritten.

10. b_0 soll von vornherein so klein wie möglich gehalten werden, um möglichst wenig Kraft für die schädlichen Widerstände aufwenden zu müssen. Sollten die eintretenden Regelungsverhältnisse (Schwingungsausschläge) dabei zu ungünstig werden, so kann eine Besserung durch Vermehrung dieser Widerstände (Drosselung der Leitungen)

oder durch einen größeren Windkessel erreicht werden. Durch eine Vergrößerung des Windkessels tritt der Grenzfall des schwingungslosen Überganges in den neuen Beharrungszustand bei einem kleineren b_0 ein.

11. Durch Unregelmäßigkeiten in der Steuerung oder in den Zu- und Abströmleitungen können die schädlichen Widerstände (b_0) zu groß und damit die Regelung und der Kraftverbrauch wesentlich ungünstiger werden. Abhilfe hat dann durch Beseitigung der Ursache zu erfolgen, nicht durch Änderungen in der Regelung.

Es soll nun noch die **Selbstregelung mit Dämpfung bei sich ändernder Dampfeintrittsspannung** untersucht werden. In Diagramm IX ist für diese Änderung ein $\mathrm{tg}\,\lambda = \pm 0,8$ (siehe S. 58) angenommen, wobei der Grenzfall des schwingungslosen Überganges ($b = \sqrt{4\,a\,c}$) zugrunde gelegt ist. Der Einfluß von ε ist aus dem Vergleich zwischen den ausgezogenen und punktierten Regelkurven ersichtlich.

Aus Fall 12 und 13 ($\varepsilon = 0$) ist zu ersehen, daß bei maximaler Belastungs- und gleichzeitiger Dampfdruckänderung innerhalb etwa 8 Minuten eine dann gleichbleibende Drehzahl u eingestellt wird, die gegenüber Fall 8 ($\mathrm{tg}\,\lambda = 0$, $u = 100$) etwas größer ($u = 111,4$) oder kleiner ($u = 88,6$) ist, je nachdem der Dampfdruck steigt ($\mathrm{tg}\,\lambda = +0,8$) oder fällt ($\mathrm{tg}\,\lambda = -0,8$). In demselben Zusammenhang nimmt der Windkesseldruck nach anfänglichem Fallen zu oder weiter ab.

Fall 16 und 17 behandelt mit $\varepsilon = 0$ den Regelvorgang bei derselben Änderung der Dampfeintrittsspannung, jedoch mit gleichbleibender halber Belastung ($\mathrm{tg}\,\beta_1 = \mathrm{tg}\,\alpha_0 = 0,0117$).

In den Fällen 14 u. 15 sowie 18 u. 19 sind diese Regelvorgänge bei einem $\varepsilon = 0,12$ eingezeichnet. Die Drehzahl strebt hier nicht mehr einem konstanten Wert u, sondern einem Richtungswert $u + v \cdot t$ zu. Sie wird bei steigendem Dampfdruck immer größer, bei fallendem immer kleiner. Der Windkesseldruck fällt anfänglich nicht so schnell und strebt einem weniger rasch steigenden oder fallenden Richtungswert $R + S \cdot t$ zu.

Diese Richtungswerte ergeben sich aus den Gleichungen (70) und (100)—(103) (S. 35, 54 und 55) zu

$$u + vt = \frac{k_1 \cdot c - k \cdot b}{c^2} + \frac{k}{c}\,t\,,$$

$$R + St = \frac{(n_0 - u)\,b_0 - av}{\mathrm{tg}\,\gamma} + \frac{\mathrm{tg}\,\lambda - b_0\,v}{\mathrm{tg}\,\gamma} \cdot t\,,$$

wobei bei $\varepsilon = 0$, v und $k = 0$ wird. Sie genügen für die Beurteilung des Regelvorganges, auch für andere Belastungs- und Dampfdruckänderungen. Sie schneiden sich in Punkten 0, welcher Umstand die Aufzeichnung für zwischenliegende Dampfdruckänderungen erleichtert.

Diagramm IX.

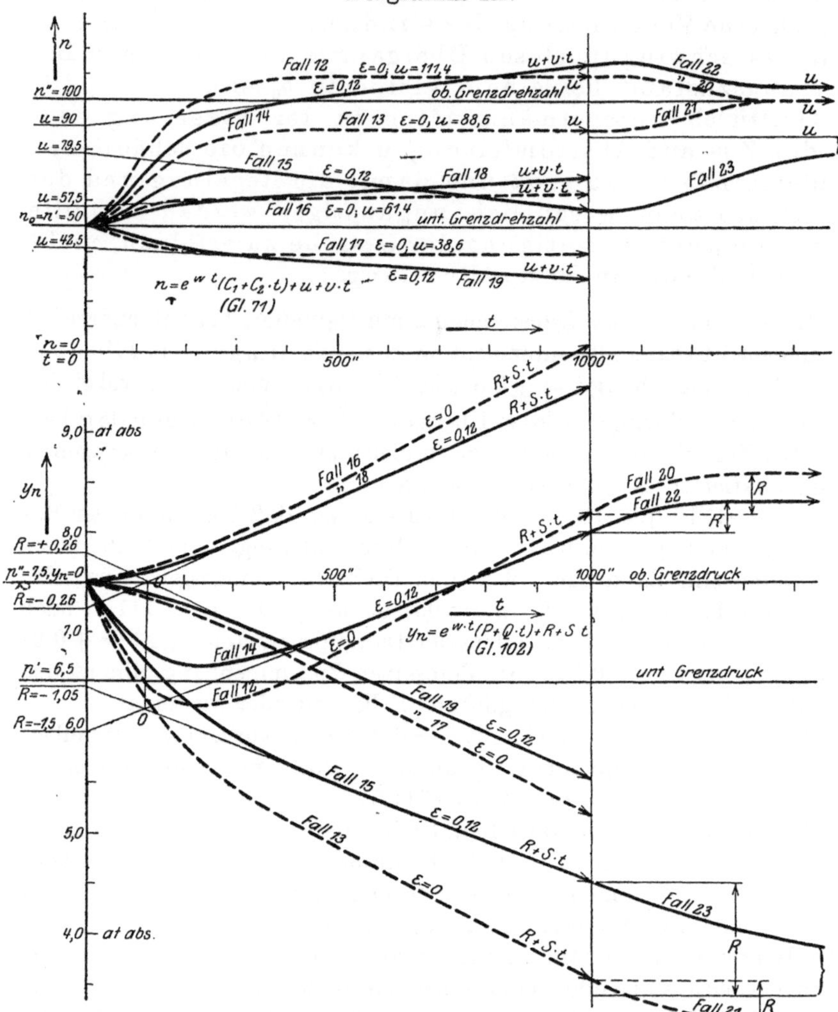

Selbstregelung mit starker Dämpfung bei sich ändernder Dampfeintrittsspannung.

$$\left(\frac{b}{2\,a}\right)^2=\frac{c}{a}\ \text{(Grenzfall)}$$

I. $n_0=50$; $\operatorname{tg}\beta_1=0,0234$ (Belastungsänderung $^1/_2$ auf voll).

Fall 12 u. 13: $b_0=10$; $\varepsilon=0$; $b=10$; $\operatorname{tg}\lambda=\pm0,8$; $u=\frac{111,4}{88,6}$, $v=0$; $R+St=-\frac{2,03}{1,29}\pm0,00267\,t$ (punktiert).

Fall 14 u. 15: $b_0=11$; $\varepsilon=0,12$; $b=12$; $\operatorname{tg}\lambda=\pm0,8$; $u+v\cdot t=\frac{90}{79,5}\pm0,023t$; $R+St=-\frac{1,5}{1,05}\pm0,0018\,t$ (ausgezogen).

II. $n_0=50$; $\operatorname{tg}\beta_1=0,0117$ ($^1/_2$ Belastung unverändert).

Fall 16 u. 17: $b_0=10$; $\varepsilon=0$; $b=10$; $\operatorname{tg}\lambda=\pm0,8$; $u=\frac{61,4}{38,6}$; $v=0$; $R+St=\mp0,38\pm0,00267\,t$ (punktiert).

Fall 18 u. 19: $b_0=11$; $\varepsilon=0,12$; $b=12$; $\operatorname{tg}\lambda=\pm0,8$; $u=v\cdot t=\frac{57,5}{42,5}\pm0,013t$; $R+St=\mp0,26\pm0,0022\,t$ (ausgezogen).

III. n_0 bei $t=1000''$; $\operatorname{tg}\beta_1=0,0234$ (Vollbelastung unverändert).

Fall 20 u. 21: $b_0=10$; $\varepsilon=0$; $b=10$; ab $t=1000''$ $\operatorname{tg}\lambda=0$; $u=100$; $v=0$; $R=\pm0,88$; $S=0$ (punktiert).

Fall 22 u. 23: $b_0=11$; $\varepsilon=0$; $b=12$; ab $t=1000''$ $\operatorname{tg}\lambda=0$; $u=\frac{105}{87}$; $v=0$; $R=\pm\frac{0,3}{1,12}$; $S=0$ (ausgezogen).

Würde $b < \sqrt{4\,ac}$ sein, dann würde der Übergang in die Richtwerte von mehr oder minder großen, aber nach einigen Minuten abklingenden Schwingungen um diese begleitet sein. Würde $b > \sqrt{4\,ac}$ sein, dann würden die aperiodischen Übergangskurven sich weniger rasch den Richtwerten nähern als bei dem gezeichneten Grenzfall.

Bei beispielsweise dreimal größerem Windkessel würde der Grenzfall des schwingungslosen Überganges nach den gleichen Überlegungen, wie auf S. 64 u. 65, mit $\varepsilon = 0$ schon bei einem $b_0 = 5{,}8$ eintreten. Es würden dann z. B. im Fall 12 und 13 die Richtwerte $u = \dfrac{134}{65}$ und $R + S \cdot t = \dfrac{-\,1{,}62}{-\,0{,}29}$ $\pm\,0{,}00267\,t$ werden und somit teils günstigere, teils ungünstigere Regelverhältnisse eintreten.

Der Einfluß von ε kann auch bei sich ändernder Dampfeintrittsspannung als günstig bezeichnet werden.

Wie die Fälle 12—19 im Diagramm IX erkennen lassen, ist die Regelung so lange unstabil, als die Dampfdruckänderung dauert; sie wird wieder stabil, sobald diese Änderung aufhört, wie die Fälle 20—23 dartun. Bei diesen ist von einem Zeitpunkt $t = 1000$ ab die Dampfeintrittsspannung wieder als konstant angenommen. Die Drehzahl und der Windkesseldruck nehmen wieder konstante Werte u und R an; jedoch entspricht die neue gegenseitige Zuordnung nicht mehr jener des vorhergehenden Beharrungszustandes.

Während der Unstabilität überschreitet der Windkesseldruck bei sich ändernder Dampfeintrittsspannung mehr oder minder bald die zugelassenen Grenzen und steigt oder fällt dann stetig. Das kann, auch in sonstigen Fällen, dadurch verhindert werden, daß man rechtzeitig vorher die sonst feste Dampffüllung verstellt oder den Dampfdruck am Einlaßventil drosselt. Letztere Maßnahme ist jedoch besonders bei größeren Maschinen unwirtschaftlich und deswegen noch mehr, weil eine Drosselung schon bei normalem Kesseldruck stattzufinden hat, um beim Fallen desselben durch weiteres Öffnen des Einlaßventils den Ausgleich herbeiführen zu können.

Dadurch, daß diese Handnachregelung nicht sofort bei Beginn der Dampfdruckänderung, sondern gewöhnlich erst nach Überschreiten der Windkesseldruckgrenzen vorgenommen wird, verschiebt sich die auf S. 65 Ziff. 2 angeführte Zuordnung zwischen Windkesseldruck und Drehzahl, so daß auch bei einer Belastungsänderung ohne Dampfdruckänderung meist durch Handnachregelung nachgeholfen werden muß. Die durch letztere hervorgerufene Ungleichheit zwischen Kraft- und Widerstandsmoment wird gemäß Gleichung (4) durch eine entsprechende Änderung der Drehzahl und des Windkesseldruckes selbsttätig wieder behoben. Gleichzeitig ändert sich dabei auch $\mathrm{tg}\,\varkappa$ und damit b_0 etwas (s. S. 13).

In der Praxis gehört eine Dampfdruckänderung von 2 Atm. innerhalb von 1000 Sekunden ($\mathrm{tg}\,\lambda = 0{,}8$), wie sie in den Beispielen angenommen ist, nicht zu den Seltenheiten. Sie kann besonders in Berg- und Hütten-werken, wo infolge der Dampfentnahme durch mehrere nnd verschiedene Dampfverbraucher der Kesseldruck oft großen und häufigen Schwan-kungen unterworfen ist, noch größer sein. Sind solche zu erwarten, dann empfiehlt sich die Verwendung einer geeigneten Regelvorrichtung.

Im Gegensatz zur Selbstregelung bei gleichbleibender Dampfein-trittsspannung (siehe S. 65—67) sind **bei sich ändernder Dampfeintritts-spannung** folgende wichtige Ergebnisse zusammenzufassen:

1. Die Selbstregelung mit Dämpfung ist unstabil, wenn und solange sich die Dampfeintrittsspannung ändert.

2. Stabilität und ein neuer Beharrungszustand tritt erst nach Aufhören dieser Änderung wieder ein und damit auch eine Zuordnung zwischen Windkesseldruck und Dreh-zahl, jedoch mit anderen Werten als vorher.

3. Die Selbstregelung genügt den Anforderungen der Praxis nur unvollkommen, wenn häufigere und größere Dampfdruckänderungen innerhalb verhältnismäßig kurzer Zeit eintreten. Treten diese nicht in solchem Umfange auf, dann kann durch jeweils rechtzeitige Handnachregelung (Verstellen der Dampffüllung, Drosselung des Eintritts-dampfes) ein leidlicher Betrieb aufrechterhalten werden. Im anderen Falle greift man besser zu einer geeigneten selbsttätigen Regelvorrichtung (siehe Abschnitt XII).

XI. Die Regelung von einzeln arbeitenden Kolben-kompressoren mit veränderlicher Drehzahl durch Fliehkraftregler
(ohne Druckluftregler).

a) Der Leistungsregler ohne und mit Handverstellung.

In Fig. 32a ist das Schema der Verbindung eines stark statischen Fliehkraftreglers (Leistungsreglers) mit einer Dampfmaschinensteuerung dargestellt, wobei die an Hand dieses Schemas anzustellenden Unter-suchungen sinngemäß auch für die sog. Achsenleistungsregler, wie für Schieber- und Ventilsteuerungen Geltung haben. Mit Hilfe des Hand-rades H kann die Verbindungsstange zwischen Steuer- und Reglerhebel verlängert und verkürzt werden.

Aus dem Schema geht hervor, daß jeder Drehzahl n eine ganz be-stimmte Dampffüllung f zugeordnet ist. Die Fig. 32b—d lassen den Zusammenhang zwischen Reglerhub h, Drehzahl n, Kraftmoment K, Widerstandsmoment W, Windkesseldruck p, Dampffüllung f und

Dampfeintrittsspannung p_d erkennen. Der Einfluß der Drehzahl auf das Kraft- und Widerstandsmoment ist durch K_n und W_n gekennzeichnet; sie kommen zu den Werten K_d, K_f und W in negativem oder positivem Sinne noch hinzu.

Es möge nun zunächst der Regler bei einer Störung des Beharrungszustandes sich selbst überlassen werden, ein Zustand, der der gewöhnlichen Betriebsweise entspricht, solange der Maschinist eine Verstellung am Handrad H nicht vornimmt.

Wird beispielsweise bei einer Reglerstellung $h_0 A z_0$ plötzlich mehr Druckluft entnommen, dann sinkt der Windkesseldruck p_0. Das hat

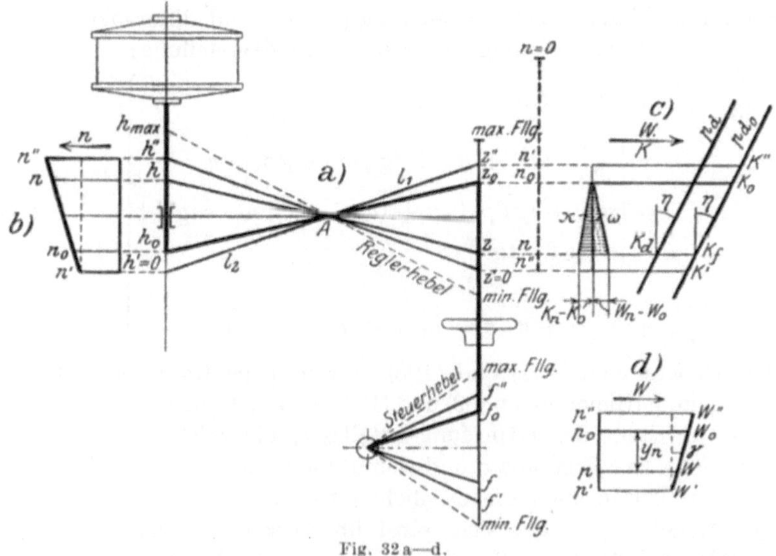

Fig. 32 a—d.

zur Folge, daß das Widerstandsmoment W_0 abnimmt und die Drehzahl n_0 wegen der dadurch hervorgerufenen Ungleichheit zwischen diesem und dem Kraftmoment K_0 steigt. Die Reglerhülse wird demzufolge einer höheren Stellung h zustreben und damit die Dampffüllung f_0 und das Kraftmoment K_0 verkleinern, sowie die Werte K_{n_0} und W_{n_0} verändern, bis wieder ein Gleichgewichtszustand herrscht. Hierbei ist vorausgesetzt, daß die Dampfeintrittsspannung p_{d_0} konstant bleibt. Sinkt diese beispielsweise gleichzeitig, dann herrscht nach Fig. 32 c bei derselben Dampffüllung f ein kleineres Kraftmoment K_d.

Da nach Fig. 32 b die Abhängigkeit zwischen Reglerhub und Drehzahl als eine lineare angenommen ist, kann man bei der gegebenen Zuordnung, wie in Fig. 32 a rechts angedeutet, an Stelle von $z—z_0$ auch $— (n—n_0)$ setzen. Es wird damit das Kraftmoment und $\operatorname{tg}\eta$, nicht wie in Fig. 5 a und Gleichung (10) und (12) zum Steuerhebelausschlag, sondern zur Drehzahl in unmittelbare Proportion gesetzt.

Auf Grund der Bewegungsgleichung (4) in Verbindung mit den Gleichungen (14) und (20) gilt dann unter der Voraussetzung eines masse- und reibungslosen Fliehkraftreglers allgemein folgende Beziehung:

$$\frac{\pi\,\Theta}{30}\cdot\frac{dn}{dt} = t\,\mathrm{tg}\,\lambda - (n - n_0)\cdot\mathrm{tg}\,\eta - (n - n_0)\,\mathrm{tg}\,\varkappa - y_n\cdot\mathrm{tg}\,\gamma \left.\vphantom{\frac{\pi\Theta}{30}}\right\} \tag{106}$$
$$- (n - n_0)\,\mathrm{tg}\,\omega$$

Daraus ergibt sich, wenn man wieder $\mathrm{tg}\,\varkappa + \mathrm{tg}\,\omega = b_0$ setzt:

$$y_n = \frac{1}{\mathrm{tg}\,\gamma}\cdot\left[t\cdot\mathrm{tg}\,\lambda - (n - n_0)\,(b_0 + \mathrm{tg}\,\eta) - \frac{\pi\,\Theta}{30}\cdot\frac{dn}{dt}\right]. \tag{107}$$

Setzt man diesen Wert in Gleichung (40) ein und differenziert, dann erhält man **für den Leistungsregler ohne Handverstellung:**

$$\frac{\pi\,\Theta}{30}\cdot\frac{d^2 n}{dt^2} + \left[b_0 + \mathrm{tg}\,\eta + \frac{\pi\,\Theta}{30}\cdot\varepsilon\cdot\mathrm{tg}\,\beta_1\right]\cdot\frac{dn}{dt}$$
$$+ \left[\frac{\Lambda\,p}{30}\cdot\mathrm{tg}\,\gamma + (b_0 + \mathrm{tg}\,\eta)\cdot\varepsilon\cdot\mathrm{tg}\,\beta_1\right]\cdot n$$
$$= [\mathrm{tg}\,\lambda + \mathrm{tg}\,\beta_1\cdot\mathrm{tg}\,\gamma + (b_0 + \mathrm{tg}\,\eta)\,n_0\cdot\varepsilon\,\mathrm{tg}\,\beta_1] \tag{108}$$
$$+ [\varepsilon\cdot\mathrm{tg}\,\beta_1\cdot\mathrm{tg}\,\lambda]\cdot t$$

oder

$$a\cdot\frac{d^2 n}{dt^2} + b\,\frac{dn}{dt} + c\cdot n = k_1 + k\cdot t$$

Die Gleichungen (107) und (108) weisen gegenüber jenen für die Selbstregelung (Gleichungen (99) und (100) S. 54) lediglich den Unterschied auf, daß an Stelle des Dämpfungsanteiles b_0 ein solcher von $b_0 + \mathrm{tg}\,\eta$ getreten ist. Die Ergebnisse und Schlußfolgerungen sind deshalb auch mit diesem Unterschied die nämlichen wie dort.

Der Regelvorgang des sich selbst überlassenen Leistungsreglers ist demzufolge bei gleichem Dämpfungsfaktor b derselbe wie bei der Selbstregelung. Anstatt durch Erhöhung der Widerstände in den Zu- und Abströmleitungen kann hier b in weiten Grenzen ohne unnützen Kraftaufwand durch $\mathrm{tg}\,\eta$ vergrößert werden.

Gelangt die Reglerhülse an den oberen oder unteren Ausschlag, dann kann wohl die Drehzahl die zugelassenen Grenzen überschreiten, und es ist von da ab in den Gleichungen (107) und (108) $\mathrm{tg}\,\eta = 0$ einzuführen. Damit aber die obere Grenze der Drehzahl nicht wesentlich überschritten werden kann, erhalten die Leistungsregler Sicherheitseinrichtungen, die dann eintretendenfalls die kleinste Füllung einstellen und dadurch die Maschine zum Stillstand bringen[1]). Bei Unterschreiten einer gewissen unteren Drehzahl kommt die Maschine an sich allmählich zum Stillstand.

---

[1]) Siehe z. B. Tolle, Die Regelung der Kraftmaschinen, II. Aufl. 1909, S. 508 bis 513.

Nach Fig. 32c ist

$$\operatorname{tg}\eta = \frac{K'' - K'}{n'' - n'}, \tag{109}$$

und also davon abhängig, wie die Dampffüllung auf den Muffenhub und damit auch auf den Reglerhebelausschlag $z'z''$ verteilt ist. Dem Konstrukteur ist gewöhnlich der Reglerhub und die Füllungsverteilung am Steuerhebel gegeben. Durch entsprechende Wahl der Hebellängen l_1 und l_2 (siehe Fig. 32a) hat er es dann in der Hand, $\operatorname{tg}\eta$ größer oder kleiner zu machen. In der Literatur fand er bisher keinen Anhalt, wie er hierbei vorzugehen hat; er war mehr oder minder auf sein Gefühl angewiesen. Es soll deshalb auf die Wahl von $\operatorname{tg}\eta$ noch etwas näher eingegangen werden.

Für das Extrem $l_1 = 0$ ist $\operatorname{tg}\eta = 0$; der Regler käme hierbei nicht zur Wirkung und der Regelvorgang würde sich dann als alleinige Selbstregelung des Dampfkompressors abspielen (siehe Abschnitt X).

Wählt man l_1 so groß, daß der Dämpfungsfaktor $b = 10$ würde, dann erhält man nach den früheren Beispielen den Grenzfall des schwingungslosen Überganges nach Diagramm VIII, Fall 8. Das ergäbe bei $b_0 = 6$ und $\varepsilon = 0$ ein $\operatorname{tg}\eta = 4$, entsprechend einem Wert $K'' - K' = (n'' - n') \cdot \operatorname{tg}\eta = 200$ mkg, der gemäß Fig. 2b, 3b oder 4b einer Dampffüllungsdifferenz zwischen höchster und niedrigster Reglerstellung von nur etwa 2% gleichkommt.

Macht man l_1 so groß, daß $b = 20$ wird, also $b_0 = 6$, $\varepsilon = 0$, $\operatorname{tg}\eta = 14$, dann würde der Regelvorgang nach Diagramm VIII, Fall 10 vor sich gehen. $K'' - K'$ würde dann etwa 700 mkg betragen, entsprechend einer Dampffüllungsdifferenz von etwa 7%. Zwischenliegende und darüber hinausgehende Werte lassen sich aus dem Diagramm leicht beurteilen. (Für $\varepsilon = 0,12$ würden sich diese Prozentwerte nur unbedeutend ändern).

So ganz freie Wahl von $\operatorname{tg}\eta$ hat man allerdings bei der konstruktiven Ausführung nicht; denn einerseits soll der Leistungsregler in seiner untersten Lage möglichst große Dampffüllung einstellen und andererseits bei einer Gefahr des Durchgehens der Maschine (z. B. bei Rohrbruch) in seiner obersten Lage Minimalfüllung. Ersterer Bedingung könnte man dadurch Genüge leisten, daß man beim Ingangsetzen durch Verstellen des Handrades H vorübergehend auf Maximalfüllung einstellt. Die zweite Bedingung verlangt aber ein verhältnismäßig großes $\operatorname{tg}\eta$, wodurch aber auch der Dämpfungsfaktor b recht unerwünscht groß wird. Dieser Umstand kann sich noch in verstärktem Maße geltend machen, wenn z. B. infolge von Unregelmäßigkeiten in den Steuerorganen b durch den Dämpfungsanteil b_0 weiter vergrößert werden würde (siehe S. 64). Eine Ausnahme macht der Weißsche Leistungsregler, bei welchem bei Überschreitung einer Höchstdrehzahl die Verbindung zwischen Regler- und Steuerhebel durch eine Ausklinkvorrichtung selbsttätig getrennt und dadurch sofort Minimalfüllung eingestellt wird. Die obige zweite Bedingung kann deshalb bei ihm ohne Rücksicht auf $\operatorname{tg}\eta$ erfüllt werden. Bei den sonstigen Nachteilen dieser Ausklinkvorrichtung hat der mit ihr gewöhnlich ausgerüstete Weißsche Regler diesen nicht zu unterschätzenden Vorteil. Ist er bei ausgeführten Anlagen nicht ausgenützt, was meistens der Fall sein wird, so empfiehlt sich eine entsprechende Gestängeabänderung.

Aus vorstehendem ergibt sich, daß $\operatorname{tg}\eta$ möglichst klein gehalten werden soll, um kein zu großes b zu erhalten und damit die Windkessel-druckgrenzen bei größeren Belastungsänderungen nicht wesentlich überschreiten zu lassen; denn es ist anzustreben, daß der Regler mög-lichst selbsttätig (ohne die Notwendigkeit einer Handverstellung) arbeitet, solange nicht auch Dampfdruckänderungen hinzukommen. Das ist nur bei Leistungsreglern mit Ausklinkvorrichtung erreichbar; bei allen anderen Leistungsreglern ist dies, wie aus den obigen Zahlenwerten zu schließen ist, nicht der Fall. Es muß also auch schon bei größeren Belastungsänderungen eine Handverstellung Platz greifen, was ein Nachteil gegenüber der Selbstregelung mit geeigneter Dämpfung ist. Es besteht aber allerdings auch der Vorteil, daß die Handverstellungs-vorrichtung des Leistungsreglers wirtschaftlicher arbeitet.

Für die **Leistungsregelung mit Handverstellung** ist in Fig. 33a das gleiche Schema der Regleranordnung, wie Fig. 32a aufgezeichnet. Die Maschine möge sich bei der Hebelstellung $h_0\,A\,z_0$ im Beharrungs-zustand befinden. Zur Zeit $t = 0$ soll nun durch eine Belastungsänderung eine Störung desselben hervorgerufen werden, der zufolge eine neue Drehzahl n_1 anzustreben ist. Gleichzeitig werde vom Maschinisten durch Verdrehen des Handrades H eine Verlängerung der Verbindungsstange vorgenommen. Das hat zur Folge, daß der Steuerhebel nach unten gedreht und die Dampffüllung von f_0 auf f_1 verringert wird.

Wegen der dadurch herbeigeführten Ungleichheit zwischen Kraft- und Widerstandsmoment fällt dann die Drehzahl bis wieder Gleich-gewicht hergestellt ist. Das ist nach Fig. 33a dann der Fall, wenn der Reglerhebel die Stellung $h_1\,A\,z_1$ eingenommen und damit den Steuerhebel soweit nach oben gedreht hat, daß wieder die ursprüngliche Füllung f_0, jedoch nun bei der niederen Drehzahl n_1 eingestellt ist. (Die Selbst-regelungseigenschaften der Maschine sind bei dieser Betrachtung zunächst außer acht gelassen.)

Aus Fig. 33c läßt sich die Änderung des Kraftmomentes verfolgen. Durch die Füllungsverstellung wird das Kraftmoment von K_{z_0} auf K_1 ver-mindert, welches sich dann auf $K_{z_1} = K_{z_0}$ vergrößert, während das Regler-hebelende von z_0 nach z_1 wandert. Es ist dann ein neuer Beharrungs-zustand mit der kleineren Drehzahl n_1 vorhanden, wobei die Füllungs- und Kraftmomentverteilung eine andere geworden ist. Während vorher der Reglerhebelstellung z_0 die Dampffüllung f_0 zugeordnet war, ist dies nun bei der Reglerhebelstellung z_1 der Fall. In Fig. 33c kommt dies durch eine Verschiebung der durch K_{max} und K_{min} gekennzeichneten, schraffiert umränderten Trapeze zum Ausdruck, wobei das der alten Stellung entsprechende mit ausgezogenen und das der neuen Stellung entsprechende mit punktierten Linien eingezeichnet ist.

Das Kraftmoment und $\operatorname{tg}\eta$ sind wieder unmittelbar in Proportion zur Drehzahl gesetzt, und damit bildet auch der Wert $n_0 - n_1$ den Maßstab für die Verlängerung und Verkürzung der Verbindungsstange zwischen Regler- und Steuerhebel (siehe Fig. 33a).

Berücksichtigt man nun die Selbstregelungseigenschaften der Maschine, dann wird das Kraft- und Widerstandsmoment durch sie

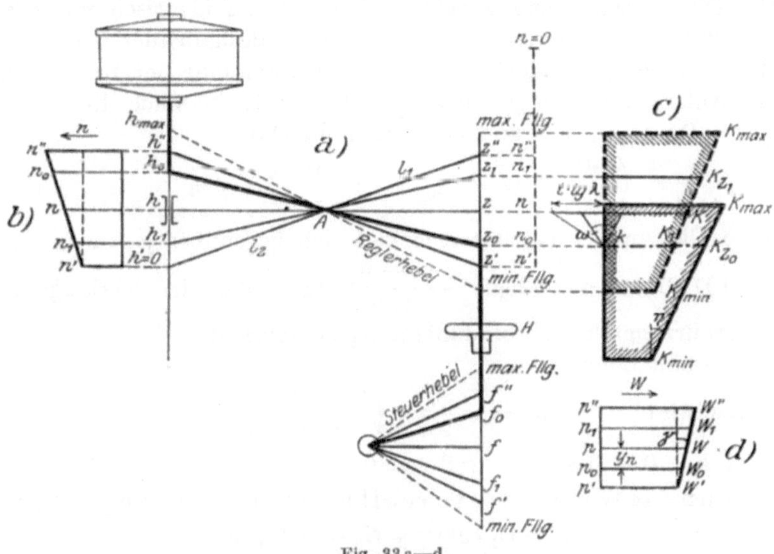

Fig. 33 a—d.

noch verändert, wie dies in Fig. 33a—d angedeutet ist. Der Einfluß von ε, dessen Größe aus den Diagrammen VII—IX zur Genüge ersichtlich gemacht ist, soll jedoch der Einfachheit und Übersichtlichkeit halber in der Folge unberücksichtigt bleiben. Er wird an sich bei kleineren Windkesseldruckänderungen unbedeutender.

Für eine beliebige Hebelzwischenstellung $h A z$ läßt sich dann aus den Fig. 33a—d in Verbindung mit der Bewegungsgleichung (4) folgende Beziehung für eine Störung des Beharrungszustandes durch eine Belastungs- und gleichzeitige Dampfdruckänderung ablesen:

$$\frac{\pi \Theta}{30} \cdot \frac{dn}{dt} = t \cdot \operatorname{tg}\lambda - (n - n_1)\operatorname{tg}\eta - (n - n_0)\operatorname{tg}\varkappa - y_n \cdot \operatorname{tg}\gamma \\ - (n - n_0)\operatorname{tg}\omega \tag{110}$$

Darin ist wieder $\operatorname{tg}\lambda = 0$ zu setzen, wenn sich die Dampfeintrittsspannung nicht ändert; ferner ist $\operatorname{tg}\lambda$ positiv, wenn sie steigt, und negativ, wenn sie fällt.

Setzt man für y_n den Wert der Gleichung (41), ferner wieder für $\operatorname{tg}\varkappa + \operatorname{tg}\omega = b_0$ ein und differenziert, so erhält man:

$$\left.\begin{aligned}\frac{\pi\,\Theta}{30}\cdot\frac{d^2n}{dt^2} + (b_0 + \operatorname{tg}\eta)\cdot\frac{dn}{dt} + \frac{\Delta p}{30}\cdot\operatorname{tg}\gamma\cdot n &= \operatorname{tg}\lambda + \operatorname{tg}\gamma\cdot\operatorname{tg}\beta_1\\[2pt]\text{oder}\qquad\qquad\qquad\\[2pt]a\cdot\frac{d^2n}{dt^2} + \quad b\quad\cdot\quad\frac{dn}{dt} + \quad c\quad\cdot\quad n &= \qquad k_1\end{aligned}\right\}\quad(111)$$

Die Änderung des Windkesseldruckes ergibt sich aus Gleichung (110) zu:

$$y_n = \frac{1}{\operatorname{tg}\gamma}\cdot\left[t\cdot\operatorname{tg}\lambda - (n - n_0)\cdot b - (n_0 - n_1)\cdot\operatorname{tg}\eta - a\cdot\frac{dn}{dt}\right].\quad(112)$$

Die Differentialgleichung (111) ist vollständig identisch mit Gleichung (108), wenn man dort $\varepsilon = 0$ setzt. Es ist deshalb auch die Lösung die dort angegebene, jedoch sind für die Bestimmung der Konstanten andere Anfangsbedingungen maßgebend. Es ist nämlich für $t = 0$: $n - n_0 = 0$ und $y_n = 0$ und aus Gleichung (110)

$$\left(\frac{dn}{dt}\right)_{t=0} = -(n_0 - n_1)\cdot\frac{30\cdot\operatorname{tg}\eta}{\pi\cdot\Theta} = m\,.\quad(113)$$

y_n in Gleichung (112) unterscheidet sich gegenüber jenem in Gleichung (107) durch das Glied $-\dfrac{n_0 - n_1}{\operatorname{tg}\gamma}\cdot\operatorname{tg}\eta$, das der Verlängerung oder Verkürzung der Verbindungsstange entspricht.

Man erhält demzufolge:

als Wurzelwerte $\qquad w_{\frac{1}{2}} = -\dfrac{b}{2\,a}\pm\sqrt{\left(\dfrac{b}{2\,a}\right)^2 - \dfrac{c}{a}}.\qquad(67)$

und mit $k = 0$ und $v = 0$, weil $\varepsilon = 0$:

1. wenn die Wurzelwerte reell und verschieden groß sind:

$$n = C_1\cdot e^{w_1\cdot t} + C_2\cdot e^{w_2\cdot t} + u\quad(68)$$

an Stelle von Gleichung (69):

$$C_1 = w_2\cdot\frac{n_0 - u}{w_2 - w_1} - \frac{m}{w_2 - w_1}\,;\qquad C_2 = n_0 - u - C_1\quad(114)$$

$$u = \frac{k_1}{c}\quad(70)$$

und analog Gleichung (101):

$$\left.\begin{aligned}y_n &= -\frac{C_1}{\operatorname{tg}\gamma}\cdot(b + a\,w_1)\,e^{w_1\cdot t} - \frac{C_2}{\operatorname{tg}\gamma}\cdot(b + a\,w_2)\,e^{w_2\cdot t}\\[4pt]&\quad + \frac{(n_0 - u)\cdot b}{\operatorname{tg}\gamma} - \frac{n_0 - n_1}{\operatorname{tg}\gamma}\cdot\operatorname{tg}\eta + \frac{\operatorname{tg}\lambda}{\operatorname{tg}\gamma}\cdot t\end{aligned}\right\}\quad(115)$$

oder

$$y_n = P\cdot e^{w_1\cdot t} + Q\cdot e^{w_2\cdot t} + R + S\cdot t$$

2. wenn die Wurzelwerte reell und gleich groß sind:

$$n = e^{w \cdot t} \cdot (C_1 + C_2 \cdot t) + u \tag{71}$$

an Stelle von Gleichung (72):

$$C_1 = n_0 - u \; ; \qquad C_2 = m - w C_1 \tag{116}$$

$$u = \frac{k_1}{c} \tag{70}$$

und analog Gleichung (102):

$$\left.\begin{aligned}
y_n = e^{w \cdot t} \cdot &\left[-\frac{C_1 \cdot (b + aw) + a C_2}{\operatorname{tg}\gamma} - \frac{C_2 (b + aw)}{\operatorname{tg}\gamma} \cdot t \right] \\
&+ \frac{(n_0 - u) \cdot b}{\operatorname{tg}\gamma} - \frac{n_0 - n_1}{\operatorname{tg}\gamma} \cdot \operatorname{tg}\eta + \frac{\operatorname{tg}\lambda}{\operatorname{tg}\gamma} \cdot t
\end{aligned}\right\} \tag{117}$$

oder

$$y_n = e^{w \cdot t} [P + Q \cdot t] + R + S \cdot t$$

3. wenn die Wurzelwerte komplex sind:

$$n = \pm \sqrt{A^2 + B^2} \cdot e^{q \cdot t} \cdot \sin(r \cdot t + \tau) + u \tag{73}$$

an Stelle von Gleichung (74):

$$A = n_0 - u \; ; \qquad B = \frac{m}{r} - \frac{q}{r} \cdot A \tag{118}$$

$$\operatorname{tg}\tau = \frac{A}{B} \tag{75}$$

$$T = \frac{2\pi}{r} \tag{76}$$

und analog Gleichung (103):

$$\left.\begin{aligned}
y_n = -\frac{\pm\sqrt{A^2 + B^2}}{\operatorname{tg}\gamma} \cdot &\sqrt{a^2 \cdot r^2 + (b + aq)^2} \cdot e^{q \cdot t} \cdot \sin(r \cdot t + 2\tau) \\
&+ \frac{(n_0 - u) \cdot b}{\operatorname{tg}\gamma} - \frac{n_0 - n_1}{\operatorname{tg}\gamma} \cdot \operatorname{tg}\eta + \frac{\operatorname{tg}\lambda}{\operatorname{tg}\gamma} \cdot t
\end{aligned}\right\} \tag{119}$$

oder

$$y_n = Q \cdot e^{q \cdot t} \cdot \sin(r \cdot t + 2\tau) + R + S \cdot t$$

(Setzt man in vorstehenden Gleichungen $m = 0$, so stellen sie die Lösungen der Bewegungsgleichungen (107) und (108) für den sich selbst überlassenen Leistungsregler [ohne Handverstellung] dar, wenn dort $\varepsilon = 0$ gesetzt wird.)

Zahlenbeispiele.

Der Kompressor habe im Beharrungszustand wieder eine Drehzahl $n_0 = n' = 50$ (halbe Förderung) und es sollen nun plötzlich sämtliche Luftverbraucher ($\operatorname{tg}\beta_1 = 0{,}0234$) angeschlossen und auch die Fälle untersucht werden, bei welchen sich die Dampfeintrittsspannung allein oder gleichzeitig im linearen Verhältnis ändert.

In Diagramm X ist konstante Dampfeintrittsspannung vorausgesetzt. Hierbei ist zum vergleichsweisen Überblick in den Fällen 24 bis 27 (ausgezogene Linien) eine geringere Dämpfung ($b_0 = 6$,

Diagramm X.

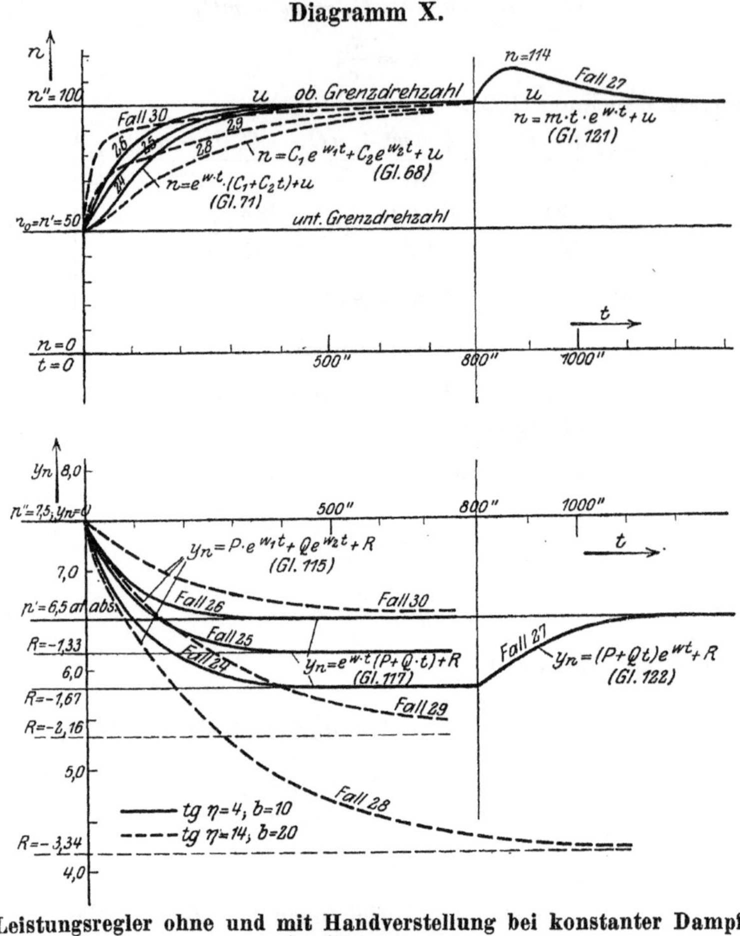

**Leistungsregler ohne und mit Handverstellung bei konstanter Dampf-
eintrittsspannung.**

$n_0 = 50$; tg $\beta_1 = 0.0234$ (Belastungsänderung $^1/_2$ auf voll).

$$\text{I.}\quad \left(\frac{b}{2a}\right)^2 = \frac{c}{a}\quad \text{(Grenzfall)}$$

Fall 24: $n_0-n_1=0$; $b_0=6$; $\varepsilon=0$; tg$\eta=4$; $b=10$: $u=100$; $R=-1,67$ (ohne Handverstellung)
($\equiv$ Fall 8)
Fall 25: $n_0-n_1=-25$; $b_0=6$; $\varepsilon=0$; tg$\eta=4$; $b=10$; $u=100$; $R=-1,33$ (mit   ,,   )
Fall 26: $n_0-n_1=-50$; $b_0=6$; $\varepsilon=0$; tg$\eta=4$; $b=10$; $u=100$; $R=-1,0$ (,,   ,,   )
Fall 27: $n_0-n_1=-50$; $b_0=6$; $\varepsilon=0$; tg$\eta=4$; $b=10$; $u=100$; $R=+0,67$ $\left\{\begin{array}{l}\text{Belastung konstant}\\ n_0=100; \text{tg}\beta_1=0,0234\end{array}\right\}$

$$\text{II.}\quad \left(\frac{b}{2a}\right)^2 > \frac{c}{a}$$

Fall 28: $n_0-n_1=0$; $b_0=6$; $\varepsilon=0$; tg$\eta=14$; $b=20$; $u=100$: $R=-3,34$ (ohne Handverstellung)
($\equiv$ Fall 10)
Fall 29: $n_0-n_1=-25$; $b_0=6$; $\varepsilon=0$; tg$\eta=14$: $b=20$; $u=100$; $R=-2,16$ (mit   ,,   )
Fall 30: $n_0-n_1=-50$; $b_0=6$; $\varepsilon=0$: tg$\eta=14$; $b=20$; $u=100$; $R=-1,0$ (,,   ,,   )

$\mathrm{tg}\,\eta = 4$, $\varepsilon = 0$, also $b = 10$, Grenzfall des schwingungslosen Überganges) und in den Fällen 28—30 (punktierte Linien) eine stärkere Dämpfung ($b_0 = 6$, $\mathrm{tg}\,\eta = 14$, $\varepsilon = 0$, also $b = 20$, schwingungsloser Übergang) zugrunde gelegt. Dieser Unterschied macht sich in derselben Weise geltend, wie bei der Selbstregelung (siehe Diagramm VIII), daß nämlich bei stärkerer Dämpfung die Windkesseldruckgrenzen bedeutender überschritten werden als bei schwächerer. In Wirklichkeit wird der Dämpfungsfaktor b bei den meisten ausgeführten Anlagen noch größer sein als in den Beispielen angenommen wegen der auf S. 73 genannten Bedingungen. Man erkennt aus dem Diagramm, daß es dann notwendig wird, häufiger von Hand nachzuregeln, wenn größere Belastungsänderungen auftreten.

In Fall 24 und 28 sind die Regelvorgänge für eine kleinere und größere Dämpfung gezeichnet, wenn der Leistungsregler sich selbst überlassen ist. (Fall 24 und 28 ist wegen des gleichen, wenn auch anders zusammengesetzten Dämpfungsfaktors b identisch mit Fall 8 und 10 im Diagramm VIII.)

Die Fälle 25 u. 29 sowie 26 u. 30 behandeln mit dem gleichen Unterschied die Regelvorgänge mit unzureichender Handverstellung ($n_0 - n_1 = -25$ und mit zureichender Handverstellung ($n_0 - n_1 = -50$), die jedoch sofort bei Beginn der Belastungsänderung vorgenommen gedacht sind. Die Drehzahl steigt hierbei nicht mehr in allmählichen Übergang, sondern sofort steil an und erreicht innerhalb einiger Minuten praktisch jene des neuen Beharrungszustandes, und zwar mit und ohne genügende Handverstellung, wie auch ohne eine solche. Bemerkenswert günstiger macht sich die Handverstellung durch ein geringeres Fallen des Windkesseldruckes geltend. Letzterer erreicht nach einigen Minuten praktisch ebenfalls eine dann gleichbleibende Höhe, die durch den Druckabfall R gegeben ist. Die Wiedereinstellung der erforderlichen Dampffüllung erfolgt selbsttätig, im Gegensatz zur Selbstregelung, wo dies von Hand geschehen muß.

Der Maschinist hat nun aber selten einen genügenden Maßstab, wann und mit welcher Stärke die Belastungsänderung einsetzt. Er kann dies in der Regel nur an dem zeitlichen Verlauf des Luftdruckes am Manometer des Windkessels beobachten. Er wird also meist erst dann von Hand nachregeln, wenn sich der Windkesseldruck schon stärker verändert und nicht selten erst, wenn er die Grenze bereits überschritten hat.

In Fall 27 ist als Fortsetzung von Fall 24 deshalb angenommen, daß er die Belastungsänderung völlig übersehen hat. Die Drehzahl steigt dann zwar infolge der Selbstregelungseigenschaften mit dem Einfluß von $\mathrm{tg}\,\eta$ auf die erforderliche Höhe von $n = 100$, der Windkesseldruck fällt aber inzwischen um $R = 1{,}67$ Atm. Verkürzt er dann nach Umfluß einer Zeit $t = 800$ Sekunden die Verbindungsstange zwischen

Regler- und Steuerhebel, dann ist nach Gleichung (116) und (71) (Grenzfall des schwingungslosen Überganges):

$$C_1 = n_0 - u = 0 ; \qquad C_2 = m \tag{120}$$

und

$$n = e^{w \cdot t} \cdot m \cdot t + u , \tag{121}$$

ferner vereinfacht sich Gleichung (117) auf

$$\left. \begin{aligned} y_n &= e^{w \cdot t} \cdot \left[- \frac{a \cdot C_2}{\operatorname{tg} \gamma} - \frac{C_2 (b + a w)}{\operatorname{tg} \gamma} \cdot t \right] - \frac{n_0 - n_1}{\operatorname{tg} \gamma} \cdot \operatorname{tg} \eta + \frac{\operatorname{tg} \lambda}{\operatorname{tg} \gamma} \cdot t \\ \text{oder} \qquad y_n &= e^{w \cdot t} [P + Q \cdot t] + R + S \cdot t \end{aligned} \right\} \tag{122}$$

Um den unteren Grenzdruck, wie in Fall 28 nachträglich zu erreichen,
ist, wie dort, eine Verkürzung um das Maß $n_0 = n_1 = - 50$ erforderlich.
Die Drehzahl steigt dann vorübergehend auf etwa $n = 114$ und geht
dann nach einigen Minuten wieder auf die der Belastung entsprechende
Höhe von $n = 100$ zurück. (Diese vorübergehende Steigerung der Drehzahl über die obere Grenze hinaus kann bei der Ausklinkvorrichtung des
Weißschen Leistungsreglers den Hauptnachteil derselben mit sich bringen, daß die Maschine im ungeeignetsten Zeitpunkt stillgesetzt wird.)

Der in den vorstehenden Untersuchungen vernachlässigte Einfluß
von ε kann aus Diagramm VIII beurteilt werden. In ähnlicher Weise
macht sich ε im Diagramm X geltend.

Aus letzterem Diagramm ergibt sich, daß ein Übersehen einer Belastungsänderung und ein Mehr oder Weniger in der Handverstellung
keine einschneidende Rolle spielt, weil sich die der Druckluftentnahme
zukommende Drehzahl infolge der Selbstregelungseigenschaften der
Maschine mit und ohne den Einfluß von $\operatorname{tg} \eta$ selbsttätig einstellt. Es
kann nur bei größeren Belastungsänderungen der Luftdruck am Verbrauchsort vorübergehend zu groß oder zu klein werden, was den
Arbeitsprozeß zwar etwas unwirtschaftlicher gestaltet, aber nicht ge-
fährdet. Der Maschinist kann diesen Mangel jederzeit nachträglich
durch Handverstellung wieder beheben. Je kleiner $\operatorname{tg} \eta$ ist, desto weniger
wird sich dieser Mangel auch ohne Behebung geltend machen.

Bei kleineren Belastungsänderungen werden die Windkesseldruckänderungen R im gleichen Verhältnis geringer und damit die Grenzen,
wenn überhaupt, nicht so weit überschritten.

Würden die Selbstregelungseigenschaften der Maschine nicht vorhanden sein, dann würde der Leistungsregler trotz des dämpfenden Einflusses von $\operatorname{tg} \eta$ als im praktischen Betrieb unbrauchbar bezeichnet werden müssen, weil stetige genaueste Handverstellung notwendig wäre.
Um dies zu beweisen, braucht man nur die entsprechenden Werte in den
Bewegungsgleichungen (110) bis (122) zu vernachlässigen und die Fälle 24
bis 30 unter diesen Umständen aufzeichnen.

In Diagramm XI sind noch einige Regelvorgänge eingezeichnet, bei welchen sich die Dampfeintrittsspannung allein oder gleichzeitig mit der Belastung ändert. Im letzteren Falle addieren sich die Regelkurven für jede Art der Störung des Beharrungszustandes (genau genommen jedoch nur bei $\varepsilon = 0$).

Es ist daraus ersichtlich, daß praktisch auch hier nach einigen Minuten eine bestimmte konstante Drehzahl erreicht wird ($\varepsilon = 0$ vorausgesetzt), und zwar mit und ohne Verstellung von Hand mehr oder minder rasch. Diese konstante Drehzahl liegt bei steigender Dampfeintrittsspannung etwas über, bei fallender etwas unter der der Druckluftentnahme entsprechenden Drehzahl $n = 100$. Die Folge davon ist, daß der Windkesseldruck im ersteren Fall in allmählichen Übergange nach einer Geraden $R + S \cdot t$ stetig ansteigt, im letzteren Falle nach einer Geraden $R + S \cdot t$ stetig abfällt.

Infolge eines Eingriffes von Hand (Fall 35 und 36) sofort bei Beginn der Belastungs- und Dampfdruckänderung steigt die Drehzahl steiler an als ohne solchen (Fall 33 und 34), womit dann R etwas kleiner wird. Es wird dadurch der Zeitpunkt, in welchem die Grenzdrücke überschritten werden, verschoben, ohne daß die Luftdruckänderung aufhört; sie behält vielmehr ihre steigende oder fallende Tendenz ($S \cdot t$) unverändert bei. Letztere hängt allein von der zeitlichen Änderung der Dampfeintrittsspannung ($\operatorname{tg} \lambda$) ab.

Eine Überschreitung der Grenzdrücke tritt, ebenso wie bei der Selbstregelung, viel früher und stärker ein, wenn eine Vermehrung der Druckluftentnahme mit sinkender Dampfeintrittsspannung zusammenfällt und umgekehrt.

Die Fälle 31 und 32, sowie 39 und 40 (Dampfdruckänderung bei konstanter Belastung), ferner 33 und 34, sowie 41 und 42 (Dampfdruckänderung mit gleichzeitiger Belastungsänderung) lassen wieder die Vorteilhaftigkeit eines kleineren $\operatorname{tg} \eta$ erkennen. (Fall 31 und 32, sowie 33 und 34 ist wegen des gleichen, wenn auch anders zusammengesetzten Dämpfungsfaktors b identisch mit Fall 16 und 17, sowie 12 und 13 im Diagramm IX).

In Fall 37 und 38 ist in Fortsetzung von Fall 33 und 34 angenommen, der Maschinist hätte die eingetretene Störung des Beharrungszustandes bis zum Zeitpunkt $t = 800''$ übersehen und würde nun eine Handverstellung ($n_0 - n_1 = \pm 100$) vornehmen. Die Drehzahl fällt oder steigt dann plötzlich etwas, um nach einigen Minuten wieder ihre vorherige Größe anzunehmen. In derselben Zeit fällt oder steigt auch der Windkesseldruck, nimmt dann aber wieder dieselbe Änderungstendenz an.

Bleibt von einem gewissen Zeitpunkt ab die Dampfeintrittsspannung konstant oder ändert sie sich im entgegengesetzten Sinne, dann ist der weitere Verlauf des Regelvorganges ähnlich wie in Diagramm IX Fall 20 und 21.

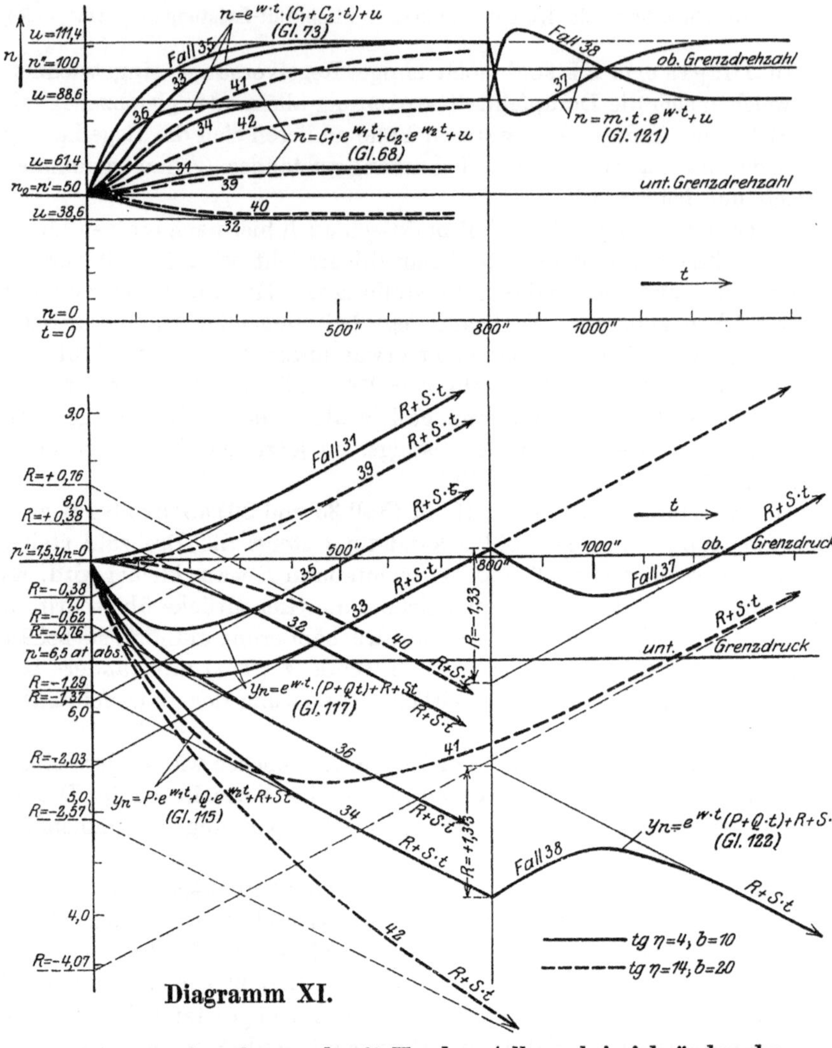

Diagramm XI.

Leistungsregler ohne und mit Handverstellung bei sich ändernder Dampfeintrittsspannung ohne und mit Belastungsänderung.

$$\text{I. } \left(\frac{b}{2a}\right)^2 = \frac{c}{a} \text{ (Grenzfall)}$$

Fall 31 u. 32: $n_0 - n_1 = 0$; $b_0 = 6$; $\varepsilon = 0$; $\text{tg}\eta = 4$; $b = 10$; $\text{tg}\lambda = \pm 0,8$; $u = \frac{61,4}{88,6}$; $v = 0$; $R + S·t = \mp 0,38 \pm 0,0026$
($\equiv$ Fall 16 u. 17)   (ohne Handverstellung, Belastung konstant $n_0 = 50$; $\text{tg}\beta_1 = 0,0117$)

Fall 33 u. 34: $n_0 - n_1 = 0$; $b_0 - 6$; $\varepsilon = 0$; $\text{tg}\eta = 4$; $b = 10$; $\text{tg}\lambda = \pm 0,8$; $u = \frac{111,4}{88,6}$; $v = 0$; $R + S·t = {}^{-2,03}_{-1,29} \pm 0,002$
($\equiv$ Fall 12 u. 13)   (ohne Handverstellung, Belastungsänderung $n_0 = 50$; $\text{tg}\beta_1 = 0,9234$)

Fall 35 u. 36: $n_0 - n_1 = -50$; $b_0 = 6$; $\varepsilon = 0$; $\text{tg}\eta = 4$; $b = 10$; $\text{tg}\lambda = \pm 0,8$; $u = \frac{111,4}{88,6}$; $v = 0$; $R + S·t = {}^{-1,37}_{-0,62} \pm 0,002$
    (mit Handverstellung, Belastungsänderung $n_0 = 50$: $\text{tg}\beta_1 = 0,0234$)

Fall 37 u. 38: $n_0 - n_1 = \pm 100$; $b_0 = 0$; $\varepsilon = 6$; $\text{tg}\eta = 4$; $b = 10$; $\text{tg}\lambda = \pm 0,8$; $u = \frac{111,4}{88,6}$; $v = 0$; $R + S·t = \mp 1,33 \pm 0,002$
    (mit Handverstellung, Belastung konstant $n_0 = \frac{111,4}{88,6}$; $\text{tg}\beta_1 = 0,0234$)

$$\text{II. } \left(\frac{b}{2a}\right)^2 > \frac{c}{a}$$

Fall 39 u. 40: $n_0 - n_1 = 0$; $b_0 = 6$; $\varepsilon = 0$; $\text{tg}\eta = 14$; $b = 20$; $\text{tg}\lambda = \pm 0,8$; $u = \frac{61,4}{88,6}$; $v = 0$; $R + S·t = \mp 0.76 \pm 0,002$
    (ohne Handverstellung, Belastung konstant $n_0 = 50$; $\text{tg}\beta_1 = 0,0117$)

Fall 41 u. 42: $n_0 - n_1 = 0$; $b_0 = 6$; $\varepsilon = 0$; $\text{tg}\eta = 14$; $b = 20$; $\text{tg}\lambda = \pm 0.8$; $u = \frac{111,4}{88,6}$; $v = 0$; $R + S·t = {}^{-4,07}_{-2,57} \pm 0,002$
    (ohne Handverstellung, Belastungsänderung $n_0 = 50$; $\text{tg}\beta = 0,0234$)

Der in Diagramm XI vernachlässigte Einfluß von ε läßt sich aus Diagramm IX ebenfalls beurteilen.

In der Praxis wird die Verbindungsstange zwischen Regler- und Steuerhebel nicht plötzlich verkürzt oder verlängert, sondern die Verdrehung des Handrades H wird ganz langsam vorgenommen. Es gehen dann die in den Diagrammen X und XI für verschiedene Füllungsverstellungen (Maßstab $n_0 - n_1$) gezeichneten Regelvorgänge allmählich ineinander über.

Eine aber anders wirkende Verstellung der Dampffüllung kann auch durch eine Drosselung des Eintrittsdampfes am Absperrventil der Dampfmaschine hervorgerufen werden. Der Regler stellt dann eine andere der neuen Dampfeintrittsspannung entsprechende Dampffüllung und damit auch eine andere Drehzahl ein. Solange die Drosselung dieselbe bleibt, ist die Änderung ebenfalls eine dauernde. Bei der Verfolgung des Regelvorganges ist zu beachten, daß sich damit gleichzeitig der Dämpfungsanteil b_0 ändert (s. S. 13). Auf die Unwirtschaftlichkeit der Drosselungsregelung wurde schon auf S. 69 hingewiesen.

Aus den Untersuchungen dieses Abschnittes lassen sich folgende Ergebnisse kurz zusammenfassen:

1. Der Regelvorgang für den sich selbst überlassenen Leistungsregler (ohne Handverstellung) ist der gleiche wie bei der Selbstregelung. Es gelten demzufolge sinngemäß die gleichen Schlußfolgerungen wie auf S. 65—67 und 70.

2. Der Regelvorgang bei zusätzlicher Handverstellung unterscheidet sich analytisch nur bezüglich der Anfangsbedingungen von jenem der Selbstregelung. Durch Handverstellung kann der Windkesseldruck unter nur vorübergehender Änderung der Drehzahl dauernd vergrößert oder verkleinert werden, solange sich die Dampfeintrittsspannung nicht ändert. Ist letzteres der Fall, dann kann das stetige Steigern oder Fallen des Windkesseldruckes nur vorübergehend unterbrochen werden.

3. Gegenüber der Selbstregelung wird der Dämpfungsfaktor b um einen Anteil $\mathrm{tg}\,\eta$ vergrößert.

4. $\mathrm{tg}\,\eta$ soll möglichst klein gehalten werden, um b nicht unerwünscht groß werden zu lassen.

5. Wird $\mathrm{tg}\,\eta$ und damit b zu groß, was bei vielen Reglern wegen der Sicherheitsvorkehrungen gegen Rohrbruch der Fall ist, dann muß zur Vermeidung zu großer Windkesseldruckänderungen nicht nur bei erheblicheren Änderungen der Dampfeintrittsspannung, sondern auch bei größeren Belastungsänderungen zur Handverstellung gegriffen werden. Das erfordert einen sehr aufmerksamen Maschinisten,

wenn man nicht besser, besonders bei häufigeren und größeren Belastungs- und Dampfdruckänderungen eine selbsttätige Verstellvorrichtung nach Abschnitt XII vorzieht.
Sind keine häufigeren und größeren Dampfdruckänderungen zu erwarten, dann ist wegen des kleineren b die
alleinige Selbstregelung mit einem billigen Sicherheitsregulator vorzuziehen.

Es möge nun das Ergebnis vorstehender Untersuchungen zunächst
noch mit einschlägigen Ausführungen in der Literatur verglichen werden.

In dem vorzüglichen wissenschaftlichen Werk von Tolle ist die
Dynamik der Geschwindigkeitsregler sehr eingehend behandelt. Über
die Leistungsregler[1]) findet man nur eine kurze Darstellung der Konstruktionen und der Wirkungsweise, die jedoch teils unklar und unvollständig, teils unrichtig ist. Als Aufgabe der Leistungsregler wird
dort allgemein bezeichnet, den mittleren Überdruck der Kraftmaschine
konstant zu erhalten und die Drehzahl je nach dem Wasser- oder Luftbedarf in ziemlich weiten Grenzen zu verändern; er muß sich von Hand
oder selbsttätig so einstellen lassen, daß er nach Bedarf eine kleinere oder
größere Drehzahl annimmt. Die Verbindung zwischen Regler und
Steuerung muß dabei stets so verändert werden, daß trotz der verschiedenen Reglermuffenstellung die gleiche Steuerungsstellung erhalten
bleibt. Wenn aus irgendeinem Grunde, z. B. bei Änderung des Dampfkesseldruckes oder der Druckhöhe des Fördermittels die Dampffüllung
verändert werden müßte, würde die Maschine ganz bedeutende (nicht
erwünschte) Schwankungen der Drehzahl erleiden. In solchen Fällen
ist ein (nahezu) astatischer Regler, dessen Drehzahl während des Ganges
abgeändert werden kann, ganz entschieden überlegen. Leistungsregler
empfehlen sich also nur, wenn auf einfache und billige Anordnung Wert
gelegt wird oder wenn erhebliche Schwankungen des Kesseldruckes oder
des Widerstandes nicht zu erwarten sind.

Es ist dazu folgendes zu sagen:

Die so wirksamen Selbstregelungseigenschaften des Kompressors
sind im Werk Tolle nicht erwähnt. Welche Bedeutung aber diese
Selbstregelungseigenschaften haben, geht aus Diagramm VII—IX
hervor.

Die Aufgabe der Leistungsregler besteht nicht darin,
den mittleren Überdruck der Kraftmaschine konstant, sondern das Kraftmoment auf gleicher Höhe mit dem Widerstandsmoment zu erhalten, das wegen der Verschiedenheit des
Luftdruckes und der Drehzahlen bei jedem Beharrungszustand eine

---

[1]) Tolle, Die Regelung der Kraftmaschinen, II. Aufl., 1909, S. 499—519.

andere Größe hat. Man kann auch nicht sagen, daß das Kraftmoment nahezu konstant zu erhalten ist, denn die durch die Werte $tg\gamma$, $tg\varkappa$ und $tg\omega$ gekennzeichnete Abweichung beträgt innerhalb der Drehzahl- und Druckgrenzen nach dem gewählten Beispiel etwa 20% und bei vorübergehendem Überschreiten derselben noch mehr. Es kann deshalb auch nicht die gleiche Steuerungsstellung erhalten bleiben.

Die Drehzahl muß zwar dem Luftbedarf entsprechen; dieser ist aber wohl nie genauer bekannt. Ein Maßstab dafür ist die Änderung des Windkesseldruckes. Die praktische Aufgabe des Leistungsreglers besteht deshalb bei Kompressorenanlagen darin, in Verbindung mit den Selbstregelungseigenschaften die Drehzahl so zu verändern, daß der Windkesseldruck möglichst konstant und mindestens innerhalb der zugelassenen Grenzen erhalten wird.

Ganz bedeutende (nicht erwünschte) Schwankungen der Drehzahl wären wohl, abgesehen von der hier unerheblichen Massenwirkung des Reglers, bei unzureichender Dämpfung möglich; die Selbstregelungseigenschaften des Kompressors erhöhen die Dämpfung aber so, daß praktisch ein schwingungsloser Übergang der Drehzahl eintritt, auch wenn sich der Dampfkesseldruck ändert. Viel wichtiger ist die nicht erwähnte Bedingung, daß der Windkesseldruck vorgeschriebene Grenzen nicht überschreiten soll.

Daß der nahezu astatische Regler mit Verstellung der Drehzahl während des Ganges ganz entschieden überlegen sein soll, wenn aus irgend einem Grunde die Dampffüllung verändert werden müßte, ist nicht richtig. Die Drehzahl hat nach den obigen Ausführungen an sich bei jedem Beharrungszustand eine andere Größe und diese stellt der Leistungsregler ohne Schwierigkeiten und Mängel auch ein; es soll jedoch diese Behauptung noch einer näheren Prüfung unterzogen werden.

b) Der nahezu astatische Fliehkraftregler ohne und mit Handverstellung.

Es möge dem Regulierschema in Fig. 34a ein nahezu astatischer Regler mit einem konstanten Ungleichförmigkeitsgrad von $\delta = \dfrac{n'' - n'}{n_m} = 4\%$ zugehören. Die jeweils gewünschte Drehzahl soll beispielsweise durch Verschieben eines Gewichtes G auf dem Reglerhebel verschieden eingestellt werden können, kann aber auch durch Nachspannen einer Feder F erfolgen. Den Stellungen I, II und III sind dann die in Fig. 34c eingetragenen Drehzahlen zugeordnet. Innerhalb des Reglerhebelausschlages kann das Kraftmoment nach Fig. 34b die sehr stark voneinander abweichenden Werte K_{max} und K_{min}, entsprechend der Maximal- und

Minimaldampffüllung, annehmen. Für die Widerstandsmomente W bei verschiedenen Windkesseldrücken ist auch hier Fig. 33d (S. 75) maßgebend.

Es soll nun wieder, wie bei den früheren Beispielen bei einem Beharrungszustand mit einer Drehzahl $n_0 = 50$ plötzlich die Druckluftentnahme in doppelter Stärke einsetzen, also die Belastung des Kompressors von $\frac{1}{2}$ auf voll zunehmen, ohne daß sich zunächst die Dampfeintrittsspannung ändert. Der Windkesseldruck und das Widerstandsmoment wird dann abnehmen. Dies gibt dem Regler Veranlassung, das Kraftmoment anzugleichen; hierbei wird aber die Drehzahl infolge des kleinen Ungleichförmigkeitsgrades und des großen $\mathrm{tg}\,\eta$ nur ganz unbedeutend steigen, so daß sie des besseren Überblicks halber ohne wesentliche Beeinflussung des Ergebnisses als konstant bleibend angenommen

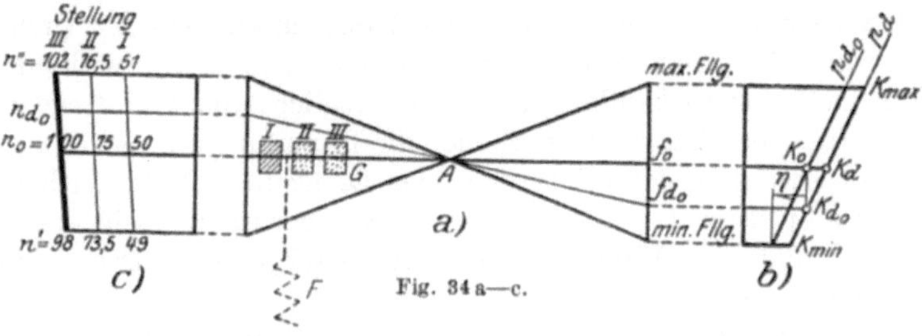

Fig. 34 a—c.

werden soll. Unter Berücksichtigung der Selbstregelungseigenschaften des Kompressors und unter vorläufiger Vernachlässigung des Einflusses von ε würde dann der Windkesseldruck nach Gleichung (38) um

$$y_n = t\,\mathrm{tg}\,\alpha_0 - t\,\mathrm{tg}\,\beta_1 = t\,(0{,}0117 - 0{,}0234) = -0{,}0117\,t$$

sinken (vgl. Fig. 35 punktierte Linien I), während der Leistungsregler gemäß Diagramm X (Fall 24 oder 28) nicht nur selbsttätig die erforderliche Drehzahl $n = 100$ einstellt, sondern auch den Windkesseldruck nur bis zu einer konstanten Höhe sinken läßt.

Berücksichtigt man nun noch den Einfluß von ε, dann ergibt sich aus Gleichung (40):

$$y_n = t\,\mathrm{tg}\,\alpha_0 - t\,\mathrm{tg}\,\beta_1 - \varepsilon \cdot \mathrm{tg}\,\beta_1 \int y_n\,dt$$

und durch Differenzieren

$$\frac{d\,y_n}{d\,t} + y_n \cdot \varepsilon \cdot \mathrm{tg}\,\beta_1 = \mathrm{tg}\,\alpha_0 - \mathrm{tg}\,\beta_1 \, .$$

Die Lösung dieser Differentialgleichung ist analog Gleichung (88) u. (89):

$$y_n = \frac{\mathrm{tg}\,\alpha_0 - \mathrm{tg}\,\beta_1}{\varepsilon \cdot \mathrm{tg}\,\beta_1}\,(1 - e^{-t \cdot \varepsilon \cdot \mathrm{tg}\,\beta_1}) \, ,$$

was einen schwingungslosen Übergang ergibt, bei welchem nach Umfluß einer Zeit $t = \infty$

$$y_{n\,\text{max}} = \frac{\text{tg}\,\alpha_0 - \text{tg}\,\beta_1}{\varepsilon \cdot \text{tg}\,\beta_1} = \frac{-\,0{,}0117}{0{,}12 \cdot 0{,}0234} = -\,4{,}2 \text{ Atm.}$$

wird (siehe Fig. 35 ausgezogene Linie I). Der Leistungsregler stellt unter
Berücksichtigung des Einflusses von ε gemäß Diagramm VIII (Fall 9

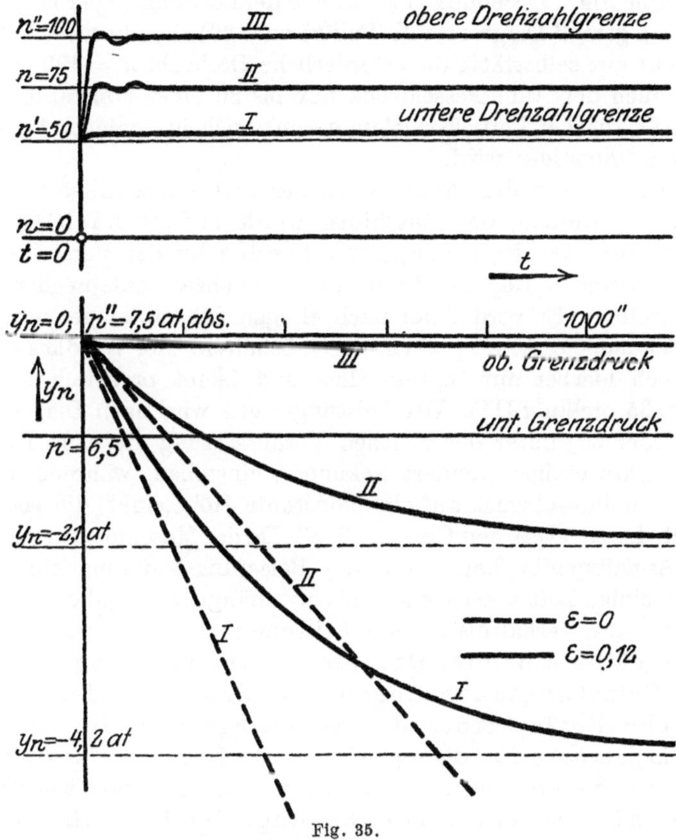

Fig. 35.

oder 11) nicht nur selbsttätig die erforderliche Drehzahl $n = 78{,}5$ bzw.
$n = 85$ ein, sondern läßt auch den Windkesseldruck bei weitem nicht so
tief sinken.

Angenommen, der Maschinist verstellt den nahezu astatischen Regler
sofort bei Beginn der Störung des Beharrungszustandes
auf $n = 75$, dann wird nach einigen Schwankungen der Drehzahl
zwischen $n = 73{,}5$ und $76{,}5$ (siehe Fig. 34c) innerhalb einigen Sekunden
eine Drehzahl und ein Kraftmoment herrschen, die wenig von $n = 75$

und K_0 abweichen. Trotz der Selbstregelungseigenschaften des Kompressors wird dann der Windkesseldruck ohne Berücksichtigung von ε praktisch nach

$$y_n = t\,(0{,}0175 - 0{,}0234) = -\,0{,}0059\,t$$

und mit Berücksichtigung von ε nach $t = \infty$ um

$$y_{n\,\text{max}} = -\,\frac{0{,}0059}{0{,}12 \cdot 0\,0234} = -\,2{,}1 \text{ Atm.}$$

sinken (siehe Fig. 35, Stellung II), während der Leistungsregler bei gleicher Verstellung gemäß Diagramm X (Fall 25 oder 29) ohne Berücksichtigung von ε nicht nur selbsttätig die erforderliche Drehzahl $n = 100$ einstellt, sondern auch den Windkesseldruck nur bis zu einer konstanten Höhe sinken läßt, die bei Berücksichtigung von ε sich in analoger Weise wie oben, noch günstiger wird.

Wenn es auch in der Praxis selten der Fall sein wird, so möge nun angenommen werden, der Maschinist würde **sofort nach Eintritt der Störung des Beharrungszustandes** bei der Verstellung des nahezu astatischen Reglers die der neuen Drehzahl entsprechende Belastung treffen. Er wird dann nach einigen Schwankungen innerhalb einiger Sekunden diese neue Drehzahl beibehalten. Der Windkesseldruck ändert sich hierbei nur unwesentlich und bleibt praktisch konstant (vgl. Fig. 35 Stellung III). Der Leistungsregler wird nach Diagramm X (Fall 27 oder 30) unter der gleichen Voraussetzung die neue Drehzahl erst innerhalb einiger hundert Sekunden einstellen, während welcher Zeit der Windkesseldruck auf eine konstante Höhe sinkt, die aber noch innerhalb der zugelassenen Grenzen liegt. Da der Maschinist in der Regel keinen Anhaltspunkt hat, wann die Belastungsänderung eintritt, so wird erst einige Zeit verstreichen, bis er anfängt, zu regulieren; hierbei liegen aber die Verhältnisse beim Leistungsregler günstiger.

Bei gleichbleibender Dampfeintrittsspannung und stärkeren Belastungsänderungen ist demnach der nahezu astatische Regler trotz der Selbstregelungseigenschaften des Kompressors für den praktischen Betrieb als unzweckmäßig zu bezeichnen. Von letzteren kommt überhaupt nur der Einfluß von ε zur Geltung; der Einfluß von $\operatorname{tg}\gamma$, $\operatorname{tg}\varkappa$ und $\operatorname{tg}\omega$ gleicht sich durch entsprechende selbsttätige Einstellung der Dampffüllung aus.

Es ändere sich nun die Dampfeintrittsspannung von $p_{d_\bullet}$ auf p_d (siehe Fig. 34 b) bei gleichbleibender Druckluftentnahme. Der nahezu astatische Regler wird dann wegen seines kleinen Ungleichförmigkeitsgrades innerhalb einer Zeit t allmählich eine nur unwesentlich höhere Druckzahl $n_{d_\bullet}$ und eine Dampffüllung $f_{d_\bullet}$ selbsttätig so einstellen, daß $K_{d_0} \cong K_0 \cong W_0$ wird. Der Windkesseldruck ändert sich dabei ebenfalls nur ganz unbedeutend. Von den Selbstregelungseigenschaften des Kompressors kommt nur der Einfluß von ε zur Geltung, aber hierbei ganz verschwindend. Der Regelvorgang beim Leistungsregler vollzieht sich unter diesen Umständen nach Diagramm X; es sinkt oder steigt also der Windkesseldruck stetig, so daß nach einiger Zeit nachreguliert werden muß. Es ist demzufolge der nahezu astatische Regler hier günstiger.

Ändert sich die Dampfeintrittsspannung und die Belastung gleichzeitig, dann reguliert der Leistungsregler günstiger, weil er selbsttätig eine der neuen Belastung annähernd entsprechende Drehzahl einstellt und damit den Windkesseldruck weniger rasch ändern läßt, während der nahezu astatische Regler infolge der sich selbsttätig nur ganz unbedeutend ändernden Drehzahl die Windkesseldruckgrenzen rascher überschreiten läßt (siehe Fig. 35 Stellung I im Vergleich zu Diagramm XI). Die Änderung der Dampfeintrittsspannung ist bei ihm fast ohne Einfluß auf die Höhe der Drehzahl und des Windkesseldruckes. Wie Diagramm XI ersehen läßt, bleibt dem Maschinisten zum Nachregulieren von Hand beim Leistungsregler viel längere Zeit, muß aber, solange sich der Dampfdruck wesentlich ändert, wiederholt eingreifen. Beim nahezu astatischen Regler wird der Windkesseldruck die zugelassenen Grenzen schon wesentlich überschritten haben, bevor der Maschinist darauf aufmerksam wird, regulieren zu müssen. Er muß dann, falls dies überhaupt noch möglich ist, zunächst überregulieren, um wieder innerhalb der Grenzdrücke zu kommen und dann erst sehen, daß er die Drehzahl trifft, bei welcher der Windkesseldruck konstant bleibt.

Der nahezu astatische Regler hat also bei Kompressoren nur den Vorteil, daß eine Änderung der Dampfspannung ohne besonderen Einfluß auf die Drehzahl und den Windkesseldruck ist, dagegen hat er bei wesentlichen Änderungen der Druckluftentnahme unannehmbare Nachteile. Er wird deshalb bei Kompressoren auch selten verwendet und wäre höchstens da am Platze, wo ein ziemlich konstanter Druckluftverbrauch herrscht und der Dampfdruck häufig und stark wechselt.

Wird ein durch Gewicht oder Feder verstellbarer Regler mit wesentlich größerem Ungleichförmigkeitsgrad verwendet, dann werden im selben Maße die vorbezeichneten Vor- und Nachteile des nahezu astatischen Reglers geringer.

Wie auch später noch angedeutet ist, hat eine wechselnde Druckwasserentnahme bei Kolbenpumpen, besonders bei solchen mit konstanter Druckhöhe, keinen Einfluß auf den Regelvorgang. Bei diesen ist dann der nahezu astatische Regler mit Gewichts- oder Federverstellung wesentlich vorteilhafter als der stark statische Leistungsregler und wird deshalb auch hier meist angewandt.

Die Behauptung Tolle's, daß bei dem stark statischen Leistungsregler die Anordnung einfacher und billiger sei, kann sicherlich nicht verallgemeinert werden; jedenfalls ist der Unterschied in den Anschaffungskosten im Vergleich zur ganzen Anlage so verschwindend, daß er nicht ins Gewicht fällt. Vor allem muß auf die Brauchbarkeit und Wirtschaftlichkeit der Regelung für die gegebenen Betriebsverhältnisse der größte Wert gelegt werden, besonders nachdem eine unwirtschaftliche Regelung innerhalb kürzester Zeit ein Mehr an Anschaffungskosten aufwiegt.

XII. Die Regelung von einzeln arbeitenden Kolbenkompressoren mit veränderlicher Drehzahl durch Druckluftregler
(ohne und mit Fliehkraftregler).

Um die Notwendigkeit der Nachregelung von Hand durch Verstellung der Dampffüllung oder Drosselung des Eintrittsdampfes zu

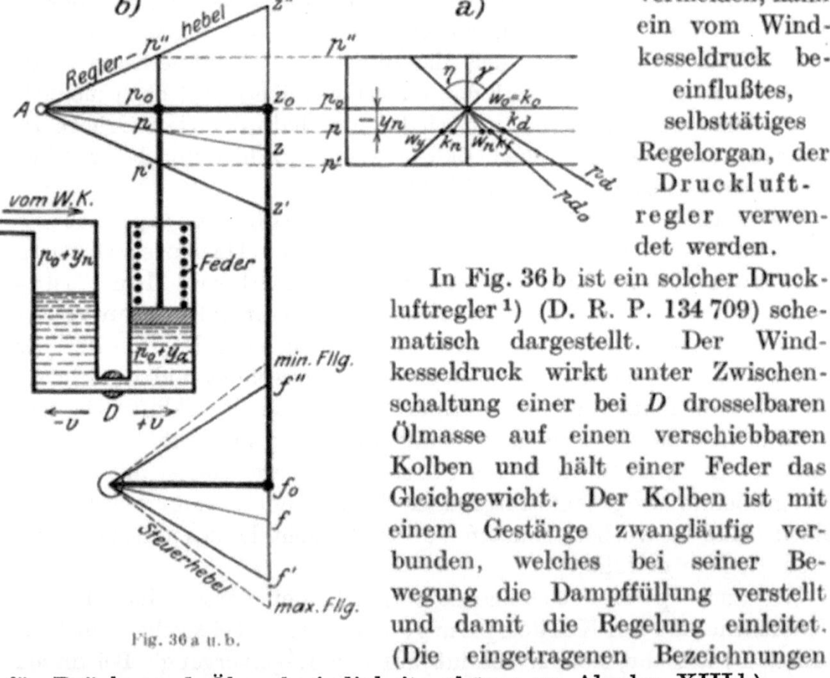

Fig. 36 a u. b.

vermeiden, kann ein vom Windkesseldruck beeinflußtes, selbsttätiges Regelorgan, der **Druckluftregler** verwendet werden.

In Fig. 36 b ist ein solcher Druckluftregler [1]) (D. R. P. 134 709) schematisch dargestellt. Der Windkesseldruck wirkt unter Zwischenschaltung einer bei D drosselbaren Ölmasse auf einen verschiebbaren Kolben und hält einer Feder das Gleichgewicht. Der Kolben ist mit einem Gestänge zwangläufig verbunden, welches bei seiner Bewegung die Dampffüllung verstellt und damit die Regelung einleitet. (Die eingetragenen Bezeichnungen für Drücke und Ölgeschwindigkeit gehören zu Abschn. XIII b).

---

[1]) Seine konstruktive Ausführung ist z. B. in Tolle, Die Regelung der Kraftmaschinen, 1909, S. 516, zu finden

a) Selbsttätige Regelung durch einen Druckluftregler ohne Zuhilfenahme eines Fliehkraftreglers.

Bei dem Anordnungsschema in Fig. 36 b[1]) hat der Druckluftregler allein ohne Zuhilfenahme eines Fliehkraftreglers die Behebung einer Störung des Beharrungszustandes zu übernehmen. Der trotzdem vorhandene Fliehkraftregler hat lediglich die Aufgabe, bei Überschreiten der Höchstdrehzahl infolge eines Rohrbruches u. dgl. die Steuerung auf Minimalfüllung einzustellen und dadurch die Maschine zum Stillstand zn bringen. Er ist zu diesem Zweck in eigenartiger, hier nicht weiter zu erörternder Weise mit der Steuerung verbunden, aber während der Regelvorgänge in Ruhe und nimmt an denselben nicht teil.

Es werde nun beispielsweise mehr Druckluft entnommen. Es fällt dann der Windkesseldruck von p_0 auf p (siehe Fig. 36 b), was zur Folge hat, daß der Druckluftregler die Dampffüllung von f_0 auf f vergrößert. Das Widerstandsmoment vermindert sich dann von W_0 auf W_y (siehe Fig. 36a) und das Kraftmoment steigt von K_0 auf K_f. Diese Ungleichheit ruft eine Steigerung der Drehzahl hervor, welche einerseits das Widerstandsmoment um $W_n - W_0$ vergrößert und das Kraftmoment um $K_0 - K_n$ verkleinert (siehe Fig. 6 und 10), andererseits die Fördermenge und damit wieder den Windkesseldruck erhöht, bis ein der neuen Belastung entsprechender Beharrungszustand eingeregelt ist. Steigt beispielsweise auch gleichzeitig die Dampfeintrittsspannung von p_{d_0} auf p_d, dann wird das Kraftmoment noch um $K_d - K_f$ und auch die Drehzahl weiter etwas erhöht.

Es besteht dann gemäß Gleichung (4), (14) und (20) in Verbindung mit Fig. 36a die allgemeine Beziehung:

$$\frac{\pi\,\Theta}{30} \cdot \frac{dn}{dt} = t \cdot \operatorname{tg}\lambda - y_n \cdot \operatorname{tg}\eta - (n - n_0)\operatorname{tg}\varkappa - y_n \cdot \operatorname{tg}\gamma - (n - n_0)\operatorname{tg}\omega\,. \quad (123)$$

Hierin ist $\operatorname{tg}\eta$ ein anderer Wert, wie früher, weil die Änderung des Kraftmomentes $K_f - K_0$ in Fig. 36a nicht auf den Steuerhebelausschlag oder die Drehzahl, sondern auf den Windkesseldruck bezogen ist. Demzufolge ist auch in Gleichung (14) und Fig. 5a an Stelle von $z - z_0$ zu setzen $p - p_0 = - y_n$.

Wie aus dem nachfolgenden Beispiel zu ersehen sein wird, sind hier die Windkesseldruckänderungen verhältnismäßig gering; im selben Verhältnis vermindert sich der Einfluß von ε, der dabei ganz unbedeutend wird. Er soll deshalb der Übersichtlichkeit halber auch hier vernachlässigt werden. Setzt man dieserhalb für y_n den

---

[1]) Ausführung von G. A. Schütz in Wurzen i. Sa. (Siehe z. B. Ostertag, Theorie und Konstruktion der Kolben- und Turbokompressoren 1911, S. 76.)

Wert aus Gleichung (41) in Gleichung (123) ein und differenziert, so erhält man:

$$\frac{\pi \, \Theta}{30} \cdot \frac{d^2 n}{dt^2} + (\mathrm{tg}\,\varkappa + \mathrm{tg}\,\omega) \cdot \frac{dn}{dt} + \frac{\varDelta p}{30} (\mathrm{tg}\,\gamma + \mathrm{tg}\,\eta) \cdot n$$

$$= \mathrm{tg}\,\lambda + \mathrm{tg}\,\beta_1 (\mathrm{tg}\,\gamma + \mathrm{tg}\,\eta) \tag{124}$$

oder

$$a \cdot \frac{d^2 n}{dt^2} + b \cdot \frac{dn}{dt} + c \cdot n = k_1$$

Diese Gleichung unterscheidet sich gegenüber der Gleichung (100) unter Beachtung der Vernachlässigung von ε nur dadurch, daß an Stelle des konstanten Faktors $\mathrm{tg}\,\gamma$ der Faktor $(\mathrm{tg}\,\gamma + \mathrm{tg}\,\eta)$ getreten ist, und es gelten demzufolge für n und y_n mit diesem Unterschied auch die Lösungen auf S. 54, 55, also die Gleichungen (68), (71), (73), (101)—(103). Dieser Unterschied soll nun an Hand des früheren Beispiels veranschaulicht werden.

Es sei angenommen, daß der Füllungsbereich des Reglerhebelausschlages $z''z'$ eine Kraftmomentdifferenz bei einer Zweizylinderkondensationsdampfmaschine von 2700 mkg ergibt; nach Fig. 4 b entspricht dies einem Füllungsbereich zwischen 5 und 25% (max. Füllung). Es ist dann bei der zugelassenen Differenz des Windkesseldruckes von $p'' - p' = 1$ Atm. nach Fig. 36a: $\mathrm{tg}\,\eta = 2700$ und $\mathrm{tg}\,\eta + \mathrm{tg}\,\gamma = 3000$.

Der letztere Wert ist also 10 mal so groß als $\mathrm{tg}\,\gamma$.

In Diagramm XII ist nun zunächst zum Vergleich mit Diagramm VI der Dämpfungsfaktor $b = b_0 = \mathrm{tg}\,\varkappa + \mathrm{tg}\,\omega = 0$ gesetzt. Vergleicht man Fall 43 (Belastungsänderung ohne Dampfdruckänderung) mit Fall 1 (strichpunktiert eingezeichnet), so erkennt man, daß die Drehzahlschwankungen gleich groß sind, sich jedoch innerhalb kürzerer Perioden abspielen. Das hat zur Folge, daß die Schwankungen des Windkesseldruckes in den gleichen Zeitperioden bedeutend kleiner sind.

Ändert sich die Dampfeintrittsspannung gleichzeitig (Fall 44), so ergibt sich, daß der Mittelwert der Schwankungen der Drehzahl nur ganz unbedeutend von jenem des Falles 43 abweicht ($u = 99$ bzw. 101 gegenüber $u = 100$), während bei der Selbstregelung ohne Dämpfung (Fall 2 und 3) diese Abweichung wesentlich größer ist ($u = 88{,}6$ bzw. 111,4). Ferner weisen auch die Schwankungen des Windkesseldruckes gegenüber Fall 43 nur geringe Unterschiede auf und sind gegenüber der Selbstregelung einerseits wesentlich kleiner, andererseits vollziehen sie sich um eine viel schwächer geneigte Richtungslinie $S \cdot t$.

Die Verhältnisse wären also günstiger als bei der Selbstregelung ohne Dämpfung, nur vollzögen sich die Schwankungen von Drehzahl und Windkesseldruck wesentlich rascher. Es handelt sich jedoch hier nur um eine theoretische Untersuchung, weil in der Praxis b_0 immer > 0 ist.

In Diagramm XIII ist, wie bei der Selbstregelung, der Dämpfungsfaktor $b = b_0 = 6$ angenommen. Fall 45 mit gleichbleibender Dampfeintrittsspannung unterscheidet sich gegenüber Fall 6 (strichpunktiert eingezeichnet) dadurch, daß die Drehzahl größere Schwankungen in kürzeren Zeitperioden erleidet, so daß bei der Belastung von $\frac{1}{2}$ auf voll die Grenzen im Anfang stark überschritten werden, während andererseits der Windkesseldruck bei gleicher Periodenzahl bedeutend geringere Schwankungen

Diagramm XII.   Diagramm XIII.

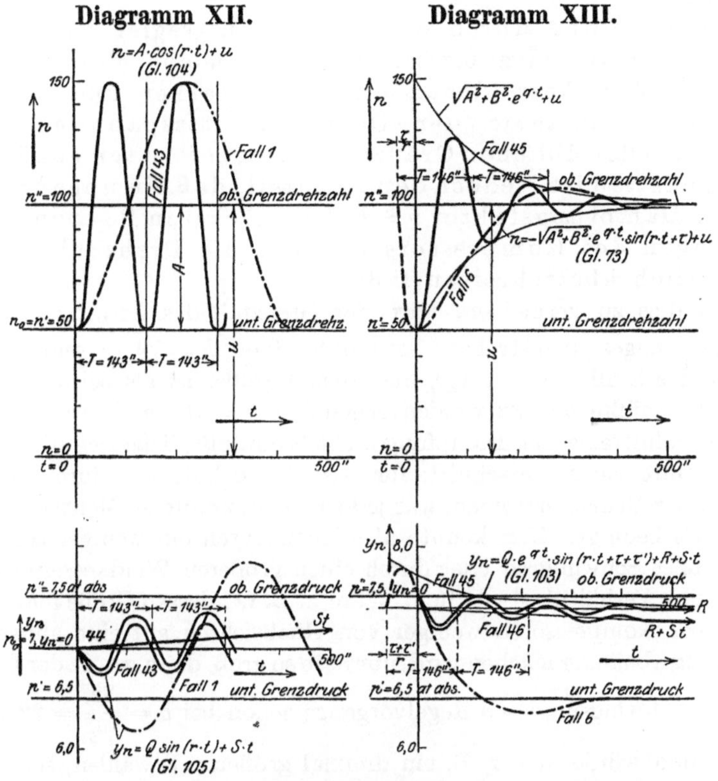

Selbsttätige Regelung durch Druckluftregler ohne Zuhilfenahme eines Fliehkraftreglers.
Belastungsänderung $\frac{1}{2}$ auf voll.
$n_0 = 50$; tg $\beta_1 = 0,0234$.

Fall 43: $b_0 = 0$; $\varepsilon = 0$; tg $\eta = 2700$; tg $\lambda = 0$; $u = 100$; $S = 0$.
Fall 44: $b_0 = 0$; $\varepsilon = 0$; tg $\eta = 2700$; tg $\lambda = 0,8$; $u = 101$; $S = 0,000267$.
Fall 45: $b_0 = 6$; $\varepsilon = 0$; tg $\eta = 2700$; tg $\lambda = 0$; $u = 100$; $R = -0,1$; $S = 0$.
Fall 46: $b_0 = 6$; $\varepsilon = 0$; tg $\eta = 2700$; tg $\lambda = -0,8$; $u = 99$; $R = -0,1$; $S = -0,000267$.

aufweist und praktisch nach Umfluß einiger Minuten eine vom vorhergehenden Beharrungszustand wenig abweichende Größe $R = -0,1$ (gegenüber $R = -1,0$) beibehält. Die Schwankungen bewegen sich bei der größten Be- oder Entlastung ($\frac{1}{2}$ auf voll) innerhalb etwa $\frac{1}{4}$ Atm., liegen also weit innerhalb der zugelassenen Grenzdrücke.

Steigt oder fällt die Dampfeintrittsspannung gleichzeitig (Fall 46), so weichen die Schwankungen der Drehzahl und des

Windkesseldruckes gegenüber jenen des Falles 45 nur ganz wenig ab, ebenso die Drehzahl des neuen Beharrungszustandes ($u = 99$ bzw. 101 gegenüber $u = 100$). Im Gegensatz zur Selbstregelung sind die Schwankungen des Windkesseldruckes auch hier wesentlich kleiner und vollziehen sich um eine Richtungslinie $R + S\,t$, die eine bedeutend geringere Neigung hat.

Die Regelung durch einen Druckluftregler hat, wenn man von seiner Unempfindlichkeit absieht, den Vorteil, daß der Windkesseldruck auch bei starker und rascher Zu- oder Abnahme der Dampfeintrittsspannung weit innerhalb der üblichen Grenzen bleibt, sofern $\operatorname{tg}\eta$ genügend groß gehalten ist, jedoch den Nachteil, daß ein ungenügend großer Dämpfungsfaktor $b = b_0$ bei stärkeren Be- oder Entlastungen des Kompressors anfangs die Drehzahlgrenzen wesentlich überschreiten läßt.

Um dies zu vermeiden, wäre der Grenzfall des schwingungslosen Regelvorganges anzustreben; es müßte dann $b = \sqrt{4\,ac}$ sein. Da c infolge des Einflusses von $\operatorname{tg}\eta$ hier 10 mal größer ist als bei der Selbstregelung, müßte $b = 32$ werden gegenüber $b = 10$ bei letzterer. Weil der Druckluftregler die Dämpfung nicht beeinflußt, ließe sich dies durch engere Durchgangsquerschnitte für Dampf und Luft oder durch Drosselung dieser Medien erreichen, was jedoch einen unnützen Mehrverbrauch an Kraft bedingt. Man könnte aber auch durch ein weniger schweres und großes Schwungrad oder durch einen größeren Windkesselinhalt V günstigere Verhältnisse schaffen. Wäre z. B. Θ, dessen Größe man allerdings bei Kompressoren weniger von Rücksichten auf eine günstigere Regelung abhängig machen wird, nur halb so groß, dann würde der Grenzfall des schwingsunglosen Regelvorgangs schon bei $b = \dfrac{32}{\sqrt{2}} = 22{,}7$ eintreten und würde man z. B. ein dreimal größeres V wählen, schon bei $b = \dfrac{32}{\sqrt{3}} = 18{,}4$. Wenn diese beiden Möglichkeiten zugleich ergriffen würden, erhielte man schon bei $b = \dfrac{32}{\sqrt{6}} = 13$ den Grenzfall. Dabei würde allerdings R im selben Verhältnis, wie b größer werden (siehe Gleichung (101)—(103). Bei gut durchkonstruierten und instand gehaltenen Maschinen wird man mit solch großen Dämpfungen kaum rechnen können, so daß bei größeren Be- und Entlastungen des Kompressors eine Überschreitung der Drehzahlgrenzen zu erwarten ist, wenn $\operatorname{tg}\eta$ recht groß ist.

Wählt man $\operatorname{tg}\eta$ kleiner, dann werden R und S, sowie die Schwankungen des Windkesseldruckes größer und jene der Drehzahl kleiner, ferner werden die Schwingungsperioden in günstigerer Weise größer. Der sich dann abspielende Regelvorgang liegt zwischen den oben verglichenen Fällen, dessen Verlauf sich bei Gegenüberhaltung des einen Extrems mit $\operatorname{tg}\eta = 0$ unschwer vorstellen läßt (vgl. Diagramm XIII, Fall 6 mit $\operatorname{tg}\eta = 0$ und Fall 45 mit $\operatorname{tg}\eta = 2700$).

Um $\operatorname{tg}\eta$ möglichst klein, etwa halb so groß als in dem Beispiel zu halten, wäre der Reglerhebel so zu dimensionieren, daß bei kleinstem, Windkesseldruck p' Maximalfüllung herrscht und bei größtem Windkesseldruck p'' etwa Normalfüllung. Minimaldampffüllung stellt, sobald notwendig, der bei der Regelung sonst nicht mittätige Sicherheitsregler ohne Beeinflussung des Druckluftreglergestänges selbsttätig ein.

Will man $\operatorname{tg}\eta$ noch kleiner machen, dann müßte man eine Einrichtung treffen, mittels welcher die beim Anlassen der Maschine erforderliche maximale Dampffüllung vorübergehend von Hand eingestellt wird. Da jedoch die in Frage stehende Reglungseinrichtung meines Wissens bisher nur bei Dampfmaschinen mit Ventilsteuerung ausgeführt wurde, welche von den auf der Steuerwelle sitzenden Daumen und Achsenregler beeinflußt wird, so ließe sich eine solche Einrichtung wohl nur mit sehr komplizierten Mitteln anbringen.

Um eine brauchbare Regelung auch bei ungünstigeren Betriebsverhältnissen zu erhalten, müssen die Werte b, V und $\operatorname{tg}\eta$ in Einklang gebracht werden, sonst wird die Zuhilfenahme eines Fliehkraftreglers nicht zu umgehen sein.

b) Selbsttätige Regelung durch einen Druckluftregler mit Zuhilfenahme eines Fliehkraftreglers.

Bei dem Anordnungsschema in Fig. 37 wirkt der Druckluftregler mit einem stark statischen Fliehkraftregler (Leistungsregler) auf dasselbe Gestänge. Der Drehpunkt des Reglerhebels ist hierbei nicht mehr fest, sondern bewegt sich mit dem Kolben des Druckluftreglers auf und ab.

Sinkt beispielsweise infolge vermehrter Druckluftentnahme der Windkesseldruck, dann geht der von ihm beeinflußte Reglerkolben nach oben. Der Leistungsregler behält infolge seines Beharrungsvermögens seine Lage bei, so daß sich der Reglerhebel AS um den Punkt A dreht und damit die Dampffüllung

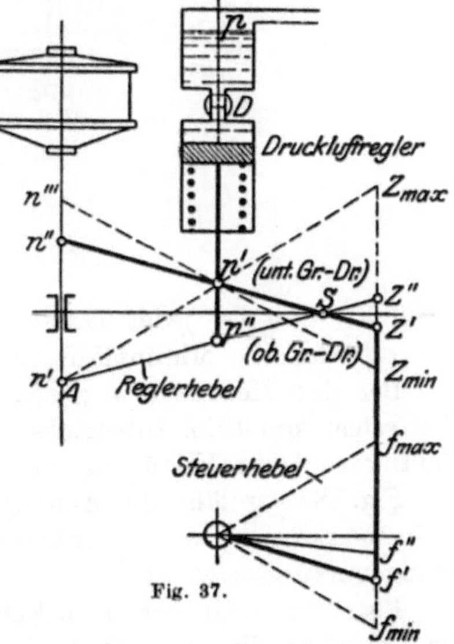

vergrößert. Diese einleitende Bewegung hat aber zur Folge, daß die Drehzahl erhöht und der Hebel auch bei A nach aufwärts bewegt wird,

bis allmählich wieder eine Gleichheit zwischen Kraft- und Widerstandsmoment hergestellt und die der Druckluftentnahme entsprechende Drehzahl erreicht ist.

Tritt eine Betriebsstörung ein, die ein Durchgehen der Maschine
zur Folge hätte, dann muß bei Überschreiten einer Höchstdrehzahl n'''
eine Vorrichtung auf Minimalfüllung einstellen. Bei dem vielfach
verwendeten Stumpfschen Leistungsregler[1]) geschieht dies dadurch,
daß dem stark statischen Teil des Hülsenhubes zwischen n' und n''
sich ein nahezu astatischer Teil zwischen n'' und n''' anschließt, der so

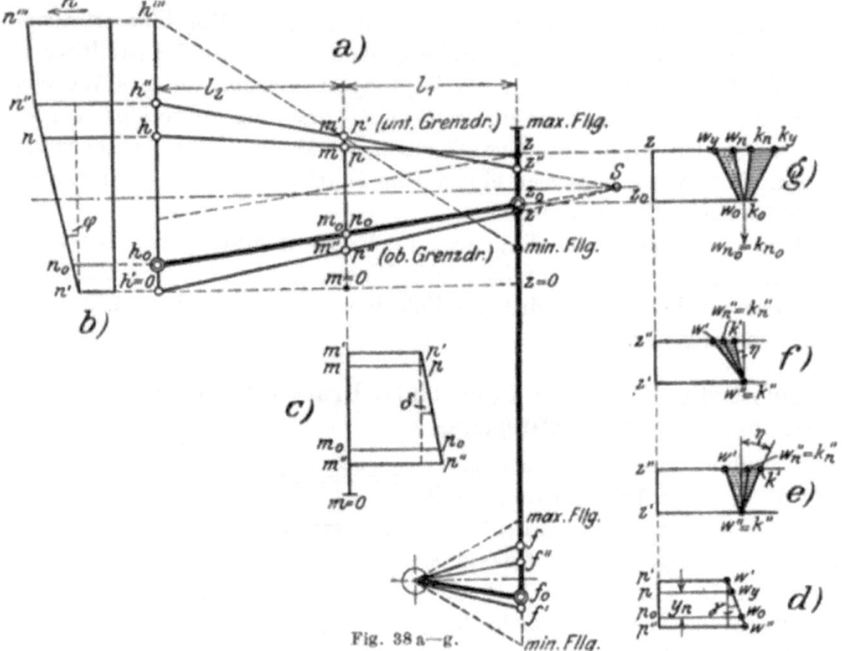

Fig. 38 a—g.

groß ist, daß bei jeder Druckluftreglerkolbenstellung sich selbsttätig
die erforderliche Minimalfüllung einstellen kann.

Bei der Hebellage $n'p'z_{\max}$ (Ruhestellung) soll Maximalfüllung
herrschen, um beim Inbetriebsetzen der Maschine ein genügendes An-
laufmoment zur Verfügung zu haben (s. Fig. 37).

Fig. 38a—g läßt die Abhängigkeiten beim Reglervorgang im einzelnen erkennen, wobei zunächst gleichbleibende Dampfeintrittsspannung vorausgesetzt ist.

Fig. 38a zeigt das Hebelschema; der unteren Windkesseldruck-
grenze p' ist die obere Drehzahlgrenze n'' und der oberen Windkessel-

---

[1]) Siehe z. B. Tolle, Die Regelung der Kraftmaschinen 1909, II. Aufl., S. 516.

druckgrenze p'' die untere Drehzahlgrenze n' zugeordnet. Der Bogen der Hebelausschläge kann bei den üblichen konstruktiven Ausführungen mit genügender Genauigkeit durch die Sehne ersetzt werden.

In Fig. 38 b ist die der Vereinfachung halber als linear angenommene Abhängigkeit zwischen Reglerhülsenstellung und Drehzahl dargestellt. Ist diese Abhängigkeit eine andere, so ändern sich die nachfolgenden Untersuchungen im Prinzip nicht.

In Fig. 38 c ist die Abhängigkeit zwischen Reglerkolbenstellung und Windkesseldruck und in Fig. 38 d jene zwischen Windkesseldruck und Widerstandsmoment gezeichnet.

In Fig. 38 e sind für jeden Beharrungszustand die Kraft- und Widerstandsmomente, auf den Hebelausschlag für die Dampffüllung bezogen, eingetragen. W' und W'' (siehe auch Fig. 38 d) stellen die Widerstandsmomente, K' und K'' die Kraftmomente für die Grenzdrücke p' und p'' dar, wenn stets die untere Drehzahl n' herrschen würde. Entsprechend dem Einfluß der höheren Drehzahl n'' erhöht sich das Widerstandsmoment W' auf W_n'' und das Kraftmoment vermindert sich von K' auf K_n''. Im Beharrungszustand ist $W'' = K''$ und $W_n'' = K_n''$ und für eine Hebelzwischenlage allgemein $K_n = W_n$.

Zeichnet man in Fig. 38 a die beiden Grenzhebellagen ein, so schneiden sich dieselben in dem Punkt S. Da die Abhängigkeit zwischen n, p und f als linear zugrunde gelegt ist, so folgt daraus, daß der Reglerhebel auch für jeden dazwischen liegenden Beharrungszustand durch den ideellen Punkt S gehen muß. Es ist also jeder Drehzahl ein ganz bestimmter Windkesseldruck und eine ganz bestimmte Dampffüllung zugeordnet.

Ist gemäß der Fig. 38 a und e $K' > K''$, dann liegt S rechts vom Hebelende; ist nach Fig. 38 f $K' < K''$, dann liegt S links vom Hebelende, wie dies in Fig. 37 angedeutet ist. Ist $K' = K''$, dann fällt S mit dem Hebelende zusammen; das ist der Fall, wenn $W'' - W' = (W_n'' - W') + (K' - K_n'')$, d. h. diese Selbstregelungseigenschaften des Kompressors heben sich auf. Die Lage des Punktes S stellt sich bei gegebenen Verhältnissen selbsttätig ein und zwar wird dabei die Grenzdruckdifferenz $p'' - p'$ um so kleiner, je weiter S nach links rückt (siehe Fig. 37 und 38 a).

Der Neigungswinkel η für das Kraftmoment ist hier auf den Hebelausschlag für die Dampffüllung bezogen (siehe Fig. 38 e/f). Die von dem Reglerhebel eingestellten Dampffüllungen f' bis f'' sind nur ein Bruchteil der am Steuerhebel verfügbaren.

Es werde nun ein gegebener Beharrungszustand, bei welchem der Reglerhebel nach Fig. 38 a eine Drehzahl n_0, einen Windkesseldruck p_0 und eine der Stellung z_0 entsprechende Dampffüllung f_0 eingestellt hatte, beispielsweise durch vermehrte Luftentnahme gestört. Nach Umfluß einer Zeit t wird dann der Reglerhebel eine Stellung einnehmen, die durch die Drehzahl n und den Windkesseldruck p gekennzeichnet sei. Diesen ist dann eine Dampffüllung f, entsprechend der Hebellage hz, zugeordnet, sowie nach Fig. 38 g die Kraftmomente K_y und K_n und die Widerstandsmomente W_y und W_n. Die Hebelrichtung geht hierbei nicht durch den Punkt S.

Nach Gleichung (4), (14) und (20) besteht dann bei zunächst gleichbleibender Dampfeintrittsspannung ($\mathrm{tg}\,\lambda = 0$) die Beziehung:

$$\frac{\pi\,\Theta}{30} \cdot \frac{dn}{dt} = (z - z_0) \cdot \mathrm{tg}\,\eta - (n - n_0)\,\mathrm{tg}\,\varkappa - y_n \cdot \mathrm{tg}\,\gamma - (n - n_0)\,\mathrm{tg}\,\omega \,. \quad (125)$$

Zieht man durch Punkt z eine Parallele zur Hebellage $h_0\,z_0$, dann läßt sich aus Fig. 38 a die Beziehung ablesen:

$$z - z_0 = (m - m_0) - \frac{l_1}{l_1 + l_2}\,[(h - h_0) - (z - z_0)]$$

oder

$$z - z_0 = \frac{l_1 + l_2}{l_2}\,(m - m_0) - \frac{l_1}{l_2}\,(h - h_0) \,.$$

Da nach Fig. 38 b und 38 c:

$$\mathrm{tg}\,\varphi = \frac{n - n_0}{h - h_0} \quad \text{und} \quad \mathrm{tg}\,\delta = \frac{p_0 - p}{m - m_0} = - \frac{y_n}{m - m_0} \,,$$

so erhält man

$$z - z_0 = -y_n\,\frac{l_1 + l_2}{l_2\,\mathrm{tg}\,\delta} - (n - n_0)\,\frac{l_1}{l_2\,\mathrm{tg}\,\varphi} \quad (126)$$

und durch Einsetzung in Gleichung 125:

$$\frac{\pi\,\Theta}{30} \cdot \frac{dn}{dt} = -y_n\left(\frac{l_1 + l_2}{l_2\,\mathrm{tg}\,\delta} \cdot \mathrm{tg}\,\eta + \mathrm{tg}\,\gamma\right)$$

$$- (n - n_0)\left(\mathrm{tg}\,\varkappa + \mathrm{tg}\,\omega + \frac{l_1}{l_2 \cdot \mathrm{tg}\,\varphi} \cdot \mathrm{tg}\,\eta\right) \,. \quad (127)$$

Es soll nun die Dampfeintrittsspannung beispielsweise innerhalb der Zeit t linear von p_{d_0} auf p_d steigen und die Druckluftentnahme sich nicht ändern. Hat der Reglerhebel im Beharrungszustand eine Lage $h_0\,z_0$, dann wird der Windkesseldruck von p_0 auf p und die Drehzahl von n_0 auf n steigen; dadurch wird aber gleichzeitig eine kleinere Dampffüllung eingestellt, entsprechend der Hebellage hz (siehe Fig. 39 a). Das Kraftmoment wird sich nach Fig. 39 b innerhalb der Zeit t von K_0 auf K_d und das Widerstandsmoment von W_0 auf W (analog Fig. 38 d) vergrößern, wenn der Übersichtlichkeit halber zunächst der Einfluß der Drehzahl auf die Momente nicht berücksichtigt wird. Bleibt die Dampfeintrittsspannung von da ab auf der Höhe p_d, dann wird sich im neuen Beharrungszustand eine Hebellage $h_0\,z_1$ einstellen. Die Drehzahl geht also auf ihre ursprüngliche Größe n_0 zurück, der Windkesseldruck steigt auf p_1, die Dampffüllung fällt auf f_1 entsprechend dem Punkt z_1 und das Kraftmoment K_{d_1} ist gleich dem Widerstandsmoment W_1. In Fig. 39a entsprechen dann die strichpunktierten Grenzlagen dem Hebelschema für die Dampfeintrittsspannung p_d. Der ideelle Drehpunkt S_1 rückt nach

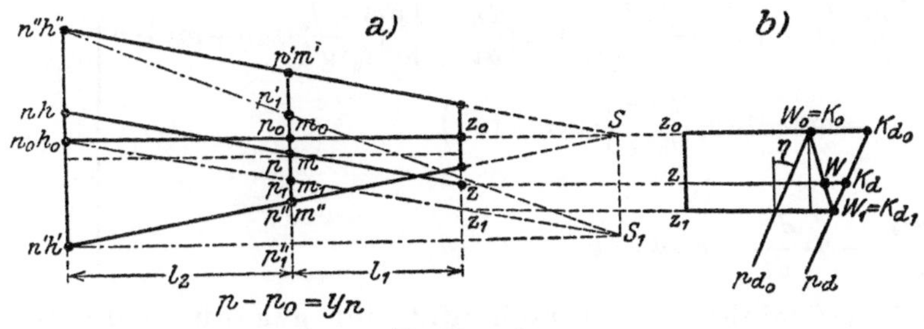

Fig. 39a u. b.

unten. Das Umgekehrte tritt sinngemäß bei fallender Dampfeintrittsspannung ein.

Nach Gleichung (4), (14) und (20) besteht dann unter nunmehriger Berücksichtigung des Einflusses der Drehzahl auf die Momente allgemein die Beziehung:

$$\frac{\pi \cdot \Theta}{30} \frac{dn}{dt} = t \operatorname{tg} \lambda + (z - z_0) \operatorname{tg} \eta - (n - n_0) \operatorname{tg} \varkappa - y_n \operatorname{tg} \gamma \left.\vphantom{\frac{dn}{dt}}\right\} \tag{128}$$
$$- (n - n_0) \operatorname{tg} \omega \, .$$

Zieht man durch m eine Parallele zur Hebellage $h_0 z_0$, dann ist aus Fig. 39b abzulesen:

$$z_0 - z = (m_0 - m) + \frac{l_1}{l_2} [(h - h_0) + (m_0 - m)] \, .$$

Ferner ist analog den Fig. 38b und c:

$$\operatorname{tg} \varphi = \frac{n - n_0}{h - h_0} \quad \text{und} \quad \operatorname{tg} \delta = \frac{p_0 - p}{m - m_0} = - \frac{y_n}{m - m_0}$$

und somit

$$z_0 - z = \frac{l_1 + l_2}{l_2 \operatorname{tg} \delta} y_n + \frac{l_1}{l_2 \operatorname{tg} \varphi} \cdot (n - n_0) \tag{129}$$

und

$$\frac{\pi \Theta}{30} \cdot \frac{dn}{dt} = t \cdot \operatorname{tg} \lambda - y_n \left(\frac{l_1 + l_2}{l_2 \cdot \operatorname{tg} \delta} \cdot \operatorname{tg} \eta + \operatorname{tg} \gamma \right) \left.\vphantom{\frac{dn}{dt}}\right\}$$
$$- (n - n_0) \left(\operatorname{tg} \varkappa + \operatorname{tg} \omega + \frac{l_1}{l_2 \cdot \operatorname{tg} \varphi} \cdot \operatorname{tg} \eta \right) \tag{130}$$

Ein Vergleich mit Gleichung (127) läßt ersehen, daß hier nur das Glied $t \operatorname{tg} \lambda$ hinzugetreten ist. Die Gleichung (130) gilt also auch, wenn sich gleichzeitig die Druckluftentnahme mitändert.

Setzt man nun unter Vernachlässigung des hier wegen der geringen Windkesseldruckänderungen unbedeutenden Einflusses von ε aus Gleichung (41) den Wert für y_n ein und differenziert, so erhält man allgemein

$$\left.\begin{aligned}
\frac{\pi \Theta}{30} \cdot \frac{d^2 n}{dt^2}+\left(\operatorname{tg}\varkappa+\operatorname{tg}\omega+\frac{l_1}{l_2\operatorname{tg}\varphi}\cdot\operatorname{tg}\eta\right)\frac{dn}{dt}+\frac{\Delta p}{30}\left(\frac{l_1+l_2}{l_2\operatorname{tg}\delta}\cdot\operatorname{tg}\eta+\operatorname{tg}\gamma\right)\cdot n & \\
=\operatorname{tg}\lambda+\operatorname{tg}\beta_1\left(\frac{l_1+l_2}{l_2\operatorname{tg}\delta}\cdot\operatorname{tg}\eta+\operatorname{tg}\gamma\right) & \\
\text{oder} \qquad\qquad\qquad\qquad\qquad\qquad & \\
a\cdot\frac{d^2 n}{dt^2}+b\cdot\frac{dn}{dt}+c\cdot n=k_1 &
\end{aligned}\right\} \qquad (131)$$

Diese Gleichung unterscheidet sich gegenüber der Gleichung (100) unter Beachtung der Vernachlässigung von ε nur dadurch, daß an Stelle des konstanten Faktors $b_0 = \operatorname{tg}\varkappa + \operatorname{tg}\omega$ der konstante Faktor $b_0 + \dfrac{l_1}{l_2\operatorname{tg}\varphi}\operatorname{tg}\eta$ und an Stelle des konstanten Faktors $\operatorname{tg}\gamma$ der konstante Faktor $\operatorname{tg}\gamma + \dfrac{l_1+l_2}{l_2\cdot\operatorname{tg}\delta}\cdot\operatorname{tg}\eta$ getreten ist. Es gelten demzufolge auch hier mit diesem Unterschied die Lösungen auf S. 54/55, also die Gleichungen (68), (71), (73), (101)—(105).

Beispiel: Es sei ein Leistungsregler gewählt, bei welchem $n' = 50$, $n'' = 100$; $h'' - h' = 50$ mm und $h''' - h'' = 30$ mm ist. Der Druckluftregler soll bei einem Hub von $m' - m'' = 30$ mm eine Luftdruckdifferenz von $p'' - p' = 7{,}5$—$6{,}5 = 1$ Atm. einstellen.

Es ist dann $\operatorname{tg}\varphi = \dfrac{100 - 50}{50} = 1$ und $\operatorname{tg}\delta = \dfrac{7{,}5 - 6{,}5}{30} = \dfrac{1}{30}$.

Unter Zugrundelegung der Daten der früheren Beispiele ist

$$W'' - W' = 3300 - 3000 = 300 \text{ mkg} ,$$

$$(W_{n''} - W') + (K' - K_{n''}) = 300 \text{ mkg bei } b_0 = \operatorname{tg}\varkappa + \operatorname{tg}\omega = 6 .$$

Der Drehpunkt S fällt also nach den Ausführungen auf S. 97 mit dem Hebelende zusammen. Es ergeben sich somit bei Annahme entsprechender Hebellängen die in Fig. 40 a/b gezeichneten Verhältnisse (ausgezogene Linien). Der Minimalfüllung soll ein Kraftmoment von 600 mkg entsprechen (siehe auch Fig. 2—4).

Es berechnet sich dann $\qquad \operatorname{tg}\eta = \dfrac{3300 - 600}{45} = 60 \quad$ und

$$\frac{l_1}{l_2\operatorname{tg}\varphi}\cdot\operatorname{tg}\eta = 90 ,$$

$$\frac{l_1 + l_2}{l_2\cdot\operatorname{tg}\delta}\operatorname{tg}\eta = 4500$$

Werden die Hebellängen anders gewählt, z. B. $l_1 = l_2 = 200$, dann erhält man das in Fig. 40a gezeichnete punktierte Hebelschema. Es wird,

wenn bei oberster Reglerstellung dieselbe Minimalfüllung erreicht wird,

$$\operatorname{tg}\eta_1 = \frac{3300 - 600}{30}$$

$$= 90 \quad \text{und}$$

$$\frac{l_1}{l_2 \cdot \operatorname{tg}\varphi} \cdot \operatorname{tg}\eta_1 = 90 ,$$

$$\frac{l_1 + l_2}{l_2 \cdot \operatorname{tg}\delta} \cdot \operatorname{tg}\eta_1 = 5400 ;$$

$$m' - m'' = 25 \text{ mm};$$

$$p'' - p' = 0,84 \text{ Atm.}$$

(Grenzdruckdifferenz).

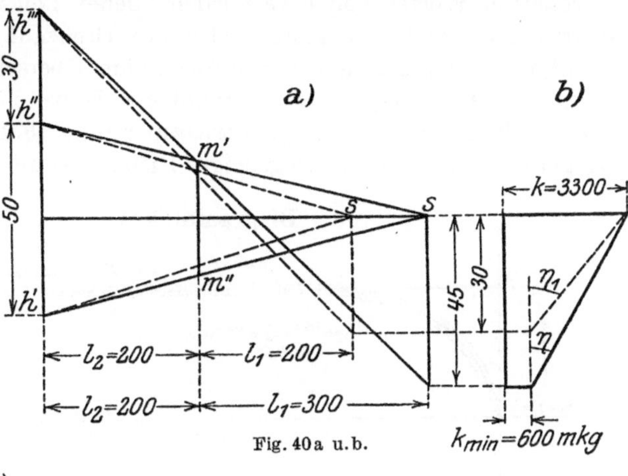

Fig. 40a u. b.

Wird das Hebelverhältnis im umgekehrten Sinne anders gewählt, dann wird $\operatorname{tg}\eta$ kleiner, ebenso $\dfrac{l_1 + l_2}{l_2 \cdot \operatorname{tg}\delta}$ und die Grenzdruckdifferenz wird größer.

Angenommen, es wäre $b_0 = 0$, d. h. der Einfluß der Drehzahl auf die Kraftmomente wäre verschwindend, dann treten an Stelle von Fig. 40a und b die nebenstehenden Fig. 41a und b. Es wird dann:

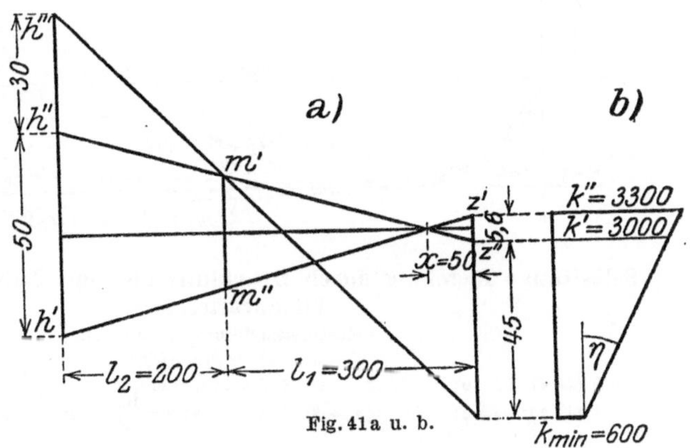

Fig. 41a u. b.

$$z' - z'' = 5,6 \text{ mm};$$
$$x = 50 \text{ mm}; \quad m' - m'' = 27,8 \text{ mm}; \quad p'' - p' = 0,93 \text{ Atm.}$$

$$\operatorname{tg}\eta = \frac{3000 - 600}{45} = 53,5 , \quad \frac{l_1}{l_2 \cdot \operatorname{tg}\varphi}\operatorname{tg}\eta \cong 80 , \quad \frac{l_1 + l_2}{l_2 \cdot \operatorname{tg}\delta} \cdot \operatorname{tg}\eta \cong 4000 .$$

In Diagramm XIV ist der Regelvorgang für das Hebelschema der Fig. 40a/b mit $\operatorname{tg}\eta = 60$; $l_1 = 300$ mm, $l_2 = 200$ mm dargestellt. Bei gleichbleibender Dampfeintrittsspannung (Fall 47) gehen die Drehzahl und der Windkesseldruck in aperiodischer Weise innerhalb einiger

Minuten in den neuen Beharrungszustand über. Schwankungen desselben sind durch die außerordentlich verstärkte Dämpfung b trotz des ebenfalls vergrößerten Wertes von c vermieden. Jeder Belastung ist im neuen Beharrungszustand eine ganz bestimmte Drehzahl und ein ganz bestimmter Windkesseldruck zugewiesen; eine Überschreitung der Grenzen kommt bei entsprechender Wahl des Hebelschemas nicht vor.

Bei sich ändernder Dampfeintrittsspannung (Fall 48) gibt die noch geringer als in Fall 44 und 46 geneigte Richtungslinie $R + St$ das weitere

Diagramm XIV.

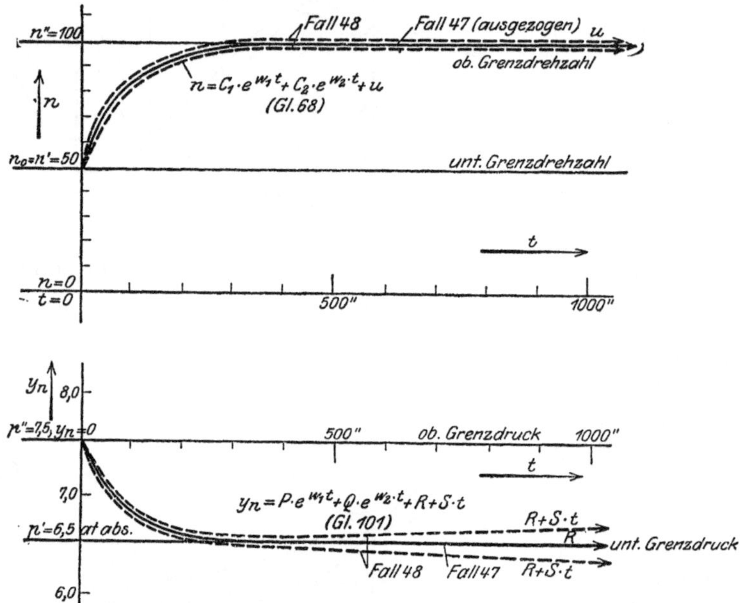

Selbsttätige Regelung durch Druckluftregler mit Zuhilfenahme eines Fliehkraftreglers.

Belastungsänderung $^1/_2$ auf voll.

$n_0 = 50$; $\operatorname{tg}\beta_1 = 0,0234$.

Fall 47: $b_0 = 6$; $\varepsilon = 0$; $\operatorname{tg}\eta = 60$; $\operatorname{tg}\lambda = 0$; $u = 100$; $R = -1,0$; $S = 0$.

Fall 48: $b_0 = 6$; $\varepsilon = 0$; $\operatorname{tg}\eta = 60$: $\operatorname{tg}\lambda = \pm 0,8$; $u = \dfrac{100,7}{99,3}$; $R = -\dfrac{1,01}{0.99}$; $S = \pm 0,000166$.

Steigen oder Fallen des Windkesseldruckes an. Auch hier bleibt der Windkesseldruck trotz starker und rascher Zunahme der Dampfeintrittsspannung innerhalb der zugelassenen Grenzen.

Die Selbstregelungseigenschaften des Kompressors spielen bei dieser Regelungsanordnung eine untergeordnetere Rolle, wie das Zahlenbeispiel ersehen läßt, ebenso sind die Hebellängen l_1 und l_2 nicht von wesentlichem Einfluß. Auch die Größe des Windkessels V und das Trägheitsmoment des Schwungrades ist von geringerer Bedeutung als bei den anderen Regelungsarten und kann verhältnismäßig klein gehalten werden, jedoch wegen der Unempfindlichkeit der bewegten Steuerteile nicht zu klein.

Die Verbindung eines Druckluftreglers mit einem stark statischen Fliehkraftregler (Leistungsregler) ergibt demzufolge den vollkommensten Regelvorgang gegenüber allen bisher behandelten Regelungsarten. Drehzahl und Windkesseldruck bleiben bei allen Belastungs- und Dampfdruckänderungen innerhalb zulässiger Grenzen. Eine Nachhilfe von Hand ist nicht erforderlich.

XIII. Einfluß der Reibung in Regler und Gestänge.

a) Unempfindlichkeit.

Bisher wurde vorausgesetzt, daß Reibung und Spiel in den bewegten Teilen der Regelvorrichtung vernachlässigbar klein sind. Infolge dieses in mehr oder minder hohem Grade vorhandenen Einflusses kommen bei allen Regelvorrichtungen die Selbstregelungseigenschaften des Kompressors solange allein zur Geltung, bis Reibung und Spiel überwunden sind, und zwar sowohl beim Beginn einer Belastungs- oder Dampfdruckänderung, als auch bei jeder Umkehrbewegung des Reglers und Gestänges. Zur Veranschaulichung des Regelvorganges sind also bei Beginn und bei jeder Umkehrbewegung die Gleichungen (68), (71), (73) und (101)—(103) maßgebend, und erst für den weiteren Verlauf sind unter Beachtung der jeweils vorherrschenden Anfangsbedingungen die für die betreffende Regelvorrichtung entwickelten Gleichungen zu benutzen. Sind Reibung und Spiel verhältnismäßig groß, dann kommen bei kleineren Belastungs- und Dampfdruckänderungen überhaupt nur die Selbstregelungseigenschaften des Kompressors zur Wirkung. Je größer Reibung und Spiel sind, um so weniger treten die gekennzeichneten Vorteile der Regelvorrichtungen gegenüber der Selbstregelung in Erscheinung. Es sind also Reibung und Spiel möglichst klein zu halten.

b) Drosselung der Ölmasse im Druckluftregler.

Wie Fig. 36 b (Seite 90) ersehen läßt, kann die im Druckluftregler befindliche Ölmasse bei D gedrosselt werden. Über den Zweck dieser Einrichtung gibt der Anspruch des Stumpfschen Patentes Nr. 134 709 folgenden Aufschluß:

„Druckluftregler für Kompressoren, dadurch gekennzeichnet, daß zwischen der Druckluftleitung und dem belasteten Kolben des Zylinders zur Vermeidung von Stopfbüchsen und der dadurch hervorgerufenen

Reibung eine Öldichtung angeordnet ist, wobei ein plötzlicher Wechsel in der Geschwindigkeitsänderung durch Einschaltung einer hydraulischen Drosselvorrichtung zwischen Ölbehälter und dem Zylinder verhindert werden kann.‘‘

In den Prospekten der Maschinenfabrik Steinle & Hartung in Quedlinburg, die solche Druckluftregler herstellt, ist über den Zweck der Drosselung ausgeführt, ,,es soll die Schnelligkeit der Kolbenbewegung durch den Katarakt einstellbar sein, um ein Überregulieren zu verhindern‘‘.

Welche Wirkung hat nun eine Drosselung der Ölmasse auf den Regelvorgang?

Durch eine Erhöhung des Windkesseldruckes p_0 um y_n findet ein Überströmen der Ölflüssigkeit in den Raum unter dem Reglerkolben statt und der letztere wird dadurch nach oben geschoben (siehe Fig. 36 b). Der auf den Kolben wirkende Druck $p_0 + y_a$ ist dann während der Bewegung um den Ölwiderstand im Drosselorgan D kleiner. Sinkt der Druck p_0 um y_n, dann ist der auf den Reglerkolben wirkende Druck $p_0 - y_a$ um den Ölwiderstand größer. Für Öl kann üblicherweise die Widerstandshöhe direkt proportional der Geschwindigkeit gesetzt werden. Läßt man das Gewicht der Ölmasse wegen seines unbedeutenden Einflusses außer Betracht und bezeichnet mit

v die Geschwindigkeit im Drosselorgan

ξ' den Widerstandskoeffizienten

dann ist $(p_0 + y_n) - (p_0 + y_a) = \xi' \cdot v$.

Die Geschwindigkeit v ist nun proportional jener des Reglerkolbens und diese wieder der zeitlichen Druckänderung unter dem Reglerkolben. Man kann deshalb setzen:

$$y_n - y_a = \xi \cdot \frac{d y_a}{d t} ; \tag{132}$$

wobei in $\xi = \text{konst.} \times \xi'$ das Verhältnis der Durchströmquerschnitte berücksichtigt ist.

Für die selbsttätige Regelung durch einen Druckluftregler ohne Zuhilfenahme eines Fliehkraftreglers (siehe Abschnitt XII a) tritt dann anstelle von Gleichung (123):

$$\frac{\pi \cdot \Theta}{30} \frac{d n}{d t} = t \cdot \operatorname{tg} \lambda - y_a \cdot \operatorname{tg} \eta - y_n \cdot \operatorname{tg} \gamma - (n - n_0) \cdot (\operatorname{tg} \varkappa + \operatorname{tg} \omega) . \tag{133}$$

Durch Elimination erhält man:

$$y_a = -\frac{1}{\operatorname{tg} \eta} \cdot \left[\frac{\pi \cdot \Theta}{30} \frac{d n}{d t} - t \operatorname{tg} \lambda + y_n \cdot \operatorname{tg} \gamma + (n - n_0) b_0 \right] \tag{134}$$

und durch Differentiation:

$$\frac{d y_a}{d t} = -\frac{1}{\operatorname{tg} \eta} \cdot \left[\frac{\pi \Theta}{30} \frac{d^2 n}{d t^2} - \operatorname{tg} \lambda + \frac{d y_n}{d t} \operatorname{tg} \gamma + b_0 \frac{d n}{d t} \right] . \tag{135}$$

Ferner ist bei Vernachlässigung von ε nach Gleichung (41)

$$\left.\begin{aligned} y_n &= \frac{\Delta p}{30} \int n\, dt - t\, \mathrm{tg}\,\beta_1 \\[2mm] \frac{d y_n}{d t} &= \frac{\Delta p}{30} \cdot n - \mathrm{tg}\,\beta_1 \end{aligned}\right\} \tag{136}$$

und

Setzt man die Werte der vier letzten Gleichungen in Gleichung (132) ein und differenziert, dann ist für den Regelvorgang folgende Differentialgleichung maßgebend:

$$\left.\begin{aligned} \xi \cdot \frac{\pi\,\Theta}{30} \cdot \frac{d^3 n}{d t^3} &+ \left(b_0 \cdot \xi + \frac{\pi\,\Theta}{30}\right) \cdot \frac{d^2 n}{d t^2} + \left(b_0 + \xi\,\mathrm{tg}\,\gamma \cdot \frac{\Delta p}{30}\right) \frac{d n}{d t} \\[2mm] &+ \frac{\Delta p}{30}\,(\mathrm{tg}\,\eta + \mathrm{tg}\,\gamma)\,n = \mathrm{tg}\,\lambda + \mathrm{tg}\,\beta_1\,(\mathrm{tg}\,\eta + \mathrm{tg}\,\gamma) \\[3mm] a \cdot \frac{d^3 n}{d t^3} &+ b \cdot \frac{d^2 n}{d t^2} + c \cdot \frac{d n}{d t} + d \cdot n = k_1 \end{aligned}\right\} \tag{137}$$

oder

Die allgemeine Lösung dieser Differentialgleichung 3. Grades lautet:

$$n = C_1 \cdot e^{w_1 t} + C_2 \cdot e^{w_2 t} + C_3 \cdot e^{w_3 t} + \frac{k_1}{d}\,, \tag{138}$$

wobei sich die Wurzeln w_1, w_2 und w_2 aus der kubischen Gleichung:

$$a\,w^3 + b\,w^2 + c \cdot w + d = 0\,, \tag{139}$$

und die Konstanten C_1, C_2 und C_3 aus den Anfangsbedingungen des Problems bestimmen lassen.

Bei verschieden großen, reellen Wurzeln ist der Regelvorgang schwingungslos und vollzieht sich nach Gleichung 138. Bei zwei gleichgroßen reellen Wurzeln $w_1 = w_2 = w$ tritt der Grenzfall des schwingungslosen Überganges ein und es tritt an Stelle von Gleichung (138) (analog S. 35):

$$n = (C_1 + C_2 t)\,e^{w t} + C_3 e^{w_3 t} + \frac{k_1}{d}\,. \tag{140}$$

Sind die Wurzeln w_1 und w_2 komplex, dann ist der Regelvorgang nicht schwingungslos. An Stelle von Gleichung (138) tritt dann (analog S. 36):

$$n = \pm \sqrt{C_1^2 + C_2^2} \cdot e^{q t} \cdot \sin(r\,t + \tau) + C_3 e^{w_3 t} + \frac{k_1}{d}\,, \tag{141}$$

wobei q wieder den reellen und r den imaginären Teil der Wurzeln darstellt und $\mathrm{tg}\,\tau = \dfrac{C_1}{C_2}$ ist. Die Dauer einer Schwingungsperiode ist $T = \dfrac{2\,\pi}{r}$.

y_a und y_n erhält man aus Gleichung (134)—(136), indem man aus den Gleichungen (138—140) n, $\dfrac{dn}{dt}$ und $\dfrac{d^2 n}{dt^2}$ bestimmt und einsetzt.

Für die selbsttätige Regelung durch einen Druckluftregler mit Zuhilfenahme eines Fliehkraftreglers (siehe Abschnitt XII b) tritt anstelle von Gleichung (130):

$$\left.\begin{aligned} \frac{\pi\,\Theta}{30}\cdot\frac{dn}{dt} &= t\cdot\operatorname{tg}\lambda - y_a\cdot\frac{l_1+l_2}{l_2\cdot\operatorname{tg}\delta}\cdot\operatorname{tg}\eta - y_n\cdot\operatorname{tg}\gamma \\ &\quad - (n-n_0)\left(\operatorname{tg}\varkappa + \operatorname{tg}\omega + \frac{l_1}{l_2\cdot\operatorname{tg}\varphi}\cdot\operatorname{tg}\eta\right) \end{aligned}\right\} \tag{142}$$

Der Unterschied gegenüber Gleichung (133) besteht nur darin, daß an Stelle von $\operatorname{tg}\eta$ der Wert $\dfrac{l_1+l_2}{l_2\operatorname{tg}\delta}\cdot\operatorname{tg}\eta$ und an Stelle von $\operatorname{tg}\varkappa + \operatorname{tg}\omega$ der Wert $\operatorname{tg}\varkappa + \operatorname{tg}\omega + \dfrac{l_1}{l_2\operatorname{tg}\varphi}\operatorname{tg}\eta$ getreten ist. Es gelten demzufolge die oben entwickelten Gleichungen (133—141) mit diesem Unterschiede auch hierfür:

Je nach der Stärke der Drosselung bei D (siehe Fig. 36 b und 37) hat ξ einen Wert zwischen 0 und ∞; bei der unteren Grenze ist eine Drosselung (Ölreibung) nicht vorhanden, bei der oberen ist der Hahn D abgesperrt und damit die Wirkung des Druckluftreglers überhaupt aufgehoben. Setzt man diese Grenzwerte in Gleichung 137 ein, so ist dieselbe im ersteren Fall identisch mit Gleichung (124) bzw. (131) (selbsttätige Regelung durch einen Druckluftregler ohne Drosselung und ohne bzw. mit Zuhilfenahme eines Fliehkraftreglers), im letzteren Fall mit Gleichung (100) bzw. (113) (Selbstregelung des Kompressors bzw. selbsttätige Regelung durch einen Leistungsregler ohne Druckluftregler).

Der Einfluß von ε ist der Übersichtlichkeit halber vernachlässigt, ließe sich aber in den Gleichungen 133—142 ohne weiteres berücksichtigen.

Die Stabilität der Regelung ist, solange die Dampfspannung sich nicht ändert ($\operatorname{tg}\lambda=0$), gegeben, wenn die reellen Wurzeln, bzw. die reellen Bestandteile der imaginären Wurzeln negativ sind. Das ist der Fall, wenn in Gleichung (139) alle Koeffizienten, sowie der Ausdruck

$$X = b\cdot c - a\,d$$

positiv sind. Je größer X ist, desto stärker ist die Dämpfung. Die erstere Bedingung ist stets erfüllt, die zweite dagegen nicht immer. Es soll dies noch näher untersucht werden.

Es ist nach Gleichung (137) (Druckluftregler ohne Fliehkraftregler):

$$X_1 = \left(b_0\cdot\xi + \frac{\pi\,\Theta}{30}\right)\cdot\left(b_0 + \xi\cdot\operatorname{tg}\gamma\cdot\frac{\Delta p}{30}\right) - \xi\cdot\frac{\pi\,\Theta}{30}\cdot\frac{\Delta p}{30}\cdot(\operatorname{tg}\eta + \operatorname{tg}\gamma) \tag{143}$$

bzw. auf Grund Gleichung (142) (Druckluftregler mit Fliehkraftregler):

$$X_2 = \left[\left(b_0 + \frac{l_1}{l_2 \cdot \mathrm{tg}\,\varphi} \cdot \mathrm{tg}\,\eta\right)\xi + \frac{\pi\Theta}{30}\right] \cdot \left[b_0 + \frac{l_1}{l_2\,\mathrm{tg}\,\varphi} \cdot \mathrm{tg}\,\eta + \xi\,\mathrm{tg}\,\gamma\frac{\Delta p}{30}\right]$$
$$- \xi\frac{\pi\Theta}{30} \cdot \frac{\Delta p}{30}\left(\frac{l_1 + l_2}{l_2 \cdot \mathrm{tg}\,\delta} \cdot \mathrm{tg}\,\eta + \mathrm{tg}\,\gamma\right) \qquad (144)$$

Nach den früheren Zahlenbeispielen ist:

$$\frac{\pi\Theta}{30} = 366\;; \quad \Delta p = 0{,}007\;; \quad \mathrm{tg}\,\gamma = 300\;; \quad \text{für Gl. (143)} \quad \mathrm{tg}\,\eta = 2700\;;$$

$$\text{für Gl. (144)} \quad \frac{l_1}{l_2\,\mathrm{tg}\,\varphi} \cdot \mathrm{tg}\,\eta \doteq 90\;; \qquad \frac{l_1 + l_2}{l_2 \cdot \mathrm{tg}\,\delta} \cdot \mathrm{tg}\,\eta = 4500\;.$$

Setzt man zunächst $b_0 = \mathrm{tg}\,\varkappa + \mathrm{tg}\,\omega = 0$, dann ist

$$X_1 = - \xi\frac{\pi\Theta}{30} \cdot \frac{\Delta p}{30} \cdot \mathrm{tg}\,\eta = - 230\,\xi\;,$$

$$X_2 = (90\,\xi + 366) \cdot (90 + 0{,}07\,\xi) - 410\,\xi\;.$$

Daraus geht hervor, daß hierbei die Regelung für beliebige Werte von ξ zwischen 0 und ∞ im ersteren Falle (Druckluftregler ohne Fliehkraftregler) stets unstabil wäre, d. h. sie würde nach Fig. 26a oder 27b vor sich gehen. Im letzteren Fall (Druckluftregler mit Fliehkraftregler) ist sie stets stabil.

Da stets $b_0 > 0$ ist, wird im letzteren Fall die Regelung noch etwas stabiler, im ersteren Fall kann sie je nach der Größe von b_0 und ξ stabil ($X_1 > 0$), labil ($X_1 = 0$) oder unstabil ($X_1 < 0$) sein. Die Grenzfälle des labilen Zustandes ergeben sich aus Gleichung (143) für $X_1 = 0$ und zwar erhält man wegen der quadratischen Form derselben immer zwei Werte für ξ. Sind dieselben komplex, dann ist die Regelung stets stabil, was bei größerem b_0 der Fall ist. Differenziert man Gleichung (143) und setzt $\dfrac{dX_1}{d\xi} = 0$, dann erhält man das ξ für das Maximum der Unstabilität.

Beispiele:

$b_0 = 6$	$\mathrm{tg}\,\eta = 2700$	$b_0 = 10$	$\mathrm{tg}\,\eta = 2700$	$b_0 = 20$	$\mathrm{tg}\,\eta = 2700$	$b_0 = 6$	$\mathrm{tg}\,\eta = 1200$	Regelung
$\xi =$	X_1	$\xi =$	X_1	$\xi =$	X_1	$\xi =$	X_1	
0	+ 2196	0	+ 3660	0	+ 7320	0	+ 2196	stabil
10	+ 288	10	+ 2400	10	+ 9140	10	+ 1570	stabil
12	0	34	0			46	0	labil
100	− 13 100	100	− 2400	100	+ 38 400	100	− 280	unstabil
232	− 20 500 (max)							unstabil
453	0	154	0			114	0	labil
1000	+ 226 800	1000	+ 550 000	1000	+ 1 574 000	1000	+ 355 000	stabil
∞	∞	∞	∞	∞	∞	∞	∞	stabil

Die Werte der Tabelle sind in Fig. 42 graphisch aufgetragen. Man ersieht daraus, daß die Regelung bei größerem b_0 stets stabil ist; bei kleinerem b_0 und ganz geringer Drosselung der Ölmasse ist die Regelung noch stabil, weist jedoch gemäß Diagramm XIII unzulässige Drehzahlschwankungen auf; sie wird mit zunehmender Drosselung unstabil und bei noch stärkerer Drosselung wieder stabil. Solch kleinere Werte von b_0 werden jedoch bei gut durchkonstruierten Kompressoren meist zu finden sein, so daß also bei unrichtiger Einstellung des Drosselhahnes D und auch bei stärkerem Wechsel der Temperatur der Ölmasse im Regler die Regelung unbrauchbar wird, wobei jedoch dabei der in vorstehenden Untersuchungen vernachlässigte Einfluß von ε noch etwas mildernd wirkt. Andererseits kann durch stärkere Drosselung die Regelung verbessert werden, so daß z. B. bei $b_0 = 6$ der Regelvorgang nach Diagramm XIII, Fall 45 ($\xi = 0$) mit zunehmenden ξ bis ∞ in jenen nach Diagramm VII, Fall 6 ($\xi = \infty$) über-

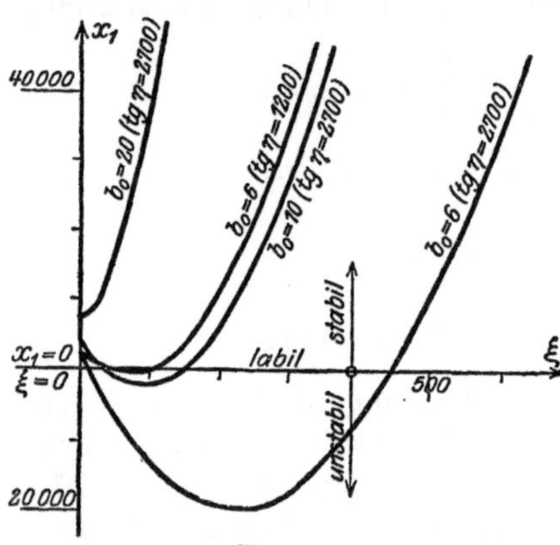

Fig. 42.

geführt werden kann. Fig. 42 läßt auch erkennen, daß bei kleinem $\mathrm{tg}\,\eta$ sich diese Verhältnisse wesentlich günstiger gestalten.

Das Ergebnis der Untersuchung ist also folgendermaßen zusammenzufassen:

Bei Verwendung eines Druckluftreglers ohne Zuhilfenahme eines Fliehkraftreglers können, besonders mit kleinem b_0 und großem $\mathrm{tg}\,\eta$, je nach der Stärke der Drosselung der Ölmasse unbrauchbare Regelverhältnisse auftreten. Um solche zu vermeiden, muß eine starke Drosselung der Ölmasse vorgenommen werden, die jedoch die Wirkung des Druckluftreglers abschwächt und im Grenzfall ($\xi = \infty$) aufhebt, wobei dann nur die Selbstregelungseigenschaften des Kompressors zur Geltung kommen.

Bei Verwendung eines Druckluftreglers mit Zuhilfenahme eines Fliehkraftreglers wird die Regelung mit zunehmender Drosselung der Ölmasse stetig stabiler. Diagramm XIV, Fall 47/48 mit $\xi = 0$ geht hierbei in Diagramm X/XI, Fall 24/33/34 über, wenn man sich in beiden gleiches b_0 zugrunde gelegt denkt. Die Drosselung braucht hier weniger stark zu sein, weil eine Unstabilität der Regelung nicht zu befürchten ist.

Bei beiden Regelungsarten ist der Zweck der Drosselung der Ölmasse der, die Drehzahl weniger rasch ansteigen zu lassen auf Kosten einer stärkeren Schwankung des Windkesseldruckes; die Vorteile der Regelorgane und gegebene konstruktive Nachteile werden dadurch mehr oder minder abgeschwächt.

Bezüglich der Unempfindlichkeit des Reglerkolbens gilt dasselbe, wie auf S. 103 ausgeführt. Die oben gekennzeichnete Unstabilität wird dadurch abgeschwächt.

XIV. Die Regelung von einzeln arbeitenden Kolbenpumpen mit veränderlicher Drehzahl.

Die bei der Regelung von Kolbenpumpen mit veränderlicher Drehzahl maßgebenden Gesichtspunkte sind sinngemäß dieselben wie bei den Kompressoren. Es kann deshalb im allgemeinen auf die Ausführungen in Abschnitt X—XIII verwiesen werden. In mancher Beziehung liegen sie jedoch einfacher und günstiger, insbesondere sind Einrichtungen, wie sie bei den Kompressoren im Druckluftregler (siehe Abschnitt XII und XIII) gefunden wurden, nicht erforderlich.

a) Die Selbstregelung.

Für das Kraftmoment der Dampfmaschine gilt das in Abschnitt V Ausgeführte auch für die Kolbenpumpen. Die Änderung des Widerstandsmomentes ist nach Abschnitt VII von der Drehzahl, der Saug- und der Druckhöhe abhängig.

Ist die Druckhöhe H_d konstant, dann tritt, wenn man für die Saughöhenänderung Gleichung (51) zugrunde legt, an Stelle der für Kompressoren gültigen Gleichung (98) die Differentialgleichung:

$$\frac{\pi \Theta}{30} \frac{dn}{dt} = t \operatorname{tg} \lambda - t \operatorname{tg} \varphi - (n - n_0) \cdot (\operatorname{tg} \varkappa + \operatorname{tg} \omega)$$

oder

$$\frac{\pi \Theta}{30} \cdot \frac{dn}{dt} + (\operatorname{tg} \varkappa + \operatorname{tg} \omega) \cdot n = n_0 (\operatorname{tg} \varkappa + \operatorname{tg} \omega) + (\operatorname{tg} \lambda - \operatorname{tg} \varphi) \cdot t \qquad (145)$$

oder

$$b \cdot \frac{dn}{dt} + \qquad c \qquad n = \qquad k_1 \qquad + \qquad k \qquad \cdot t$$

deren Lösung nach Abschnitt VIII lautet:

$$n = C e^{wt} + u + vt . \qquad (146)$$

Ist zur Zeit $t = 0 : n = n_0$, dann bestimmt sich

$$C = n_0 - u . \qquad (147)$$

Ferner ist:

$$u = \frac{k_1 \cdot c - k \cdot b}{c^2} = n_0 - \frac{\mathrm{tg}\,\lambda - \mathrm{tg}\,\varphi}{(\mathrm{tg}\,\varkappa + \mathrm{tg}\,\omega)^2} \cdot \frac{\pi\Theta}{30} , \qquad (148)$$

$$v = \frac{k}{c} = \frac{\mathrm{tg}\,\lambda - \mathrm{tg}\,\varphi}{\mathrm{tg}\,\varkappa + \mathrm{tg}\,\omega} , \qquad (149)$$

$$w = -\frac{c}{b} = -\frac{\mathrm{tg}\,\varkappa + \mathrm{tg}\,\omega}{\dfrac{\pi\Theta}{30}} \qquad (150)$$

Wie auch aus vorstehenden Gleichungen zu ersehen ist, übt eine
Änderung der Druckwasserentnahme bei konstanter Druckhöhe
keinen Einfluß auf die Pumpe aus; es treten dieserhalb auch jene Selbstregelungseigenschaften nicht auf, die bei den Kompressoren durch die
Werte ε und $\mathrm{tg}\,\gamma$ gekennzeichnet wurden, jedoch löst auch hier eine Änderung der Dampfeintrittsspannung eine Selbstregelung aus; das gleiche
ist bei einer Änderung der Saughöhe der Fall. (Bei den Kompressoren ist
eine Veränderlichkeit des Ansaugeluftdruckes als Folge atmosphärischen
Wechsels wegen des verschwindenden Einflusses nicht berücksichtigt
worden, könnte aber ähnlich, wie hier, in Rechnung gezogen werden.)
Je nach ihrer Tendenz und Größe kann eine Änderung der Saughöhe
($\pm\,\mathrm{tg}\,\varphi$) die Wirkung einer Änderung der Dampfeintrittsspannung
($\pm\,\mathrm{tg}\,\lambda$) abschwächen, aufheben oder verstärken (siehe Gleichung (146)
bis (149)). Wird der Einfluß dieser Änderungen aufgehoben oder treten
solche nicht auf, dann beharrt die Pumpe auf der eingestellten Drehzahl
unabhängig von der Druckwasserentnahme.

Zahlenbeispiel:

Es sei bei einer gegebenen Pumpe mit einer Länge der Saug- und
Druckleitung von 3000 m:

bei der unteren Drehzahlgrenze

$$n' = 50 : Q = 1,9 \text{ cbm/min}; \quad h_w = 5,5 \text{ m}; \quad W = 500 \text{ mkg},$$

bei der oberen Drehzahlgrenze

$$n'' = 80 : Q = 3,0 \text{ cbm/min}; \quad h_w = 13 \text{ m}; \quad W = 545 \text{ mkg},$$

$$H_s + H_d = 6 + 72\,m ; \quad C_w = 6; \quad \Theta = 840 , \text{ also } \frac{\pi\Theta}{30} = 80 .$$

Es ergibt sich dann

$$\mathrm{tg}\,\omega = \frac{545 - 500}{80 - 50} \doteq 1,5 .$$

Es ist danach das Widerstandsmoment bei der oberen Drehzahlgrenze um 9% größer als bei der unteren. Wird, wie auf S. 57, für das
Kraftmoment eine Differenz von 3% angenommen, dann ist

$$\mathrm{tg}\,\varkappa = \frac{0{,}03 \cdot 500}{80 - 50} = 0{,}5$$

und

$$\operatorname{tg}\varkappa + \operatorname{tg}\omega = 2\,.$$

Die Dampfspannung möge wieder von $p_d = 8$ innerhalb 1000 Sekunden allmählich auf $p_d = 10$ Atm. abs. steigen. Das Kraftmoment erhöhe sich während dieser Zeit bei Wahl einer Einzylinderauspuffmaschine nach Fig. 2 b von 500 auf 660 mkg; das ergibt gemäß Fig. 5 b ein

$$\operatorname{tg}\lambda = \frac{660 - 500}{1000} = +0{,}16 \qquad \text{und} \qquad t\cdot\operatorname{tg}\lambda = 160\,.$$

Fällt die Saughöhe innerhalb 1000 Sekunden um 1,7 m, eine schon sehr rasche und starke Änderung, dann ist nach Gleichung (51)

$$\operatorname{tg}\varphi = \frac{6\cdot 1{,}7}{1000} = 0{,}01\,.$$

Diagramm XV (Fall 49/50) läßt den Regelvorgang ersehen. Wie aus Fall 50 zu erkennen ist, ist eine Änderung der Saughöhe, ebenso wie

Diagramm XV.

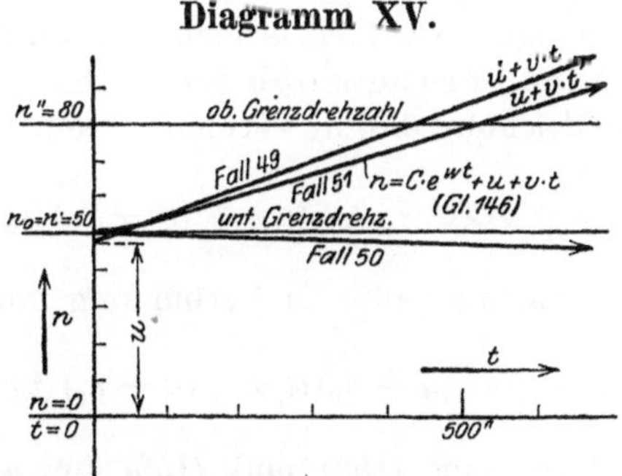

Kolbenpumpen mit veränderlicher Drehzahl.
Selbstregelung.

$x_d = \text{const.}\quad n_0 = 50.$

Fall 49: $b_0 = 2$; $\varepsilon = 0$; $\operatorname{tg}\varphi = 0{,}01$; $\operatorname{tg}\lambda = 0{,}16$; $u = 47$; $v = 0{,}075$.
Fall 50: $b_0 = 2$; $\varepsilon = 0$; $\operatorname{tg}\varphi = 0{,}01$; $\operatorname{tg}\lambda = 0$; $u = 50{,}2$; $v = -0{,}005$.
Fall 51: $b_0 = 2$; $\varepsilon = 0$; $\operatorname{tg}\sigma = 0{,}5$; $\operatorname{tg}\lambda = 0{,}16$; $u = 48$; $v = 0{,}064$.

bei den Kompressoren, von unbedeutendem Einfluß auf die Drehzahl; dagegen steigt oder fällt die Drehzahl bei einer stärkeren Änderung der Dampfeintrittsspannung verhältnismäßig schnell und bedeutend; maßgebend ist die Richtungslinie $u + vt$. Diese verläuft um so steiler, je größer v, bzw. $\operatorname{tg}\lambda$ ist (siehe Gleichung (149)); durch eine entsprechende Drosselung oder weitere Öffnung des Dampfeinlaßventils oder auch des Absperrschiebers an der Druckwasserleitung kann erreicht werden, daß die Drehzahlgrenzen nicht überschritten werden.

Ist die Druckhöhe H_d konstant und legt man für die Änderung der Saughöhe Gleichung (52) zugrunde, dann tritt an Stelle der für Kompressoren gültigen Gleichung (98) die Differentialgleichung:

$$\frac{\pi\Theta}{30} \cdot \frac{dn}{dt} = t \cdot \mathrm{tg}\,\lambda - (n - n_0)\,\mathrm{tg}\,\sigma - (n - n_0)\,(\mathrm{tg}\,\varkappa + \mathrm{tg}\,\omega)$$

oder

$$\frac{\pi\Theta}{30} \cdot \frac{dn}{dt} + (\mathrm{tg}\,\varkappa + \mathrm{tg}\,\omega + \mathrm{tg}\,\sigma) \cdot n = n_0(\mathrm{tg}\,\varkappa + \mathrm{tg}\,\omega + \mathrm{tg}\,\sigma) + t \cdot \mathrm{tg}\,\lambda$$

oder

$$b \cdot \frac{dn}{dt} + c \cdot n = k_1 + k \cdot t \tag{151}$$

Die Lösung ist dieselbe wie für Gleichung (145); es tritt nur an Stelle von $\mathrm{tg}\,\lambda - \mathrm{tg}\,\varphi$ der Wert $\mathrm{tg}\,\lambda$ und an Stelle von $\mathrm{tg}\,\varkappa + \mathrm{tg}\,\omega$ der Wert $\mathrm{tg}\,\varkappa + \mathrm{tg}\,\omega + \mathrm{tg}\,\sigma$; mit diesen Unterschieden gelten also auch hier die Gleichungen (146)—(150) und die daran geknüpften Schlußfolgerungen. Diagramm XV (Fall 51) läßt den Regelvorgang ersehen; er unterscheidet sich nicht wesentlich von jenem des Falles 49. Es hat also auch hier die Änderung der Saughöhe keinen erheblichen Einfluß.

Ist die **Druckhöhe veränderlich** (siehe Abschnitt VIId 1), dann tritt an Stelle von Gleichung (98) in Verbindung mit Gleichung (51):

$$\frac{\pi\Theta}{30}\frac{dn}{dt} = t\,\mathrm{tg}\,\lambda - t\,\mathrm{tg}\,\varphi - h_n \cdot \mathrm{tg}\,\gamma - (n - n_0)\,(\mathrm{tg}\,\varkappa + \mathrm{tg}\,\omega) \tag{152}$$

und an Stelle von Gleichung (98) in Verbindung mit Gleichung (52):

$$\frac{\pi\Theta}{30}\frac{dn}{dt} = t\,\mathrm{tg}\,\lambda - h_n \cdot \mathrm{tg}\,\gamma - (n - n_0)\,\mathrm{tg}\,\sigma - (n - n_0)\,(\mathrm{tg}\,\varkappa + \mathrm{tg}\,\omega) \,. \tag{153}$$

Setzt man in Gleichung (152) und (153) für h_n den Wert von Gleichung (59) und für $\mathrm{tg}\,\varkappa + \mathrm{tg}\,\omega$ wieder den Wert b_0 ein, so erhält man nach Differentiation für erstere:

$$\begin{aligned}
\frac{\pi\Theta}{30} \cdot \frac{d^2n}{dt^2} &+ \left[b_0 + \frac{\pi\Theta}{30} \cdot \varepsilon \cdot \mathrm{tg}\,\beta_1\right] \cdot \frac{dn}{dt} + \left[\frac{C_0}{F_0} \cdot \mathrm{tg}\,\gamma + b_0 \cdot \varepsilon \cdot \mathrm{tg}\,\beta_1\right] \cdot n \\
&= (\mathrm{tg}\,\lambda - \mathrm{tg}\,\varphi + \mathrm{tg}\,\beta_1 \cdot \mathrm{tg}\,\gamma + b_0 \cdot n_0 \cdot \varepsilon \cdot \mathrm{tg}\,\beta_1] \\
&+ [\varepsilon \cdot \mathrm{tg}\,\beta_1 (\mathrm{tg}\,\lambda - \mathrm{tg}\,\varphi)] \cdot t
\end{aligned} \tag{154}$$

und für letztere:

$$\begin{aligned}
\frac{\pi\Theta}{30} \cdot \frac{d^2n}{dt^2} &+ \left[b_0 + \mathrm{tg}\,\sigma + \frac{\pi\Theta}{30} \cdot \varepsilon \cdot \mathrm{tg}\,\beta_1\right]\frac{dn}{dt} + \left[\frac{C_0}{F_0}\mathrm{tg}\,\gamma + (b_0 + \mathrm{tg}\,\sigma) \cdot \varepsilon \cdot \mathrm{tg}\,\beta_1)\right] \cdot n \\
&= [\mathrm{tg}\,\lambda + \mathrm{tg}\,\beta_1 \cdot \mathrm{tg}\,\gamma + (b_0 + \mathrm{tg}\,\sigma) n_0 \cdot \varepsilon \cdot \mathrm{tg}\,\beta_1] + [\varepsilon \cdot \mathrm{tg}\,\beta_1 \cdot \mathrm{tg}\,\lambda] \cdot t
\end{aligned} \tag{155}$$

oder

$$a \cdot \frac{d^2n}{dt^2} + b \cdot \frac{dn}{dt} + c \cdot n = k_1 + k \cdot t \cdot$$

Gegenüber Gleichung (100) tritt bei beiden Gleichungen an Stelle von $\frac{\Delta p}{30}$ der Wert $\frac{C_0}{F_0}$ und außerdem bei ersterer an Stelle von $\operatorname{tg}\lambda$ der Wert $\operatorname{tg}\lambda - \operatorname{tg}\varphi$ und bei letzterer an Stelle von b_0 der Wert $b_0 + \operatorname{tg}\sigma$. Mit diesen Unterschieden gelten demzufolge auch als Lösung die Gleichungen (68), (71), (73) und (101)—(103) (S. 54/55).

Da die Wasserspiegelschwankungen der gewöhnlich nebengeschalteten und reichlich groß bemessenen Hochbehälter verhältnismäßig klein sind, kann der Einfluß von ε als geringfügig vernachlässigt werden. Es vereinfachen sich dann mit $\varepsilon = 0$ vorstehende Gleichungen wesentlich.

Zahlenbeispiel: Für $F_0 = 90$ qm ist unter Zugrundelegung der Daten auf S. 110 nach Gleichung (54)—(57):

$$\text{für } n_0 = n' = 50, \qquad \operatorname{tg}\alpha_0 = \frac{1{,}9}{60 \cdot 90} = 0{,}00035; \qquad \frac{C_0}{F_0} = \frac{0{,}00035}{50} = 0{,}000007;$$

$$\text{für } n'' = 80, \qquad \operatorname{tg}\alpha_1 = \operatorname{tg}\beta_1 = \frac{3{,}0}{60 \cdot 90} = 0{,}00056.$$

Ist der Hochbehälter bei der statischen Druckhöhe von $H_d = 72$ m voll, so verringert sich das Widerstandsmoment bei einem um 5 m niedereren Wasserstand von 500 auf 470 mkg, also ist $\operatorname{tg}\gamma = \frac{500 - 470}{5} = 6$.

Bestimmt man nach Gleichung (67) die Wurzelwerte w, so wird man finden, daß $\frac{c}{a}$ gegenüber $\left(\frac{b}{2a}\right)^2$ außerordentlich klein ist. Der Übergang in die dem neuen Beharrungszustand entsprechende Drehzahl vollzieht sich deshalb aperiodisch ähnlich der n-Kurve in Diagramm VIII, Fall 11, jedoch innerhalb viel längerer Zeit. Es rührt dies davon her, daß sich das Widerstandsmoment bei den in Frage kommenden Hochbehälterwasserständen verhältnismäßig wenig ändert und die Druckerhöhung pro Kolbenhub infolge des großen Wasserbehälterinhalts sehr klein ist; es kommt deshalb die davon herrührende Selbstregelungseigenschaft der Pumpe im Gegensatz zu den Kompressoren mit ihren größeren Grenzdruckdifferenzen und verhältnismäßig kleinen Windkesselinhalten wenig zur Geltung. Bei kleinerem Hochbehälter werden zwar diese Verhältnisse günstiger, doch legt man in der Praxis darauf wenig Wert; besonders bei der Wasserversorgung von Ortschaften strebt man aus anderen Gründen (Betriebsstörungen, Beherrschung von Bränden usw.) möglichst große Hochbehälter an, wobei dann die Selbstregelung von verschwindendem Einfluß ist.

Steigt oder fällt die Dampfeintrittsspannung gleichzeitig oder für sich allein, dann ist deren Einfluß überragend. Die Drehzahländerung weicht wenig von der im Diagramm XV (Fall 49/51) gezeichneten ab. Wie dort ausgeführt, kann eine Überschreitung durch rechtzeitige Verstellung des Dampfeinlaßventils oder der Druckwasserschieber vermieden werden. Das ist jedoch unwirtschaftlich, weshalb Fliehkraftregler mit Handverstellungsmöglichkeit zur Anwendung kommen.

b) Regelung durch einen stark statischen Fliehkraftregler (Leistungsregler).

Wie die vorstehenden Untersuchungen ergeben haben, ist der Einfluß einer Änderung der Saughöhe und der an sich meist konstanten Druckhöhe auf den Regelvorgang bei Kolbenpumpen mit veränderlicher Drehzahl nicht von solch großer Bedeutung, wie die Windkesseldruckänderung bei den Kolbenkompressoren. Es können deshalb auch im folgenden der Vereinfachung halber die davon herrührenden Selbstregelungseigenschaften der Pumpe unberücksichtigt gelassen werden.

Die Verwendung eines Leistungsreglers hat dann den Zweck,

1. die Drehzahl eines vorhandenen Beharrungszustandes bei konstanter Dampfeintrittsspannung auf gleicher Höhe zu halten und bei Betriebsstörungen (z. B. Rohrbrüchen) die Maschine abzustellen;

2. bei einer Änderung der Dampfeintrittsspannung durch Verstellung der Dampffüllung von Hand die Drehzahl innerhalb zulässiger Grenzen halten zu können;

3. je nach dem Wasserbedarf eine dementsprechende Drehzahl einstellen zu können.

Es kann hier ebenfalls das Anordnungsschema der Fig. 33 a (S. 75) mit den Nebenfiguren 33 b und c zugrunde gelegt werden. Ändert sich die Druckwasserentnahme oder die Saug- oder Druckhöhe, dann ist gemäß obiger Voraussetzung das Kraft- und Widerstandsmoment als konstant anzunehmen; die Drehzahl bleibt auf gleicher Höhe n_0. (Würde diese Voraussetzung nicht gemacht werden, dann würde sinngemäß eine selbsttätige Regelung, wie in Abschnitt XI a beschrieben, einsetzen, jedoch mit entsprechend geringerer Intensität.)

Um bei einer Änderung der Dampfeintrittsspannung eine Überschreitung der Drehzahlgrenzen hintanzuhalten oder bei Bedarf eine andere Drehzahl einstellen zu können, wird durch ein Handrad H die Verbindungsstange zwischen Regler- und Steuerhebel verlängert oder verkürzt und damit die Dampffüllung verändert, in Fig. 33 a beispielsweise von f_0 auf f_1 verringert. Wegen der dadurch herbeigeführten Ungleichheit zwischen Kraft- und Widerstandsmoment fällt zunächst die Drehzahl, bis wieder Gleichgewicht hergestellt ist. Das ist dann der Fall, wenn der Reglerhebel die Stellung $h_1 A z_1$ eingenommen und den Steuerhebel so weit nach oben verdreht hat, daß wieder die ursprüngliche Dampffüllung f_1 eingestellt ist. Ändert sich gleichzeitig die Dampfeintrittsspannung, dann wird einer dieser Änderung entsprechenden Dampffüllung zugestrebt.

Der Regelvorgang vollzieht sich allgemein nach folgender Differentialgleichung, welche an Stelle von Gleichung (110) tritt:

oder

oder

$$\left.\begin{aligned}
&\frac{\pi\Theta}{30}\frac{dn}{dt} = t\,\mathrm{tg}\,\lambda - (n - n_1)\,\mathrm{tg}\,\eta - (n - n_0)\cdot(\mathrm{tg}\,\varkappa + \mathrm{tg}\,\omega)\\[2mm]
&\frac{\pi\Theta}{30}\frac{dn}{dt} + (b_0 + \mathrm{tg}\,\eta)\,n = n_1\cdot\mathrm{tg}\,\eta + b_0\cdot n_0 + t\,\mathrm{tg}\,\lambda\\[2mm]
&b\,\frac{dn}{dt} + c\cdot n = k_1 + kt
\end{aligned}\right\} \qquad (156)$$

Die Lösung lautet analog jener von Gleichung (145):

$$n = C\cdot e^{wt} + u + v\cdot t, \qquad (146)$$

wobei

$$u = n_0 + \frac{(n_1 - n_0)\,\mathrm{tg}\,\eta}{b_0 + \mathrm{tg}\,\eta} - \frac{\mathrm{tg}\,\lambda}{(b_0 + \mathrm{tg}\,\eta)^2}\cdot\frac{\pi\Theta}{30}, \qquad (157)$$

$$v = \frac{\mathrm{tg}\,\lambda}{b_0 + \mathrm{tg}\,\eta}, \qquad (158)$$

$$w = -\frac{b_0 + \mathrm{tg}\,\eta}{\dfrac{\pi\cdot\Theta}{30}}, \qquad (159)$$

$$C = n_0 - u. \qquad (147)$$

Die Regelung ist stabil und der Übergang vollzieht sich stets periodisch. Diagramm XVI läßt dies erkennen. Hierin ist mit den Daten des obigen Beispiels wieder, wie bei den Kompressoren, ein kleineres und größeres $\mathrm{tg}\,\eta$ zugrunde gelegt.

Diagramm XVI.

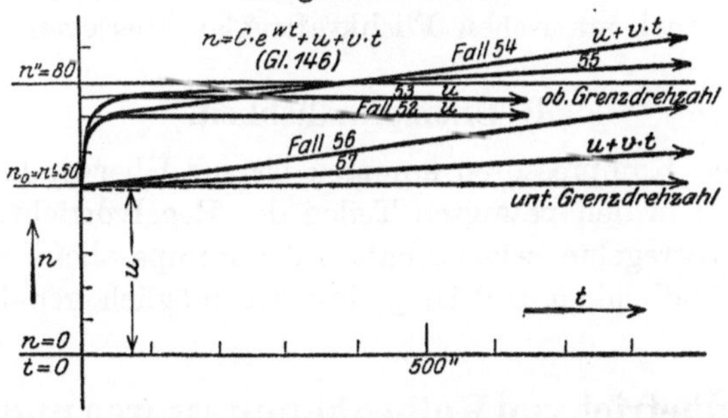

Kolbenpumpe mit unveränderlicher Drehzahl und Leistungsregler.

$x_s + x_d = \text{const.}\ n_0 = 50.$

Fall 52: $b_0 = 2$; $\varepsilon = 0$; $\mathrm{tg}\,\eta = 4$; $\mathrm{tg}\,\lambda = 0$; $u = 70$; $v = 0$; $n_0 - n_1 = -30$ (mit Handverstellung)
Fall 53: $b_0 = 2$; $\varepsilon = 0$; $\mathrm{tg}\,\eta = 14$; $\mathrm{tg}\,\lambda = 0$; $u = 76$; $v = 0$; $n_0 - n_1 = -30$ („   „   )
Fall 54: $b_0 = 2$; $\varepsilon = 0$; $\mathrm{tg}\,\eta = 4$; $\mathrm{tg}\,\lambda = 0{,}16$; $u = 69{,}7$; $v = 0{,}027$; $n_0 - n_1 = -30$ („   „   )
Fall 55: $b_0 = 2$; $\varepsilon = 0$; $\mathrm{tg}\,\eta = 14$; $\mathrm{tg}\,\lambda = 0{,}16$; $u = 76$; $v = 0{,}01$; $n_0 - n_1 = -30$ („   „   )
Fall 56: $b_0 = 2$; $\varepsilon = 0$; $\mathrm{tg}\,\eta = 4$; $\mathrm{tg}\,\lambda = 0{,}16$; $u = 49{,}7$; $v = 0{,}027$; $n_0 - n_1 = 0$ (ohne   „   )
Fall 57: $b_0 = 2$; $\varepsilon = 0$; $\mathrm{tg}\,\eta = 14$; $\mathrm{tg}\,\lambda = 0{,}16$; $u = 49{,}95$; $v = 0{,}01$; $n_0 - n_1 = 0$ („   „   )

Ist die Dampfeintrittsspannung konstant (Fall 52/53), dann hat ein kleineres $tg\,\eta$ lediglich zur Folge, daß eine größere Verstellung $n_0 - n_1$ vorgenommen werden muß, um dieselbe Drehzahl zu erreichen. Der Übergang in die neue Drehzahl vollzieht sich verhältnismäßig rasch; ein weniger schneller Übergang kann durch eine allmähliche Verstellung statt der rechnerisch zugrunde gelegten plötzlichen erreicht werden.

Ändert sich die Dampfeintrittsspannung gleichzeitig (Fall 54/55) oder für sich allein (Fall 56/57), dann kennzeichnet die Richtungslinie $u + v \cdot t$ den Regelvorgang. Aus Diagramm XVI ist ersichtlich, daß bei größerem $tg\,\eta$ das Steigen oder Fallen der Drehzahl weniger rasch vor sich geht und demzufolge die Grenzen erst später überschritten werden. Der Maschinist braucht also nicht so rasch einzugreifen, um dies zu vermeiden. Es ist deshalb bei Kolbenpumpen ein großes $tg\,\eta$ anzustreben, im Gegensatz zu den Kolbenkompressoren, bei welchen die Windkesseldruckänderung eine Hauptrolle spielt. Der Einfluß des Dämpfungsgliedes b_0 kommt dabei weniger zur Geltung, jedoch ist ein großes b_0 ebenfalls günstig.

c) Regelung durch einen nahezu astatischen Fliehkraftregler.

Es gelten hierfür sinngemäß die Ausführungen in Abschnitt XI b, jedoch spielt bei Kolbenpumpen die Änderung der Saug- und Druckhöhe keine oder eine unbedeutende Rolle, ebenso wie die Selbstregelungseigenschaften. Es treten deshalb auch die dort hervorgehobenen Nachteile, die sich auf den Windkesseldruck und die Belastungsänderungen beziehen, fast nicht in Erscheinung, so daß nur die Vorteile verbleiben. Aus diesem Grunde ist der nahezu astatische Fliehkraftregler bei Kolbenpumpen dem stark statischen Fliehkraftregler überlegen.

d) Unempfindlichkeit.

Wie bei den Kompressoren kommen bis zur Überwindung von Reibung und Spiel in den bewegten Teilen der Regelvorrichtung mit Gestänge die Selbstregelungseigenschaften der Pumpe allein zur Wirkung. Diese Unempfindlichkeit soll so gering wie möglich gehalten werden.

XV. Parallelbetrieb von Kolbenkompressoren und -pumpen.

Arbeiten mehrere Kompressoren in ein Druckluftnetz, so haben sie in der Regel einen gemeinsamen Windkessel. Es gelten dann die gleichen Überlegungen, wie in den früheren Abschnitten, mit dem Unterschied, daß die Windkesseldruckerhöhung von mehreren Kompressoren veranlaßt wird, während der Druckluftverbrauch unabhängig von der Zahl derselben vor sich geht. Für Pumpen gilt sinngemäß dasselbe.

Es mögen beispielsweise zwei Kompressoren auf einen Windkessel arbeiten, deren Drehzahl mit n und ν gekennzeichnet und alle sonstigen Bezeichnungen durch Indexe 1 und 2 unterschieden seien.

a) Unveränderliche Drehzahl.

Sind die Drehzahlen unveränderlich, dann tritt an Stelle von Gleichung (38):

$$y = t\,\mathrm{tg}\,\alpha_{01} + t\cdot\mathrm{tg}\,\alpha_{02} - t\,\mathrm{tg}\,\beta_1 = \frac{\Delta p_1}{30}\cdot n_0\,t + \frac{\Delta p_2}{30}\,\nu_0\cdot t - t\,\mathrm{tg}\,\beta_1\,. \tag{160}$$

Verwertet man diese Gleichung in Abschnitt IX, dann ändert sich an den dortigen Ergebnissen grundsätzlich nichts.

b) Veränderliche Drehzahl.

Bei Kompressoren mit veränderlicher Drehzahl tritt ebenfalls, wenn man den Einfluß von ε der Übersichtlichkeit halber zunächst außer acht läßt, an Stelle von Gleichung (41) analog:

$$y_n = \frac{\Delta p_1}{30}\cdot\int n\cdot dt + \frac{\Delta p_2}{30}\cdot\int \nu\cdot dt - t\,\mathrm{tg}\,\beta_1\,. \tag{161}$$

Es ist aber hier besonders zu untersuchen, wie sich der Regelvorgang bei jedem Kompressor infolge von Belastungs- und Dampfdruckänderungen gestaltet, insbesondere ob er stabil ist. Dies soll zunächst für die Selbstregelung geschehen.

1. Selbstregelung.

Da nach Störung des Beharrungszustandes die Druckänderung im Windkessel y_n auf beide Kompressoren in gleicher Weise wirkt, treten an Stelle von Gleichung (98) die folgenden beiden Gleichungen:

$$\frac{\pi\cdot\Theta_1}{30}\cdot\frac{dn}{dt} = t\cdot\mathrm{tg}\,\lambda_1 - y_n\cdot\mathrm{tg}\,\gamma_1 - (n - n_0)\,(\mathrm{tg}\,\varkappa_1 + \mathrm{tg}\,\omega_1)\,, \tag{162}$$

$$\frac{\pi\cdot\Theta_2}{30}\cdot\frac{d\nu}{dt} = t\cdot\mathrm{tg}\,\lambda_2 - y_n\cdot\mathrm{tg}\,\gamma_2 - (\nu - \nu_0)\,(\mathrm{tg}\,\varkappa_2 + \mathrm{tg}\,\omega_2)\,. \tag{163}$$

Setzt man in beiden den Wert y_n aus Gleichung (161) ein und differenziert, so erhält man:

$$\left.\begin{aligned}
\frac{\pi\cdot\Theta_1}{30}\cdot\frac{d^2n}{dt^2} &+ (\mathrm{tg}\,\varkappa_1 + \mathrm{tg}\,\omega_1)\frac{dn}{dt} + \frac{\Delta p_1}{30}\cdot\mathrm{tg}\,\gamma_1\cdot n + \frac{\Delta p_2}{30}\cdot\mathrm{tg}\,\gamma_1\cdot\nu \\
&= \mathrm{tg}\,\lambda_1 + \mathrm{tg}\,\beta_1\cdot\mathrm{tg}\,\gamma_1 \\
\text{oder}& \\
a_1\cdot\frac{d^2n}{dt^2} &+ b_1\cdot\frac{dn}{dt} + c_1\cdot n + d_1\cdot\nu = k_1
\end{aligned}\right\} \tag{164}$$

$$\frac{\pi\Theta_2}{30}\cdot\frac{d^2\nu}{dt^2} + (\mathrm{tg}\,\varkappa_2 + \mathrm{tg}\,\omega_2)\frac{d\nu}{dt} + \frac{\varDelta p_1}{30}\,\mathrm{tg}\,\gamma_2\cdot n + \frac{\varDelta p_2}{30}\cdot\mathrm{tg}\,\gamma_2\cdot\nu$$
$$= \mathrm{tg}\,\lambda_2 + \mathrm{tg}\,\beta_1\cdot\mathrm{tg}\,\gamma_2 \qquad\qquad (165)$$

oder

$$a_2\cdot\frac{d^2\nu}{dt^2} + b_2\cdot\frac{d\nu}{dt} + c_2\cdot n + d_2\cdot\nu = k_2$$

Differenziert man Gleichung (164) zweimal, so ergibt dies:

$$a_1\cdot\frac{d^3 n}{dt^3} + b_1\cdot\frac{d^2 n}{dt^2} + c_1\cdot\frac{d n}{dt} + d_1\cdot\frac{d\nu}{dt} = 0\,, \qquad (166)$$

$$a_1\cdot\frac{d^4 n}{dt^4} + b_1\cdot\frac{d^3 n}{dt^3} + c_1\cdot\frac{d^2 n}{dt^2} + d_1\cdot\frac{d^2\nu}{dt^2} = 0\,. \qquad (167)$$

Eliminiert man aus Gleichung (164), (166) und (167) die Werte ν, $\frac{d\nu}{dt}$ und $\frac{d^2\nu}{dt^2}$ und setzt diese in Gleichung (165) ein, so erhält man:

$$a_1\cdot a_2\cdot\frac{d^4 n}{dt^4} + (a_1 b_2 + a_2 b_1)\frac{d^3 n}{dt^3} + (a_2 c_1 + b_1 b_2 + a_1 d_2)\cdot\frac{d^2 n}{dt^2}$$
$$+ (b_1\cdot d_2 + b_2 c_1)\cdot\frac{d n}{dt} + (c_1\cdot d_2 - c_2\cdot d_1)\,n = k_1\cdot d_2 - k_2\cdot d_1 \qquad (168)$$

Beachtet man, daß $c_1\cdot d_2 - c_2\cdot d_1 = 0$ ist, so läßt sich vereinfacht schreiben:

$$A\cdot\frac{d^4 n}{dt^4} + B\cdot\frac{d^3 n}{dt^3} + C\cdot\frac{d^2 n}{dt^2} + D\cdot\frac{d n}{dt} = E_1$$

In analoger Weise ergibt sich:

$$a_1\cdot a_2\cdot\frac{d^4\nu}{dt^4} + (a_1\cdot b_2 + a_2\cdot b_1)\cdot\frac{d^3\nu}{dt^3} + (a_2 c_1 + b_1 b_2 + a_1 d_2)\cdot\frac{d^2\nu}{dt^2}$$
$$+ (b_1 d_2 + b_2 c_1)\cdot\frac{d\nu}{dt} = k_2 c_1 - k_1\cdot c_2 \qquad (169)$$

oder vereinfacht geschrieben:

$$A\cdot\frac{d^4\nu}{dt^4} + B\cdot\frac{d^3\nu}{dt^3} + C\cdot\frac{d^2\nu}{dt^2} + D\cdot\frac{d\nu}{dt} = E_2$$

In Gleichung (168) und (169) ist:

$$A = a_1\cdot a_2 = \frac{\pi\Theta_1}{30}\cdot\frac{\pi\Theta_2}{30}\,,$$

$$B = a_1\cdot b_2 + a_2\cdot b_1 = \frac{\pi\Theta_1}{30}\cdot b_2 + \frac{\pi\Theta_2}{30}\cdot b_1\,,$$

$$C = a_2\cdot c_1 + b_1\cdot b_2 + a_1\cdot d_2 = \frac{\pi\Theta_2}{30}\cdot\frac{\varDelta p_1}{30}\cdot\mathrm{tg}\,\gamma_1 + b_1\cdot b_2 + \frac{\pi\Theta_1}{30}\frac{\varDelta p_2}{30}\cdot\mathrm{tg}\,\gamma_2\,,$$

$$D = b_1 \cdot d_2 + b_2 \cdot c_1 = b_1 \cdot \frac{\varDelta p_2}{30} \cdot \mathrm{tg}\,\gamma_2 + b_2 \cdot \frac{\varDelta p_1}{30} \cdot \mathrm{tg}\,\gamma_1 \,,$$

$$E_1 = k_1 \cdot d_2 - k_2 \cdot d_1 = \frac{\varDelta p_2}{30} \cdot (\mathrm{tg}\,\lambda_1 \cdot \mathrm{tg}\,\gamma_2 - \mathrm{tg}\,\lambda_2 \cdot \mathrm{tg}\,\gamma_1) \,,$$

$$E_2 = k_2 \cdot c_1 - k_1 \cdot c_2 = -\frac{\varDelta p_1}{30} \cdot (\mathrm{tg}\,\lambda_1 \cdot \mathrm{tg}\,\gamma_2 - \mathrm{tg}\,\lambda_2 \cdot \mathrm{tg}\,\gamma_1) \,.$$

Setzt man $\dfrac{dn}{dt} = z$, $\dfrac{d^2 n}{dt^2} = \dfrac{dz}{dt}$, $\dfrac{d^3 n}{dt^3} = \dfrac{d^2 z}{dt^2}$ und $\dfrac{d^4 n}{dt^4} = \dfrac{d^3 z}{dt^3}$, so ergibt sich aus Gleichung (168):

$$A \cdot \frac{d^3 z}{dt^3} + B \cdot \frac{d^2 z}{dt^2} + C \cdot \frac{dz}{dt} + D \cdot z = E_1 \,. \tag{170}$$

Die Lösung dieser Differentialgleichung lautet, wenn man in verein- vereinfachter Schreibweise für $\dfrac{E_1}{D} = v_1$ setzt:

$$z = \frac{dn}{dt} = A_1 \cdot e^{w_1 \cdot t} + B_1 \cdot e^{w_2 \cdot t} + C_1 \cdot e^{w_3 \cdot t} + v_1 \tag{171}$$

und durch Integration:

$$n = \frac{A_1}{w_1} \cdot e^{w_1 \cdot t} + \frac{B_1}{w_2} \cdot e^{w_2 \cdot t} + \frac{C_1}{w_3} \cdot e^{w_3 \cdot t} + u_1 + v_1 \cdot t \,. \tag{172}$$

Analog erhält man, wenn man für $\dfrac{E_2}{D} = v_2$ setzt:

$$v = \frac{A_2}{w_1} \cdot e^{w_1 \cdot t} + \frac{B_2}{w_2} \cdot e^{w_2 \cdot t} + \frac{C_2}{w_3} \cdot e^{w_3 \cdot t} + u_2 + v_2 \cdot t \,. \tag{173}$$

Die Drehzahlen streben also einem Richtwert $u_1 + v_1 \cdot t$ bzw. $u_2 + v_2 \cdot t$ zu.

Die Werte w_1, w_2, w_3 bestimmen sich aus der sog. Wurzelgleichung zu Gleichung (170):

$$A \cdot w^3 + B \cdot w^2 + C \cdot w + D = 0 \tag{174}$$

und die Integrationskonstanten A_1, B_1, C_1, u_1 bzw. A_2, B_2, C_2, u_2 aus den Anfangsbedingungen des Problems. Es ist nämlich zur Zeit $t = 0$:

$$n = n_0 \quad \text{und} \quad \frac{dn}{dt} = 0$$

Durch Einsetzen dieser Werte in Gleichung (171) und (172) erhält man dann:

$$n_0 = \frac{A_1}{w_1} + \frac{B_1}{w_2} + \frac{C_1}{w_3} + u_1 \,, \tag{175}$$

$$0 = A_1 + B_1 + C_1 + v_1 \,. \tag{176}$$

Es ist ferner zur Zeit $t = 0$ auch $v = v_0$ und $\dfrac{dv}{dt} = 0$. Setzt man die Werte n, $\dfrac{dn}{dt}$ und $\dfrac{d^2 n}{dt^2}$, welche sich aus Gleichung (172) und ihren Diffe-

rentiationen ergeben, in Gleichung (164) ein und bestimmt daraus ν
und $\dfrac{d\nu}{dt}$, so erhält man nach einigen Umformungen für den Zeitpunkt $t=0$:

$$\left.\begin{aligned}
\nu_0 &= \frac{k_1 - b_1 \cdot v_1 - c_1 \cdot u_1}{d_1} - \frac{1}{d_1}\left[\frac{A_1}{w_1}\,(a_1\,w_1^2 + b_1\,w_1 + c_1)\right.\\
&\left.+ \frac{B_1}{w_2}\,(a_1\,w_2^2 + b_1\,w_2 + c_1) + \frac{C_1}{w_3}\,(a_1\,w_3^2 + b_1\,w_3 + c_1)\right]
\end{aligned}\right\} \quad (177)$$

und

$$\left.\begin{aligned}
0 &= A_1\,(a_1\,w_1^2 + b_1\,w_1 + c_1) + B_1\,(a_1\,w_2^2 + b_1\,w_2 + c_1)\\
&+ C_1\,(a_1\,w_3^2 + b_1\,w_3 + c_1)\,.
\end{aligned}\right\} \quad (178)$$

Aus den Gleichungen (175—178) lassen sich die Integrationskonstanten A_1, B_1, C_1, u_1 bestimmen unter der Voraussetzung, daß n_0 und ν_0 bekannt sind. In analoger Weise lassen sich vier Gleichungen zur Bestimmung der Integrationskonstanten A_2, B_2, C_2, u_2 entwickeln.

Die **Windkesseldruckänderungen** erhält man durch Elimination von y_n aus Gleichung (162/163):

$$y_n = \frac{1}{\operatorname{tg}\gamma_1}\cdot\left[t\cdot\operatorname{tg}\lambda_1 - (n - n_0)\,b_1 - a_1\cdot\frac{dn}{dt}\right] \qquad (179)$$

oder

$$y_n = \frac{1}{\operatorname{tg}\gamma_2}\cdot\left[t\cdot\operatorname{tg}\lambda_2 - (\nu - \nu_0)\,b_2 - a_2\cdot\frac{d\nu}{dt}\right]\,. \qquad (180)$$

Durch Einsetzen der Werte von n und $\dfrac{dn}{dt}$ aus Gleichung (171) und (172) ergibt sich dann:

$$\left.\begin{aligned}
y_n &= -\frac{\cdot A_1}{w_1\cdot\operatorname{tg}\gamma_1}(b_1 + a_1\,w_1)\cdot e^{w_1 t} - \frac{B_1}{w_2\cdot\operatorname{tg}\gamma_1}(b_1 + a_1\,w_2)\cdot e^{w_2 t}\\
&- \frac{C_1}{w_3\cdot\operatorname{tg}\gamma_1}(b_1 + a_1\,w_3)e^{w_3 t} + \frac{b_1(n_0 - u_1) - a_1\,v_1}{\operatorname{tg}\gamma_1} + \frac{\operatorname{tg}\lambda_1 - b_1\,v_1}{\operatorname{tg}\gamma_1}\cdot t
\end{aligned}\right\} \quad (181)$$

oder durch Einsetzen von ν und $\dfrac{d\nu}{dt}$, welche sich aus Gleichung (173) und deren Differentiation ergeben:

$$\left.\begin{aligned}
y_n &= -\frac{A_2}{w_1\cdot\operatorname{tg}\gamma_2}(b_2 + a_2\,w_1)\cdot e^{w_1\cdot t} - \frac{B_2}{w_2\cdot\operatorname{tg}\gamma_2}(b_2 + a_2\,w_2)\cdot e^{w_2\cdot t}\\
&- \frac{C_2}{w_3\cdot\operatorname{tg}\gamma_2}(b_2 + a_2\,w_3)e^{w_3\cdot t} + \frac{b_2(v_0 - u_2) - a_2\,v_2}{\operatorname{tg}\gamma_2} + \frac{\operatorname{tg}\lambda_2 - b_2\,v_2}{\operatorname{tg}\gamma_2}\cdot t
\end{aligned}\right\} \quad (182)$$

Da im gemeinsamen Windkessel nur ein und derselbe Luftdruck herrschen kann, so müssen die beiden Gleichungen (181) und (182) identische Kurven ergeben und damit auch denselben Richtwert $R + S \cdot t$ haben. Es ist demzufolge:

$$R = \frac{b_1 \cdot (n_0 - u_1) - a_1 \cdot v_1}{\operatorname{tg} \gamma_1} = \frac{b_2 (v_0 - u_2) \, a_2 \, v_2}{\operatorname{tg} \gamma_2} \qquad (183)$$

und

$$S = \frac{\operatorname{tg} \lambda_1 - b_1 \cdot v_1}{\operatorname{tg} \gamma_1} = \frac{\operatorname{tg} \lambda_2 - b_2 \cdot v_2}{\operatorname{tg} \gamma_2} \, . \qquad (184)$$

Die für den Verlauf der Drehzahlen und des Windkesseldruckes maßgebenden Gleichungen (172), (173) bzw. (181) oder (182) setzen sich, wie jene des einzeln arbeitenden Kompressors, aus zwei Teilen zusammen, nämlich aus den Richtwerten $u_1 + v_1 \cdot t$, $u_2 + v_2 \cdot t$ bzw. $R + S \cdot t$, die Gerade darstellen und aus Exponentialfunktionen, die bei reellen Wurzelwerken w Exponentialkurven, wie in Fig. 26 a, b gezeichnet, ergeben und bei komplexen Wurzelwerten w zu- oder abnehmende Sinusschwingungen, wie in Fig. 27 b, c dargestellt. Eine der drei Wurzeln ist natürlich immer reell. Die einzelnen Exponential- oder Schwingungskurven ergeben durch Addition ihrer Ordinaten zu denen der Richtwerte eine resultierende Kurve, die sog. Übergangskurve, die bei $t = \infty$ in den Richtwert übergeht.

Der Regelvorgang ist stabil, wenn die Übergangskurve aperiodisch oder mit abnehmenden Sinusschwingungen in den Richtwert übergeht und dabei v_1, v_2 und $S = 0$ ist. Das ist der Fall, wenn

1. die drei Wurzelwerte w_1, w_2, w_3 oder deren reeller Teil negativ,
2. in der Wurzelgleichung (174) $B \cdot C - A \cdot D > 0$,
3. $\operatorname{tg} \lambda_1 = \operatorname{tg} \lambda_2 = 0$

ist. Die erste Bedingung ist erfüllt, wenn sämtliche Koeffizienten der Wurzelgleichung (174) positiv sind, was stets zutrifft. Der zweiten Bedingung ist entsprochen, wenn die Dämpfungsfaktoren b_1 und $b_2 > 0$ sind, was praktisch ebenfalls immer der Fall ist. Der dritten Bedingung wird Genüge geleistet, wenn die Dampfeintrittsspannung bei beiden Kompressoren konstant bleibt. Im neuen Beharrungszustand ist dann eine Drehzahl u_1 bzw. u_2 und ein um R höherer oder niedrigerer Windkesseldruck vorhanden, denen die Übergangskurven mit oder ohne Schwingungen zustreben, wie dies z. B. in Diagramm XVII dargestellt ist.

Wird die dritte Bedingung nicht erfüllt, ist z. B. $\operatorname{tg} \lambda_1 \gtrless \operatorname{tg} \lambda_2$, dann streben die Übergangskurven den dabei stetig steigenden oder fallenden Richtwerten $u_1 + v_1 \cdot t$, $u_2 + v_2 \cdot t$, $R + S \cdot t$ zu. Auf die Dauer der Änderung des Dampfdruckes ist ein neuer Beharrungszustand nicht möglich. Der Regelvorgang ist solange unstabil (s. z. B. Diagramm XXII b und XXIII).

Es ist hierbei ein Sonderfall möglich, der in der Praxis häufig vorliegen wird, nämlich wenn $\mathrm{tg}\,\lambda_1 = \mathrm{tg}\,\lambda_2 \lessgtr 0$, d. h. wenn die Dampfeintrittsspannung sich in beiden Kompressoren mit gleicher Gesetzmäßigkeit ändert, aber $\mathrm{tg}\,\gamma_1 = \mathrm{tg}\,\gamma_2$ ist. Es ist dann ebenfalls v_1 und $\dot{v}_2 = 0$. In diesem Fall ist der Drehzahlübergang zwar stabil, d. h. es wird einer eindeutig bestimmten Drehzahl u_1 bzw. u_2 zugestrebt, aber der Regelvorgang muß im ganzen als unstabil bezeichnet werden, weil dabei der Windkesseldruck einen stetig steigenden oder fallenden Richtwert $R + S \cdot t$ zustrebt (s. z. B. Diagramm XVIII b, XIX c).

Um festzustellen, ob die Wurzeln w_1, w_2, w_3 reell oder komplex sind, d. h. ob ein aperiodischer oder ein Schwingungsübergang stattfindet, ist die Wurzelgleichung (174) umzuwandeln in die Form [1]):

$$x^3 - Mx + N = 0, \qquad (185)$$

indem man $w = x - \dfrac{B}{3A}$ setzt.

Es ist dann:

$$M = \frac{1}{3}\left(\frac{B}{A}\right)^2 - \frac{C}{A}. \qquad (186)$$

$$N = 2\left(\frac{B}{3A}\right)^3 + \frac{D}{A} - \frac{1}{3}\frac{B \cdot C}{A^2}. \qquad (187)$$

Ist $(\tfrac{1}{3}M)^3 > (\tfrac{1}{2}N)^2$, dann sind alle drei Wurzeln verschieden groß, reell und negativ, was einen aperiodischen Übergang ergibt.

Ist $(\tfrac{1}{3}M)^3 = (\tfrac{1}{2}N)^2$, dann sind ebenfalls alle drei Wurzeln reell und negativ, jedoch darunter zwei gleich große Wurzeln. Man erhält hierbei den Grenzfall des schwingungslosen Überganges.

Ist $(\tfrac{1}{3}M)^3 < (\tfrac{1}{2}N)^2$, dann ergibt sich eine reelle und zwei komplexe Wurzeln mit negativem reellem Teil. Der Übergang erfolgt mit abnehmenden Schwingungen.

Ob der eine oder andere Fall eintritt, hängt bei gegebenen Kompressoren nur von der Größe der Dämpfung b_1 und b_2 ab. Wie beim einzeln arbeitenden Kompressor erhält man bei kleinen Dämpfungen einen Schwingungsübergang, bei großen einen aperiodischen Übergang.

Die den Verlauf von n, v und y_n darstellenden Gleichungen (172), (173), (181), (182) sind ohne weiteres nur bei drei verschieden großen reellen Wurzeln (aperiodischem Übergang) verwendbar. Sind zwei Wurzeln gleich groß oder komplex, dann sind die sie enthaltenden Exponentialfunktionen dieser Gleichungen in derselben Weise in die Form von Kreisfunktionen zu bringen, wie dies auf S. 36 geschehen ist [2]).

Von besonderer Wichtigkeit für die Beurteilung des

---

[1]) Siehe z. B. Hütte, des Ing. Taschenbuch, XX. Aufl., S. 52/53.
[2]) Siehe ebenda S. 84.

Regelvorganges sind die **Richtwerte,** welche durch folgende Gleichungen dargestellt werden:

$$(n) = u_1 + v_1\, t\,, \tag{188}$$

$$(v) = u_2 + v_2\, t\,, \tag{189}$$

$$(y_n) = R + S \cdot t\,. \tag{190}$$

Aus Gleichung (190) folgt:

$$\frac{d\,(y_n)}{dt} = S$$

und aus Gleichung (161) in Verbindung mit Gleichung (188/189):

$$\frac{d\,(y_n)}{dt} = \frac{\varDelta p_1}{30}\,(u_1 + v_1 \cdot t) + \frac{\varDelta p_2}{30}\,(u_2 + v_2\, t) - \operatorname{tg}\beta_1\,,$$

woraus sich ergibt:

$$\frac{\varDelta p_1}{30}\,(u_1 + v_1 \cdot t) + \frac{\varDelta p_2}{30}\,(u_2 + v_2 \cdot t) = S + \operatorname{tg}\beta_1\,. \tag{191}$$

Nun ist

$$\frac{\varDelta p_1}{30}\cdot v_1 + \frac{\varDelta p_2}{30}\cdot v_2 = 0\,,$$

denn es ist

$$v_1 = \frac{E_1}{D} = \frac{\varDelta p_2}{30\cdot D}\,(\operatorname{tg}\lambda_1 \cdot \operatorname{tg}\gamma_2 - \operatorname{tg}\lambda_2 \cdot \operatorname{tg}\gamma_1)\,,$$

$$v_2 = \frac{E_2}{D} = \frac{-\varDelta p_1}{30\cdot D}\,(\operatorname{tg}\lambda_1 \cdot \operatorname{tg}\gamma_2 - \operatorname{tg}\lambda_2 \cdot \operatorname{tg}\gamma_1)\,.$$

Gleichung (191) vereinfacht sich damit wie folgt:

$$\frac{\varDelta p_1}{30}\cdot u_1 + \frac{\varDelta p_2}{30}\cdot u_2 = S + \operatorname{tg}\beta_1\,. \tag{192}$$

Ferner folgt aus Gleichung (161) für den vorhergehenden Beharrungszustand mit n_0 und v_0 und $y_n = 0$:

$$\frac{\varDelta p_1}{30}\cdot n_0 + \frac{\varDelta p_2}{30}\, v_0 = \operatorname{tg}\beta_0\,. \tag{193}$$

Durch Subtraktion dieser beiden Gleichungen ergibt sich:

$$\frac{\varDelta p_1}{30}\,(n_0 - u_1) + \frac{\varDelta p_2}{30}\,(v_0 - u_2) = \operatorname{tg}\beta_0 - \operatorname{tg}\beta_1 - S\,. \tag{194}$$

Aus Gleichung (183), (184) und (194) erhält man dann nach einigen Umformungen:

$$n_0 - u_1 = \frac{C \cdot v_1}{D} - [(\operatorname{tg}\beta_1 - \operatorname{tg}\beta_0)\cdot \operatorname{tg}\gamma_1 + \operatorname{tg}\lambda_1]\cdot \frac{b_2}{D}\,, \tag{195}$$

$$v_0 - u_2 = \frac{C \cdot v_2}{D} - [(\operatorname{tg}\beta_1 - \operatorname{tg}\beta_0)\cdot \operatorname{tg}\gamma_2 + \operatorname{tg}\lambda_2]\cdot \frac{b_1}{D}\,. \tag{196}$$

Daraus lassen sich die Richtwerte $u_1 + v_1 \cdot t$, $u_2 + v_2 \cdot t$ und $R + S \cdot t$ in Verbindung mit den Gleichungen (183) und (184) bestimmen. (Die Werte C, D, v_1, v_2 s. S. 118 und 119.)

Ist die Dampfspannung konstant, so ist $\operatorname{tg} \lambda_1$, $\operatorname{tg} \lambda_2$, v_1, v_2 und $S = 0$. Die Gleichungen (195/196) vereinfachen sich dann, wie folgt:

$$n_0 - u_1 = \frac{b_2}{D} \cdot (\operatorname{tg}\beta_0 - \operatorname{tg}\beta_1) \cdot \operatorname{tg}\gamma_1 \,, \qquad (197)$$

$$v_0 - u_2 = \frac{b_1}{D} \cdot (\operatorname{tg}\beta_0 - \operatorname{tg}\beta_1) \cdot \operatorname{tg}\gamma_2 \,. \qquad (198)$$

Ändert sich die Dampfeintrittsspannung bei gleichbleibendem Luftverbrauch, dann ist $\operatorname{tg}\beta_0 = \operatorname{tg}\beta_1$ und es wird aus Gleichungen (195/196):

$$n_0 - u_1 = \frac{C \cdot v_1 - b_2 \cdot \operatorname{tg}\lambda_1}{D} \,, \qquad (199)$$

$$v_0 - u_2 = \frac{C \cdot v_2 - b_1 \cdot \operatorname{tg}\lambda_2}{D} \,. \qquad (200)$$

Die Drehzahlenrichtwerte $u_1 + v_1 \cdot t$ **und** $u_2 + v_2 \cdot t$ **werden im allgemeinen größer bzw. kleiner sein als die Richtwerte derselben Kompressoren, wenn sie einzeln in je ein besonderes Druckluftnetz mit verhältnismäßig kleinerem Windkessel arbeiten würden. Die Arbeitsverteilung auf beide Kompressoren ist also beim Parallelbetrieb eine andere als beim Einzelbetrieb. Das ist der wichtigste Unterschied zwischen diesen beiden Betriebsarten.**

Denkt man sich beide Kompressoren im Ruhezustand mit gleicher Arbeitsverteilung und im Betrieb mit unveränderter Füllung sich selbst überlassen, so ist bei einer Belastungsänderung von $\operatorname{tg}\beta_0 = 0$ auf $\operatorname{tg}\beta_1$ mit $n_0 = v_0 = 0$ nach den Gleichungen (197/198):

$$u_1 = \frac{b_2}{D} \cdot \operatorname{tg}\gamma_1 \cdot \operatorname{tg}\beta_1 \,, \qquad (201)$$

$$u_2 = \frac{b_1}{D} \cdot \operatorname{tg}\gamma_2 \cdot \operatorname{tg}\beta_1 \,. \qquad (202)$$

Die sich danach ergebende Arbeitsverteilung ist graphisch mit den Zahlenwerten späterer Beispiele (zwei gleiche Kompressoren mit $b_1 = 10$, $b_2 = 20$) in Fig. 43 dargestellt. Es bleibt sonach in diesem mehr theoretischen Falle die Arbeitsverteilung auf beide Kompressoren, entsprechend dem konstanten Verhältnis $\dfrac{u_1}{u_2}$ ungeändert, wie groß auch der Luftverbrauch (Gesamtbelastung der Kompressoren) ist; sie ist jedoch gegenüber dem Einzelbetrieb (punktiert eingezeichnet) eine andere, und zwar eine recht ungünstige, weil der eine Kompressor zu stark, der andere zu schwach an der Arbeitsleistung beteiligt ist.

Durch Verstellung der Füllung kann jedoch eine gleiche Arbeitsverteilung auch für eine beliebige Belastung, also $n_0 = \nu_0 > 0$, eingestellt werden. In Fig. 44 ist dies für dieselben gleich großen Kompressoren bei $^3/_4$ Belastung graphisch dargestellt. Es muß dabei Gleichung (193) erfüllt sein. Werden die Kompressoren dann sich selbst überlassen, so werden bei Belastungsänderungen und konstanter Dampfeintrittsspannung im neuen Beharrungszustand Drehzahlen und eine Arbeitsverteilung eingestellt, die sich aus Gleichung (197/198) und aus Fig. 44 ergeben. Es weichen hier die Drehzahlen u_1 und u_2 von jenen beim Einzelbetrieb (punktiert eingezeichnet) innerhalb des Belastungsbereiches einhalb bis voll viel weniger ab als in Fig. 43. Jeder Belastung ist zwar ebenfalls eine ganz bestimmte Arbeitsverteilung folgerichtig zugeordnet, jedoch ist $\dfrac{u_1}{u_2}$ nicht mehr konstant, sondern je nach der Be-

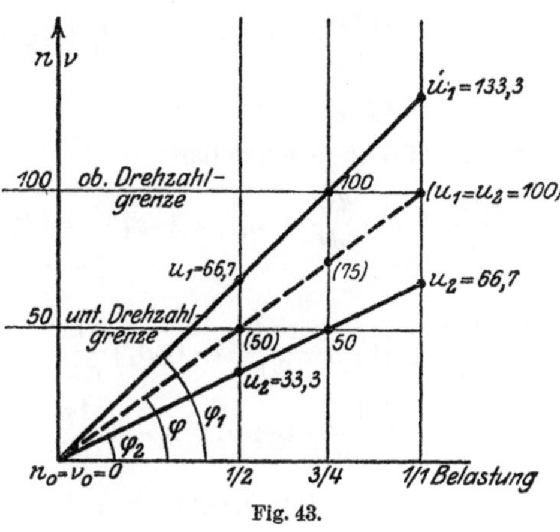

Fig. 43.

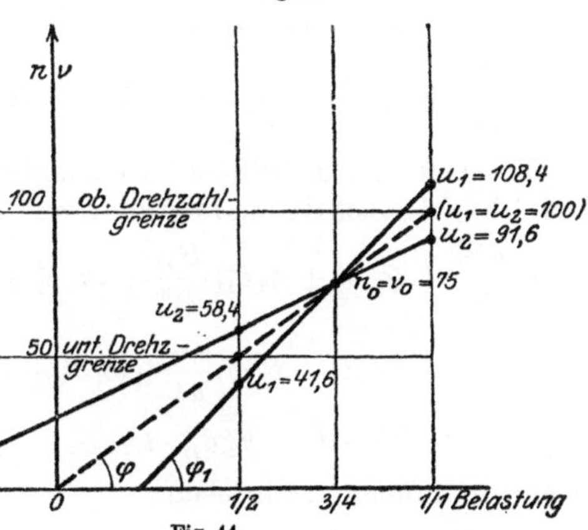

Fig. 44.

lastung $\gtreqless 1$. In dem Beispiel ist also die Arbeitsverteilung bei Vollbelastung umgekehrt als bei halber Belastung.

Bei allen vorstehenden Entwicklungen ist $\varepsilon = 0$ vorausgesetzt. Berücksichtigt man dessen Einfluß, so ist von Gleichung (40) auszugehen. Es tritt dann an Stelle von Gleichung (161) folgende:

$$y_n = \frac{\Delta p_1}{30} \cdot \int n \cdot dt + \frac{\Delta p_2}{30} \cdot \int \nu \cdot dt - t \cdot \mathrm{tg}\,\beta_1 - \varepsilon \cdot \mathrm{tg}\,\beta_1 \int y_n \cdot dt \,. \qquad (203)$$

In Verbindung mit Gleichung (162) und (163) erhält man nach entsprechender Umformung und Differentiation folgende zwei Gleichungen, wenn man wieder für $\mathrm{tg}\,\varkappa_1 + \mathrm{tg}\,\omega_1 = b_1$ und für $\mathrm{tg}\,\varkappa_2 + \mathrm{tg}\,\omega_2 = b_2$ einführt:

$$\frac{\pi\,\Theta_1}{30}\cdot\frac{d^2 n}{d t^2} + \left(b_1 + \frac{\pi\,\Theta_1}{30}\cdot\varepsilon\cdot\mathrm{tg}\,\beta_1\right)\frac{d n}{d t} + \left(\frac{\Delta p_1}{30}\cdot\mathrm{tg}\,\gamma_1 + b_1\cdot\varepsilon\cdot\mathrm{tg}\,\beta_1\right) n$$
$$+\left(\frac{\Delta p_2}{30}\cdot\mathrm{tg}\,\gamma_1\right)\cdot\nu = (\mathrm{tg}\,\lambda_1 + \mathrm{tg}\,\beta_1\cdot\mathrm{tg}\,\gamma_1 + n_0\cdot b_1\cdot\varepsilon\cdot\mathrm{tg}\,\beta_1)$$
$$+ (\mathrm{tg}\,\lambda_1\cdot\varepsilon\cdot\mathrm{tg}\,\beta_1)\cdot t \tag{204}$$

oder vereinfacht geschrieben:

$$a_1'\cdot\frac{d^2 n}{d t^2} + b_1'\cdot\frac{d n}{d t} + c_1'\cdot n + d_1'\cdot\nu = k_1' + k_1''\cdot t$$

ferner:

$$\frac{\pi\,\Theta_2}{30}\cdot\frac{d^2\nu}{d t^2} + \left(b_2 + \frac{\pi\,\Theta_2}{30}\cdot\varepsilon\cdot\mathrm{tg}\,\beta_1\right)\frac{d\nu}{d t}$$
$$+\left(\frac{\Delta p_1}{30}\cdot\mathrm{tg}\,p\,\gamma_2\right)\cdot n + \left(\frac{\Delta p_2}{30}\cdot\mathrm{tg}\,\gamma_2 + b_2\cdot\varepsilon\cdot\mathrm{tg}\,\beta_1\right)\cdot\nu$$
$$= (\mathrm{tg}\,\lambda_2 + \mathrm{tg}\,\beta_1\cdot\mathrm{tg}\,\gamma_2 + \nu_0\cdot b_1\cdot\varepsilon\cdot\mathrm{tg}\,\beta_1) + (\mathrm{tg}\,\lambda_2\cdot\varepsilon\cdot\mathrm{tg}\,\beta_1)\cdot t \tag{205}$$

oder vereinfacht geschrieben:

$$a_2'\cdot\frac{d^2\nu}{d t^2} + b_2'\cdot\frac{d\nu}{d t} + c_2'\cdot n + d_2'\cdot\nu = k_2' + k_2''\,t$$

Durch zweimalige Differentiation und entsprechender Elimination ergeben sich schließlich daraus folgende zwei Differentialgleichungen 4. Grades:

$$a_1'\cdot a_2'\frac{d^4 n}{d t^4} + (a_1' b_2' + a_2' b_1')\frac{d^3 n}{d t^3} + (a_2' c_1' + b_1' b_2' + a_1' d_2')\frac{d^2 n}{d t^2}$$
$$+ (b_1' d_2' + b_2' c_1')\frac{d n}{d t} + (c_1' d_2' - c_2' d_1')\cdot n = (k_1' d_2' - k_2' d_1')$$
$$+ (k_1''\cdot d_2' - k_2'' d_1')\cdot t \tag{206}$$

oder vereinfacht geschrieben:

$$A'\cdot\frac{d^4 n}{d t^4} + B'\frac{d^3 n}{d t^3} + C'\frac{d^2 n}{d t^2} + D'\frac{d n}{d t} + E'\cdot n = F_1' + G_1'\cdot t$$

$$a_1' a_2'\cdot\frac{d^4\nu}{d t^4} + (a_1'\cdot b_2' + a_2'\cdot b_1')\frac{d^3\nu}{d t^3} + (a_2' c_1' + b_1' b_2' + a_1' d_2')\frac{d^2\nu}{d t^2}$$
$$+ (b_1' d_2' + b_2' c_1')\frac{d\nu}{d t} + (c_1' d_2' - c_2' d_1')\,n = (k_2' c_1' - k_1' c_2')$$
$$+ (k_2'' c_1' - k_1'' c_2')\cdot t \tag{207}$$

oder vereinfacht geschrieben:

$$A'\cdot\frac{d^4\nu}{d t^4} + B'\cdot\frac{d^3\nu}{d t^3} + C'\cdot\frac{d^2\nu}{d t^2} + D'\cdot\frac{d\nu}{d t} + E'\cdot\nu = F_2' + G_2'\cdot t$$

Als Lösung erhält man:

$$n = A_1' e^{w_1 t} + B_1' e^{w_2 t} + C_1' e^{w_3 t} + D_1' e^{w_4 t} + u_1' + v_1' \cdot t , \qquad (208)$$

$$\nu = A_1' e^{w_1 t} + B_2' e^{w_2 t} + C_2' e^{w_3 t} + D_2' e^{w_4 t} + u_2' + v_2' \cdot t , \qquad (209)$$

wobei sich die Wurzeln w_1, w_2, w_3, w_4 aus der Gleichung:

$$A' w^4 + B' w^3 + C' w^2 + D' w + E' = 0 \qquad (210)$$

und die Integrationskonstanten A_1', B_1', C_1', D_1' bzw. A_2', B_2', C_2', D_2' aus den Anfangsbedingungen des Problems in ähnlicher Weise bestimmen lassen wie auf S. 119/120. Ferner ist[1]):

$$u_1' = \frac{F_1' \cdot E' - G_1' \cdot D'}{E'^2} , \qquad (211)$$

$$v_1' = \frac{G_1'}{E'} , \qquad (212)$$

$$u_2' = \frac{F_2' \cdot E' - G_2' \cdot D'}{E'^2} , \qquad (213)$$

$$v_2' = \frac{G_2'}{E'} . \qquad (214)$$

$u_1' + v_1' \cdot t$ bzw. $u_2' + v_2' \cdot t$ sind wieder die sog. Richtwerte für die Drehzahlen.

Durch Einsetzen von n, $\dfrac{dn}{dt}$, ν, $\dfrac{d\nu}{dt}$ aus den Gleichungen (208) und (209) in die Gleichungen (162) und (163) erhält man nach entsprechenden Umformungen:

$$\left. \begin{aligned} y_n = &- \frac{A_1'}{\operatorname{tg}\gamma_1}\,(b_1 + a_1' w_1)\,e^{w_1 t} - \frac{B_1'}{\operatorname{tg}\gamma_1}\,(b_1 + a_1' w_2)\,e^{w_2 t} \\ &- \frac{C_1'}{\operatorname{tg}\gamma_1}\,(b_1 + a_1' w_3)\,e^{w_3 t} - \frac{D_1'}{\operatorname{tg}\gamma_1}\,(b_1 + a_1' w_4)\,e^{w_4 t} \\ &+ \frac{b_1\,(n_0 - u_1') - a_1' v_1'}{\operatorname{tg}\gamma_1} + \frac{\operatorname{tg}\lambda_1 - b_1 v_1'}{\operatorname{tg}\gamma_1}\cdot t \end{aligned} \right\} \qquad (215)$$

oder:

$$\left. \begin{aligned} y_n = &- \frac{A_2'}{\operatorname{tg}\gamma_2}\,(b_2 + a_2' w_1)\,e^{w_1 t} - \frac{B_2'}{\operatorname{tg}\gamma_2}\,(b_2 + a_2' w_2)\,e^{w_2 t} \\ &- \frac{C_2'}{\operatorname{tg}\gamma_2}\,(b_2 + a_2' w_3)\,e^{w_3 t} - \frac{D_2'}{\operatorname{tg}\gamma_2}\,(b_2 + a_2' w_4)\,e^{w_4 t} \\ &+ \frac{b_2\,(\nu_0 - u_2') - a_2' \cdot v_2'}{\operatorname{tg}\gamma_2} + \frac{\operatorname{tg}\lambda_2 - b_2 v_2'}{\operatorname{tg}\gamma_2}\cdot t \end{aligned} \right\} \qquad (216)$$

---

[1]) z. B. nach dem Verfahren in Hütte, des Ing. Taschenbuch, XX. Auf., S. 84.

Die beiden Gleichungen (215) und (216) müssen ebenfalls aus dem auf Seite 120 angegebenen Grunde identische Kurven ergeben. Für den Richtwert des Windkesseldruckes $R' + S' \cdot t$ ist somit:

$$R' = \frac{b_1\,(n_0 - u_1') - a_1'\,v_1'}{\operatorname{tg}\gamma_1} = \frac{b_2\,(v_0 - u_2') - a_2' \cdot v_2'}{\operatorname{tg}\gamma_2} \tag{217}$$

$$S' = \frac{\operatorname{tg}\lambda_1 - b_1\,v_1'}{\operatorname{tg}\gamma_1} = \frac{\operatorname{tg}\lambda_2 - b_2\,v_2'}{\operatorname{tg}\gamma_2}\,. \tag{218}$$

Auch hier setzen sich die Übergangskurven aus den Ordinaten der Richtwerte und jener der einzelnen Exponentialausdrücke zusammen. Die Form der Kurven ist ähnlich jenen in den Diagrammen VII—IX. Eine Stabilität des Regelvorganges ist ebenfalls nur auf die Dauer einer Dampfdruckänderung nicht vorhanden. Der Übergang erfolgt aperiodisch oder mit abnehmenden Schwingungen.

Vorstehende Entwicklungen gelten ganz allgemein für die Selbstregelung zweier parallel arbeitender Kompressoren verschiedener Größe, Drehzahlbereiche und Selbstregelungsfaktoren, sowie mit und ohne Belastungs- oder Dampfdruckänderung. Sind drei oder noch mehr Kompressoren an einem Druckluftnetz mit gemeinsamem Windkessel angeschlossen, so ergeben sich analoge analytische Entwicklungen sowohl für die Selbstregelung als auch für die nachfolgend behandelten Regelungsarten.

2. Leistungsregler ohne und mit Handverstellung.

Die Überlegungen des Abschnittes XI sind auf den Parallelbetrieb sinngemäß übertragbar. Es seien wieder zwei verschiedene, parallel arbeitende Kompressoren zugrunde gelegt. Jeder derselben sei mit einem von Hand verstellbaren Leistungsregler ausgestattet, für welchen das Schema und die Bezeichnungen der Fig. 33 a—d mit entsprechendem Index Geltung haben mögen. Dem einen soll also ein $\operatorname{tg}\eta_1$, dem anderen ein $\operatorname{tg}\eta_2$ zugehören. $n_0 - n_1$ bzw. $v_0 - v_1$ sei wieder der Maßstab für die Verlängerung oder Verkürzung der Verbindungsstange zwischen Steuer- und Reglerhebel.

Es tritt dann an Stelle von Gleichung (162) und (163), wenn man wieder

$$b_1 = \operatorname{tg}\varkappa_1 + \operatorname{tg}\omega_1\,, \quad b_2 = \operatorname{tg}\varkappa_2 + \operatorname{tg}\omega_2\,, \quad \frac{\pi\,\Theta_1}{30} = a_1\,, \quad \frac{\pi\,\Theta_2}{30} = a_2$$

setzt:

$$a_1 \cdot \frac{dn}{dt} = t \cdot \operatorname{tg}\lambda_1 - y_n \cdot \operatorname{tg}\gamma_1 - (n - n_0) \cdot b_1 - (n - n_1) \cdot \operatorname{tg}\eta_1\,, \tag{219}$$

$$a_2 \cdot \frac{dv}{dt} = t \cdot \operatorname{tg}\lambda_2 - y_n \cdot \operatorname{tg}\gamma_2 - (v - v_0) \cdot b_2 - (v - v_1) \cdot \operatorname{tg}\eta_2\,. \tag{220}$$

Entwickelt man dieselben in Verbindung mit Gleichung (161) $(\varepsilon=0)$, so erhält man dieselben Lösungen und Schlußfolgerungen, wie bei der Selbstregelung parallel arbeitender Kompressoren mit folgenden Unterschieden:

a) An Stelle von b_1 tritt $b_1 + \operatorname{tg}\eta_1$.

b) An Stelle von b_2 tritt $b_2 + \operatorname{tg}\eta_2$.

c) Aus Gleichung (219 und 220) erhält man:

$$y_n = \frac{1}{\operatorname{tg}\gamma_1}\cdot\left[t\cdot\operatorname{tg}\lambda_1 - (n-n_0)(b_1+\operatorname{tg}\eta_1) - (n_0-n_1)\operatorname{tg}\eta_1 - a_1\cdot\frac{dn}{dt}\right] \quad (221)$$

oder

$$y_n = \frac{1}{\operatorname{tg}\gamma_2}\cdot\left[t\cdot\operatorname{tg}\lambda_2 - (\nu-\nu_0)(b_2+\operatorname{tg}\eta_2) - (\nu_0-\nu_1)\operatorname{tg}\eta_2 - a_2\cdot\frac{d\nu}{dt}\right]. \quad (222)$$

Setzt man hierin für den Zeitpunkt $t=0$: $(n-n_0)=0,\ \nu-\nu_0=0$, $y_n=0$, so erhält man für den Anfangszustand:

$$\left(\frac{dn}{dt}\right)_{t=0} = -(n_0-n_1)\cdot\frac{\operatorname{tg}\eta_1}{a_1} = m_1\,, \quad (223)$$

$$\left(\frac{d\nu}{dt}\right)_{t=0} = -(\nu_0-\nu_1)\cdot\frac{\operatorname{tg}\eta_2}{a_2} = m_2\,. \quad (224)$$

Es ist also bei der Bestimmung der Integrationskonstanten in Gleichung (176) und (178) an Stelle von Null der Wert m_1 bzw. m_2 zu setzen.

d) Für den Richtwert $R + S \cdot t$ tritt an Stelle der Gleichung (183) und (184)

$$\left.\begin{aligned}
R &= \frac{(b_1+\operatorname{tg}\eta_1)(n_0-u_1) - a_1 v_1 - (n_0-n_1)\cdot\operatorname{tg}\eta_1}{\operatorname{tg}\gamma_1}\\[2mm]
&= \frac{(b_2+\operatorname{tg}\eta_2)(\nu_0-u_2) - a_2 v_2 - (\nu_0-\nu_1)\cdot\operatorname{tg}\eta_2}{\operatorname{tg}\gamma_2}
\end{aligned}\right\} \quad (225)$$

$$S = \frac{\operatorname{tg}\lambda_1 - (b_1+\operatorname{tg}\eta_1)v_1}{\operatorname{tg}\gamma_1} = \frac{\operatorname{tg}\lambda_2 - (b_2+\operatorname{tg}\eta_2)\cdot v_2}{\operatorname{tg}\gamma_2}. \quad (226)$$

e) Für die Richtwerte $u_1 + v_1\cdot t$ und $u_2 + v_2\cdot t$ gelten dieselben Entwicklungen, die zu Gleichung (194) führten. Verbindet man diese mit Gleichung (225) und (226), so erhält man nach einigen Umformungen an Stelle von Gleichung (195) und (196):

$$\left.\begin{aligned}
n_0 - u_1 &= \frac{C\cdot v_1}{D} - [(\operatorname{tg}\beta_1 - \operatorname{tg}\beta_0)\cdot\operatorname{tg}\gamma_1 + \operatorname{tg}\lambda_1]\cdot\frac{b_2+\operatorname{tg}\eta_2}{D}\\[2mm]
&\quad + \frac{a_2 d_1 m_2 - a_1 d_2 m_1}{D}
\end{aligned}\right\} \quad (227)$$

$$\left.\begin{aligned}
\nu_0 - u_2 &= \frac{C\cdot v_2}{D} - [(\operatorname{tg}\beta_1 - \operatorname{tg}\beta_0)\cdot\operatorname{tg}\gamma_2 + \operatorname{tg}\lambda_2]\cdot\frac{b_1+\operatorname{tg}\eta_1}{D}\\[2mm]
&\quad + \frac{a_1 c_2\cdot m_1 - a_2 c_1\cdot m_2}{D}
\end{aligned}\right\} \quad (228)$$

Hierin ist, wie bei der Selbstregelung mit dem unter a) und b) genannten Unterschied:

$$C = a_2\,c_1 + (b_1 + \mathrm{tg}\,\eta_1)\,(b_2 + \mathrm{tg}\,\eta_2) + a_1\,d_2\;,$$

$$D = (b_1 + \mathrm{tg}\,\eta_1)\cdot d_2 + (b_2 + \mathrm{tg}\,\eta_2)\cdot c_1\;,$$

$$c_1 = \frac{\varDelta p_1}{30}\cdot \mathrm{tg}\,\gamma_1\;;\qquad c_2 = \frac{\varDelta p_1}{30}\cdot \mathrm{tg}\,\gamma_2\;,$$

$$d_1 = \frac{\varDelta p_2}{30}\cdot \mathrm{tg}\,\gamma_1\;;\qquad d_2 = \frac{\varDelta p_2}{30}\cdot \mathrm{tg}\,\gamma_2\;,$$

$$v_1 = \frac{E_1}{D} = \frac{k_1\cdot d_2 - k_2\cdot d_1}{(b_1 + \mathrm{tg}\,\eta_1)\,d_2 + (b_2 + \mathrm{tg}\,\eta_2)\cdot c_1}\;,$$

$$v_2 = \frac{E_2}{D} = \frac{k_2\cdot c_1 - k_1\cdot c_2}{(b_1 + \mathrm{tg}\,\eta_1)\cdot d_2 + (b_2 + \mathrm{tg}\,\eta_2)\cdot c_2}\;.$$

Ist die Dampfspannung konstant, so ist in den Gleichungen (225) bis (228) $\mathrm{tg}\,\lambda_1$, $\mathrm{tg}\,\lambda_2$, v_1, v_2 gleich Null zu setzen; bleibt der Luftverbrauch gleich und ändert sich nur die Dampfspannung, dann ist $\mathrm{tg}\,\beta_1 - \mathrm{tg}\,\beta_0$ gleich Null zu setzen.

Bei den vorstehenden Entwicklungen ist angenommen, daß an den Leistungsreglern beider Kompressoren gleichzeitig sofort bei Beginn der Störung des Beharrungszustandes eine Verstellung vorgenommen wird. Findet eine solche nur an dem Leistungsregler des einen Kompressors statt, so ist m_1 oder $m_2 = 0$ zu setzen, weil $n_0 - n_1$ oder $v_0 - v_1 = 0$ ist. Die Ableitungen lassen sich, ähnlich wie in den Gleichungen (120) bis (122) auch leicht durchführen, wenn erst einige Zeit nach Störung des Beharrungszustandes an einem oder an beiden Reglern eine Verstellung erfolgt.

Bei Berücksichtigung des Einflusses von ε lassen sich sinngemäß die Unterschiede gegenüber der alleinigen Selbstregelung in ähnlicher Weise klarlegen.

3. Druckluftregler ohne Fliehkraftregler.

Wie aus Abschnitt XII a ersehen werden kann, unterscheidet sich die Regelung durch Druckluftregler ohne Zuhilfenahme eines Fliehkraftreglers von der alleinigen Selbstregelung beim einzeln arbeitenden Kompressor nur dadurch, daß an Stelle von $\mathrm{tg}\,\gamma$ der Wert $\mathrm{tg}\,\gamma + \mathrm{tg}\,\eta$ tritt. Dies trifft auch für parallel arbeitende Kompressoren zu, indem in den analytischen Entwicklungen für die Selbstregelung an Stelle von $\mathrm{tg}\,\gamma_1$ der Wert $\mathrm{tg}\,\gamma_1 + \mathrm{tg}\,\eta_1$ und an Stelle von $\mathrm{tg}\,\gamma_2$ der Wert $\mathrm{tg}\,\gamma_2 + \mathrm{tg}\,\eta_2$ tritt.

4. Druckluftregler mit Fliehkraftregler.

Bei dieser Regelungsart ist, ähnlich wie in Abschnitt XII b, in die analytischen Entwicklungen für die Selbstregelung parallel arbeitender Kompressoren

$$\text{an Stelle von } \operatorname{tg}\gamma_1 \text{ der Wert } \operatorname{tg}\gamma_1 + \frac{l_1 + l_2}{l_2 \cdot \operatorname{tg}\delta_1} \cdot \operatorname{tg}\eta_1 \,,$$

$$\text{,,} \quad \text{,,} \quad \text{,,} \ \operatorname{tg}\gamma_2 \ \text{,,} \quad \text{,,} \quad \operatorname{tg}\gamma_2 + \frac{l_1 + l_2}{l_2 \cdot \operatorname{tg}\delta_2} \cdot \operatorname{tg}\eta_2 \,,$$

$$\text{,,} \quad \text{,,} \quad \text{,,} \ b_1 \ \text{,,} \quad \text{,,} \quad b_1 \ + \frac{l_1}{l_2} \cdot \frac{\operatorname{tg}\eta_1}{\operatorname{tg}\varphi_1} \,,$$

$$\text{,,} \quad \text{,,} \quad b_2 \ \text{,,} \quad \text{,,} \quad b_2 \ + \frac{l_1}{l_2} \cdot \frac{\operatorname{tg}\eta_2}{\operatorname{tg}\varphi_2}$$

einzuführen.

5. Kombination verschiedener Regelungsarten.

Es ist ohne weiteres möglich, den einen Kompressor auf die alleinige Selbstregelung zu verweisen und den anderen mit irgendeiner Regelvorrichtung auszustatten oder beide mit verschiedenartigen Regelvorrichtungen laufen zu lassen. Es sind dann lediglich die treffenden analytischen Entwicklungen zu kombinieren. Würde z. B. der erste nur Selbstregelung haben, der andere einen mit einem Fliehkraftregler kombinierten Druckluftregler, so würde in die Entwicklungen für die Selbstregelung lediglich an Stelle von $\operatorname{tg}\gamma_2$ und b_2 der in obiger Ziffer 4 angegebene Wert einzusetzen sein.

6. Unterschiede der Regelung zwischen einzeln und parallel arbeitenden Kompressoren mit veränderlicher Drehzahl.

Die wesentlichen Unterschiede zwischen Einzel- und Parallelbetrieb von Kompressoren mögen durch einige **Zahlenbeispiele** erläutert werden. Der rechnerischen Einfachheit halber sollen zwei gleich große Kompressoren mit denselben Daten, wie früher (s. S. 44 und 57), zugrunde gelegt werden; der gemeinsame Windkessel sei jedoch, entsprechend der Zahl der Kompressoren, zweimal so groß, also sein Inhalt $V = 200$ cbm. Es ist dann:

$$a_1 = a_2 = \frac{\pi \cdot 3500}{30} = 366 \,,$$

$$\Delta p_1 = \Delta p_2 = \frac{0{,}51}{200} \cdot 1{,}1 \cdot 1{,}25 = 0{,}0035 \text{ at (halb so groß als beim Einzelbetrieb)},$$

$$\operatorname{tg}\gamma_1 = \operatorname{tg}\gamma_2 = 300 \,,$$

$$c_1 = c_2 = d_1 = d_2 = 0{,}035 \,,$$

$$\operatorname{tg}\beta_0 = 0{,}0117 \ (^1/_2 \text{ Maximalverbrauch}),$$

$$\operatorname{tg}\beta_1 = 0{,}0234 \ (\text{Maximalmalverbrauch}),$$

während für den einzeln arbeitenden Kompressor:

$$V = 100 \text{ cbm} , \quad \Delta p = 0{,}007$$

zu setzen ist.

Die Übergangskurven verlaufen mit oder ohne Schwingungen beim Parallelbetrieb ähnlich wie beim Einzelbetrieb (s. Diagr. VII—XIV und XVII—XXIII) und sollen zahlenmäßig hier nicht weiter mehr untersucht werden; dagegen ist praktisch von besonderer Bedeutung, welchen Richtwerten die Drehzahl jedes Kompressors und der Windkesseldruck zustreben.

a) Kompressoren mit gleicher Dämfung.

Hat die Dämpfung jedes Kompressors dieselbe Größe, dann erhält man für jede Regelungsart das Ergebnis, daß Drehzahlen und Windkesseldruck denselben Richtwerten zustreben, wie wenn die Kompressoren einzeln in einen Windkessel halber Größe arbeiten würden. Ein Unterschied besteht jedoch, wenn eine Handverstellung nur an einem Kompressor oder an beiden in verschiedenem Maße vorgenommen wird.

Wird beispielsweise bei alleiniger Selbstregelung die Belastung von $^1/_2$ auf voll verändert und bleibt die Dampfeintrittsspannung konstant, so erhält man nach Gleichungen (183) und (184) sowie (197) und (198) mit einer Drehzahl des vorhergehenden Beharrungszustandes von $n_0 = v_0 = 50$ und einer Dämpfung $b_1 = b_2 = 10$, wenn man den Einfluß von ε vernachlässigt:

$$u_1 = 100; \quad u_2 = 100; \quad v_1 = v_2 = 0; \quad R = -1{,}67 \text{ at}; \quad S = 0 .$$

Der Regelvorgang vollzieht sich für beide Kompressoren nach Diagramm XVII a, Fall 58 (identisch mit Diagramm VIII, Fall 8).

Berücksichtigt man ε, dann ist nach den Gleichungen (211) bis (218) mit $b_1' = b_2' = 12$ und $\varepsilon = 0{,}12$:

$$u_1 = 85; \quad u_2 = 85; \quad v_1 = v_2 = 0; \quad R = -1{,}28 \text{ at}; \quad S = 0 .$$

Der Regelvorgang vollzieht sich nach Diagramm XVII a, Fall 59 (identisch mit Diagramm VIII, Fall 9), ist also in beiden Fällen derselbe, wie beim einzeln arbeitenden Kompressor.

Dieselben Ergebnisse erhält man bei Verwendung eines Leistungsreglers mit Handverstellungsmöglichkeit (s. Abschn. XI), wenn man in Gleichungen (225) bis (228) für $b_1 + \operatorname{tg} \eta_1 = 10$ (bei $\varepsilon = 0$) und $m_1 = m_2 = 0$ einsetzt. Wird jedoch der Leistungsregler des einen Kompressors sofort nach Störung des Beharrungszustandes, z. B. entsprechend einem $n_0 - n_1 = -50$, verstellt und jener des anderen nicht, so ist nach Gleichung (223) und (224):

$$m_1 = 0{,}547; \quad m_2 = 0$$

und nach Gleichungen (225) bis (228) im neuen Beharrungszustand (bei $\varepsilon = 0$):

$$u_1 = 110; \quad u_2 = 90; \quad v_1 = v_2 = 0; \quad R = -1{,}33 \text{ at}; \quad S = 0$$

(siehe Diagramm XVII b, Fall 60), während ein einzeln arbeitender Kompressor, an dessen Regler die gleiche Handverstellung vorgenommen wird, wie in Diagramm XVII b, Fall 61 (identisch mit Diagramm X, Fall 26) punktiert eingezeichnet, folgende Werte einstellt:

$$u = 100; \quad v = 0; \quad R = -1{,}0 \text{ at}; \quad S = 0 .$$

Eine nicht gleichzeitige und gleich starke Handverstellung an den Leistungsreglern parallel arbeitender Kompressoren hat also nicht nur zur Folge, daß der Druckabfall größer wird, sondern es tritt auch eine Verschiebung der

Diagramm XVII.

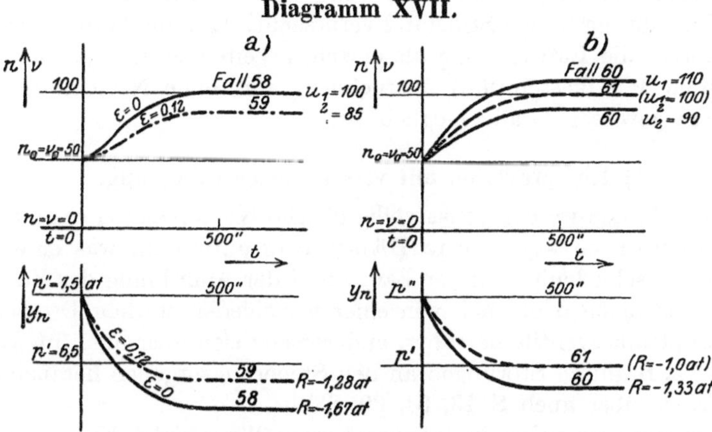

Drehzahlen im neuen Beharrungszustand und damit eine bleibende Änderung in der Arbeitsverteilung ein, solange eine weitere Handverstellung nicht vorgenommen wird.

Wird ε berücksichtigt, dann treten ähnliche Verschiebungen der Übergangskurven ein, wie in Diagramm XVII a; der günstige Einfluß von ε bleibt bestehen.

Ganz analog stellen sich die Verhältnisse, wenn die Dampfeintrittsspannung mit oder ohne Belastungsänderung steigt oder fällt. Es ist hierbei $v_1 = v_2 = 0$, weil $\operatorname{tg} \lambda_1 = \operatorname{tg} \lambda_2$.

Dieselben Erscheinungen treten auch bei der alleinigen Selbstregelung ein, wenn eine Füllungsverstellung vorgenommen wird.

Aus Vorstehendem kann allgemein die Schlußfolgerung gezogen werden, daß auch ohne Belastungs- oder Dampfdruckänderung eine gewünschte, insbesondere gleiche Arbeitsverteilung durch entsprechende Handverstellung an

den Regelvorrichtungen oder im Kraftzufluß eingestellt werden kann, wobei aber gleichzeitig auch der Windkesseldruck eine Änderung erleidet. Andererseits kann dadurch auch ein bestimmter Windkesseldruck eingestellt werden, wobei eine Verschiebung der Arbeitsverteilung in Kauf genommen werden muß.

Bei diesen Handhabungen ist aber zu beachten, daß der eine Kompressor bei den größeren Belastungen die obere Drehzahlgrenze leicht überschreiten kann, was zur Folge hat, daß er durch die Sicherheitsvorrichtung des Leistungsreglers oder bei alleiniger Selbstregelung durch den Sicherheitsregler zum Stillstand gebracht wird. Das gleiche kann bei den niederen Belastungen eintreten, wenn die Drehzahl des Kompressors unter eine gewisse untere Grenze herabgeht, bei welcher die verminderte Schwungkraft des Schwungrades nicht mehr ausreicht und eine Überführung in den Stillstand verursacht. Es muß dann der zweite Kompressor die Luftlieferung als einzeln arbeitender Kompressor (mit doppeltem Windkesselraum) übernehmen, was ohne Nachteil nur bis zu einem gewissen Grade möglich ist.

b) Kompressoren mit verschiedener Dämpfung.

In der Praxis werden sonst völlig gleiche Kompressoren eine mehr oder minder verschiedene Dämpfung aufweisen, was einerseits von der Verschiedenheit in der Länge und der Anordnung der Zu- und Abströmleitungen oder auch von einer verschieden starken Drosselung des Dampfeinlaßventils herrührt, andererseits sich aber auch im Laufe der Zeit z. B. durch Störungen an den Steuerungsorganen herausbilden kann (s. darüber auch S. 13, 64, 69, 83).

Es mögen beispielsweise wieder zwei völlig gleiche Kompressoren mit den obigen Daten parallel laufen, von denen der eine eine Dämpfung $b_1 = 10$, der andere eine solche von $b_2 = 20$ haben soll.

Bei alleiniger Selbstregelung würden sich dann nach den Gleichungen (201) und (202) folgende Verhältnisse einstellen, wenn, wie auf S. 124 ausgeführt, im Ruhezustand gleiche Arbeitsverteilung angenommen wird, die Dampfeintrittsspannung konstant ist und der Einfluß von ε unberücksichtigt bleibt:

Belastung	$^1/_2$	$^3/_4$	voll
tg β	0,0117	0,0175	0,0234
u_1	66,7	100	133,3
u_2	33,3	50	66,7
$v_1 = v_2$	0	0	0
R	0 (obere Druckgrenze)	— 1,11	— 2,22
S	0	0	0

Würden beide Kompressoren einzeln in je einem halb so großen Windkessel arbeiten, so würde sich nach Abschnitt XI ergeben:

Belastung	$\frac{1}{2}$	$\frac{3}{4}$	voll
$\operatorname{tg} \beta$	0,0117	0,0175	0,0234
u_1	50	75	100
u_2	50	75	100
$v_1 = v_2$	0	0	0
R_1	0 } obere	− 0,835	− 1,67
R_2	0 } Druck-grenze	− 1,67	− 3,34
S	0	0	0

Diagramm XVIII.

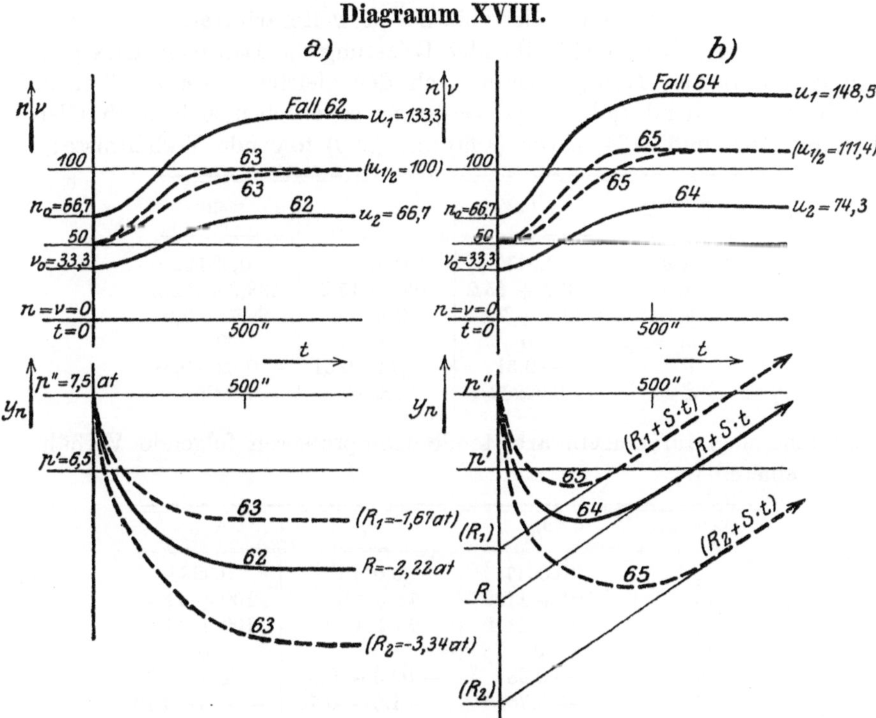

In Diagramm XVIII a, Fall 62 ist der Regelvorgang für Parallelbetrieb, in Fall 63 (identisch mit Diagramm VIII, Fall 8 und 10) für Einzelbetrieb bei einer Belastungsänderung von $\frac{1}{2}$ auf voll graphisch dargestellt; im übrigen sind in Fig. 43 die Drehzahlen für verschiedene Belastungen im Beharrungszustand eingezeichnet.

Bei parallel arbeitenden Kompressoren tritt also eine gegenseitige Beeinflussung derart ein, daß der Druckabfall R einen Wert zwischen jenen einzeln arbeitender Kompressoren einnimmt und zugleich auch eine Verschiebung in der Arbeitsverteilung eintritt. Der Kompressor mit schwächerer Dämpfung hat eine wesentlich höhere Drehzahl und damit einen wesentlich höheren Anteil an der Arbeitsleistung als jener mit stärkerer Dämpfung. Das Verhältnis der Arbeitsverteilung $\dfrac{u_1}{u_2}$ ist für jede Belastung das gleiche, hier $=\frac{1}{2}$. Jeder Belastung sind ganz bestimmte Drehzahlen und ein ganz bestimmter Windkesseldruck zugeordnet. Bei starken Unterschieden in der Dämpfung können, wie im obigen Beispiel, die Drehzahlgrenzen nach oben und unten in unzulässiger Weise überschritten werden, was zur Folge hat, daß einer der Kompressoren zum Stillstand kommt und der andere dann einzeln unter ungünstigen Windkesseldruckverhältnissen weiterarbeitet.

Ändert sich bei gleichbleibender Belastung die Dampfeintrittsspannung bei beiden Kompressoren nach der gleichen Gesetzmäßigkeit, z. B. entsprechend $\operatorname{tg}\lambda_1 = \operatorname{tg}\lambda_2 = +0{,}8$, so ergeben sich nach Gleichung (183) und (184) sowie (199) und (200) folgende Verhältnisse:

Bei einer Belastung	$^1/_2$	$^3/_4$	voll
$\operatorname{tg}\beta$	0,0117	0,0175	0,0234
u_1	66,7 + 15,2	100 + 15,2	133,3 + 15,2
u_2	33,3 + 7,6	50 + 7,6	66,7 + 7,6
$v_1 = v_2$	0	0	0
R	—0,51	— 1,11—0,51	— 0,22—0,51
S	0,00267	0,00267	0,00267

während sich für einzeln arbeitende Kompressoren folgende Verhältnisse einstellen:

Belastung	$^1/_2$	$^3/_4$	voll
$\operatorname{tg}\beta$	0,0017	0,0175	0,0234
u_1	50 + 11,4	75 + 11,4	100 + 11,4
u_2	50 + 11,4	75 + 11,4	100 + 11,4
$v_1 = v_2$	0	0	0
R_1	— 0,38	— 0,835—0,38	— 1,67—0,38
R_2	— 0,76	— 1,67—0,76	— 3,34—0,76
S	0,00267	0,00267	0,00267

In Diagramm XVIII b, Fall 64 ist der Regelvorgang für den Parallelbetrieb, in Fall 65 (identisch mit Diagramm XI, Fall 33 und 41) für den Einzelbetrieb bei einer Belastungsänderung von $^1/_2$ auf voll und gleichzeitiger Dampfdruckänderung dargestellt.

Es tritt also auch hier eine Verschiebung der Arbeitsverteilung gegenüber dem Einzelbetrieb ein; die Drehzahl nimmt ebenfalls alsbald einen konstanten Wert an, weil $v_1 = v_2 = 0$ ist. R liegt zwischen R_1 und R_2, während S sich nicht ändert.

Berücksichtigt man noch ε unter Benützung der Gleichungen (211) bis (218), dann würden sich ganz ähnliche Verschiebungen der Übergangskurven ergeben, wie dies aus den Diagrammen VII—IX und XVII a ersichtlich ist.

Dieselben Ergebnisse erhält man bei **Verwendung eines Leistungsreglers** nach Abschnitt XI ohne Vornahme einer Handverstellung, wenn man $b_1 + \mathrm{tg}\,\eta_1 = 10$ und $b_2 + \mathrm{tg}\,\eta_2 = 20$ setzt. Durch entsprechende Handverstellung kann jedoch ohne sonstige Störung des Beharrungszustandes für eine beliebige Belastung eine gleiche Arbeitsverteilung hergestellt werden. Schwankt z. B. die Belastung im Betrieb zwischen $^1/_2$ und voll, so wird man zweckmäßigerweise bei etwa $^3/_4$ Belastung gleiche Arbeitsverteilung einstellen. Man wird also an Stelle der nach obigem bei $^3/_4$ Belastung herrschenden ungleichen Drehzahlen $n_0 = 100$, $\nu_0 = 50$ gleiche Drehzahlen $u_1 = u_2 = 75$ anstreben. Da hierbei in Gleichung (227 und 228) $\mathrm{tg}\,\lambda_1$, $\mathrm{tg}\,\lambda_2$, v_1, v_2, $\mathrm{tg}\,\beta_1 - \mathrm{tg}\,\beta_0$ gleich Null zu setzen ist, so erhält man zur Bestimmung von m_1 und m_2 folgende beiden Gleichungen:

$$n_0 - u_1 = \frac{a_2\,d_1 \cdot m_2 - a_1 \cdot d_2 \cdot m_1}{D} = 100 - 75 = +25\,,$$

$$\nu_0 - u_2 = \frac{a_1 \cdot c_2 \cdot m_1 - a_2 \cdot c_1 \cdot m_2}{D} = 50 - 75 = -25$$

oder:

$$m_2 - m_1 = \frac{25 \cdot 1,05}{366 \cdot 0,035} = 2,05\,.$$

Mit $\mathrm{tg}\,\eta_1 = \mathrm{tg}\,\eta_2 = 4$ (s. S. 73) erhält man dann bei gleich großer und gleichzeitiger Handverstellung an beiden Reglern nach Gleichung (223) und (224) als Maß dafür:

$$n_0 - n_1 = +94\,; \qquad \nu_0 - \nu_1 = -94\,.$$

Es muß also der eine Regler im positiven, der andere im negativen Sinne verstellt werden, um die Wirkung zu verstärken. Nach Gleichung (225) würde dabei aber auch ein Druckabfall von $R = -0,42$ at eintreten, also der Windkesseldruck gegenüber der vorhergehenden halben Belastung mit oberer Druckgrenze p'' im ganzen somit um $1,11 + 0,42 = 1,53$ at gefallen sein (s. Diagramm XIX a, Fall 66). Würde $\mathrm{tg}\,\eta_1$ und $\mathrm{tg}\,\eta_2$ größer sein, so würde eine weniger starke Handverstellung vorzunehmen sein. Würde man nur an einem Regler verstellen, also z. B. $m_1 = 0$ sein, so würde als Maß der Verstellung sich

$$n_0 - n_1 = 0\,; \qquad \nu_0 - \nu_1 = -188$$

ergeben. $\nu_0 - \nu_1$ wird also doppelt so groß. Nach Gleichung (225) würde aber dabei eine Windkesseldruckerhöhung um $R = 0,84$ at eintreten, der Windkesseldruck also gegenüber der oberen Grenze nur $1,11 - 0,84 = 0,27$ at niedriger sein (s. Diagramm XIX a, Fall 67).

Man erkennt daraus, daß durch eine entsprechende Handverstellung des Leistungsreglers nicht nur eine

Diagramm XIX.

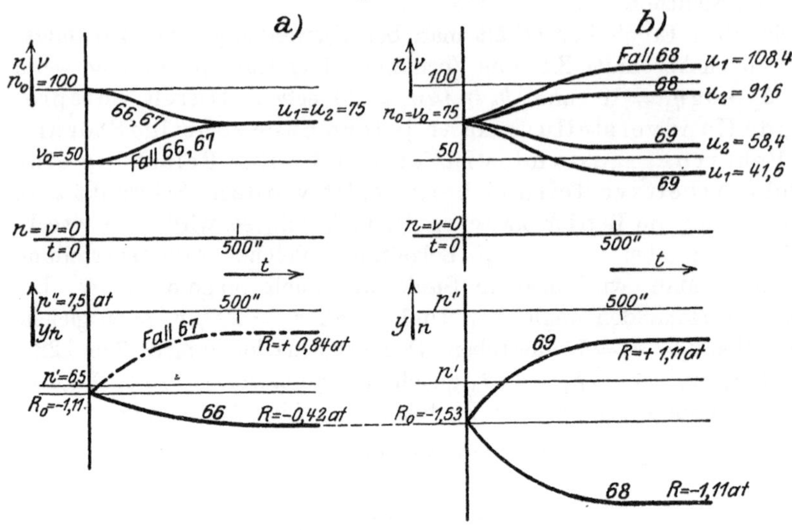

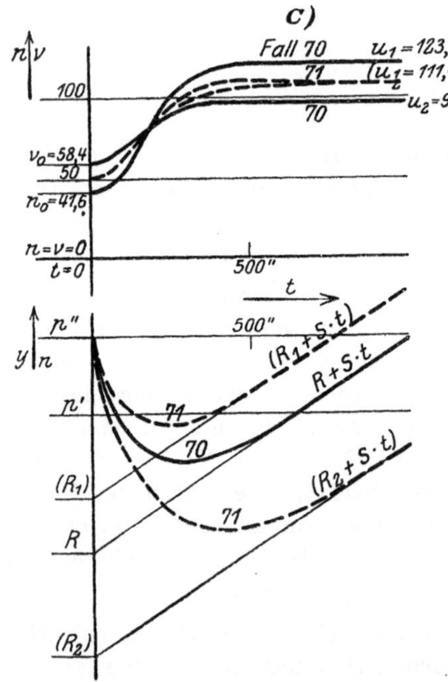

zweckmäßigere Arbeitsverteilung erreicht, sondern auch der Windkesseldruck auf eine gewünschte Höhe gebracht werden kann. Bei alleiniger Selbstregelung kann durch entsprechende Handverstellung der Dampffüllung oder am Dampfeinlaßventil eine ähnliche Wirkung erzielt werden (s. a. S. 69, 83).

Würde nun bei eingestellter gleicher Arbeitsverteilung eine Belastungsänderung von $^3/_4$ auf voll bzw. auf $^1/_2$ eintreten, so würde sich nach Gleichung (183) und (184) so-

wie (197) und (198) ergeben, wenn die Regler sich selbst überlassen werden:

$$u_1 = 108,4; \quad u_2 = 91,6; \quad v_1 = 0; \quad R = -1,11 \text{ at}; \quad S = 0$$

bzw.

$$u_1 = 41{,}6 ; \qquad u_2 = 58{,}4 ; \qquad v_2 = 0 ; \qquad R = +1{,}11 \text{ at}; \qquad S = 0$$

(s. Diagramm XIX b, Fall 68 und 69, und Fig. 44).

Die Arbeitsverteilung ist, wenn auch ungleich, bei halber und voller Belastung nun doch wesentlich günstiger als ohne die vorgenommene Verstellung (vgl. dazu Diagramm XVIII und Fig. 43). Dagegen ist für gleiche Belastungsänderungen R gleich groß, wobei aber zu beachten ist, daß der Windkesseldruck durch die vorher vorgenommene Handverstellung eine Änderung erfahren hat. Im übrigen sind auch hierbei jeder Belastung ganz bestimmte Drehzahlen und ein ganz bestimmter Windkesseldruck zugeordnet.

Es möge sich nun auch noch gleichzeitig die Dampfeintrittsspannung entsprechend $\operatorname{tg}\lambda_1 = \operatorname{tg}\lambda_2 = +0{,}8$ ändern. Es wird dann bei einer Belastungsänderung von $^1/_2$ auf voll mit $n_0 = 41{,}6$; $v_0 = 58{,}4$ (wie vor) und mit $\varepsilon = 0$ nach den Gleichungen (183) und (184) sowie (195) und (196):

$$u_1 = 123{,}5 ; \qquad u_2 = 99{,}3 ; \qquad v_1 = v_2 = 0 ; \qquad R = -2{,}73 \text{ at}; \qquad S = 0{,}00267$$

(s. Diagramm XIX c, Fall 70), während sich für den Einzelbetrieb ergibt: mit $b_1 + \operatorname{tg}\eta_1 = 10$:

$$u_1 = 111{,}4 ; \qquad v_1 = 0 ; \qquad R_1 = -2{,}03 \text{ at}; \qquad S = 0{,}00267$$

und mit $b_2 + \operatorname{tg}\eta_2 = 20$:

$$u_2 = 111{,}4 ; \qquad v_2 = 0 ; \qquad R_2 = -4{,}07 \text{ at}; \qquad S = 0{,}00267$$

(s. Diagramm XIX c, Fall 71, identisch mit Diagramm XVIII b, Fall 65).

Die Verschiebung der Arbeitsverteilung ist also etwas stärker als ohne Dampfdruckänderung; es wird jedoch, wie beim Einzelbetrieb, konstanten Drehzahlen zugestrebt. Der Druckabfall R liegt zwischen R_1 und R_2; S hat sich jedoch nicht geändert.

Wie Diagramm XIX c und auch Diagramm XX, XXI, sowie Fig. 44 erkennen lassen, wechselt während des Regelvorganges die Arbeitsverteilung auf die beiden Kompressoren.

Das vernachlässigte ε hat dieselbe verschiebende Wirkung auf die Übergangskurven wie beim Einzelbetrieb (s. Diagramm VII—IX und XVII).

Werden **Druckluftregler ohne Fliehkraftregler** nach Abschnitt XII a verwendet, dann sind die anfänglichen Drehzahlschwankungen, besonders bei schwächerer Dämpfung, ähnlich wie beim einzeln arbeitenden Kompressor (vgl. Diagramm XIII, Fall 45).

Es möge nun beispielsweise wieder $b_1 = 10$, $b_2 = 20$ sein, ferner wie auf S. 92 $\operatorname{tg}\gamma_1 + \operatorname{tg}\eta_1 = \operatorname{tg}\gamma_2 + \operatorname{tg}\eta_2 = 300 + 2700 = 3000$, womit $c_1 = d_1 = c_2 = d_2 = 0{,}35$ und $D = 10{,}5$ wird. Bei $^3/_4$ Belastung sei wieder gleiche Arbeitsverteilung eingestellt, so daß bei halber Belastung $n_0 = 41{,}6$, $v_0 = 58{,}4$ ist. Führt man in den Gleichungen (183) und (184) sowie (197) und (198) für $\operatorname{tg}\gamma_1$ und $\operatorname{tg}\gamma_2$ den vorgenannten Wert 3000 ein, so erhält man bei einer Belastungsänderung von $^1/_2$ auf voll und gleichbleibendem Dampfdruck $(\operatorname{tg}\lambda_1 = \operatorname{tg}\lambda_2 \doteq 0)$ mit $\varepsilon = 0$:

$$\mu_1 = 108{,}4 ; \qquad \mu_2 = 91{,}6 ; \qquad v_1 = v_2 = 0 ; \qquad R = -0{,}222 \text{ at}; \qquad S = 0$$

(s. Diagramm XX a, Fall 72, ausgezogene Kurven), während sich beim Einzelbetrieb ergeben würde:

$$u_1 = 100 ; \qquad v_1 = 0 ; \qquad R_1 = -0{,}167 \text{ at}; \qquad S = 0 ,$$
$$u_2 = 100 ; \qquad v_2 = 0 ; \qquad R_2 = -0{,}333 \text{ at}; \qquad S = 0 .$$

(s. Diagramm XX a, Fall 73, punktierte Kurven).

Die Arbeitsverteilung ist also die gleiche wie bei der Selbstregelung, und es wird denselben konstanten Drehzahlen zugestrebt wie bei ihr;

Diagramm XX.

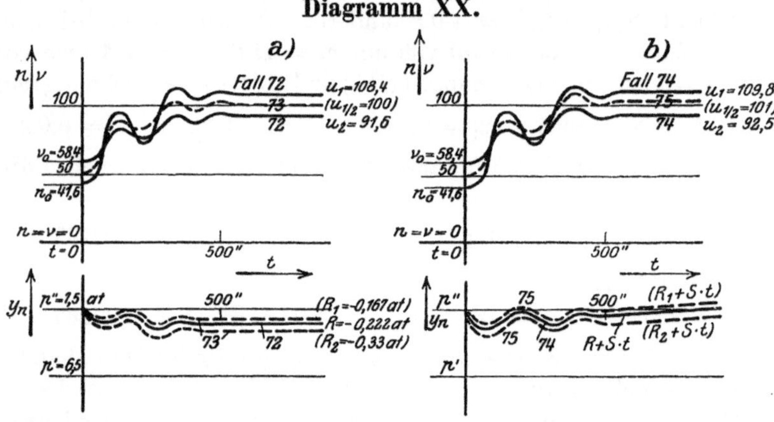

dagegen fällt der Windkesseldruck nur um den zehnten Teil, weil $\operatorname{tg}\gamma_1 + \operatorname{tg}\eta_1$ zehnmal größer ist als $\operatorname{tg}\gamma$. Gegenüber dem Einzelbetrieb besteht der Unterschied, daß die Arbeitsverteilung verschoben ist und daß R zwischen R_1 und R_2 liegt, aber nur unbedeutend davon abweicht.

Ändert sich die Dampfeintrittsspannung gleichzeitig entsprechend $\operatorname{tg}\lambda_1 = \operatorname{tg}\lambda_2 = 0.8$, so ist nach den Gleichungen (183) und (184) sowie (195) und (196):

$$u_1 = 109{,}8; \quad u_2 = 92{,}5; \quad v_1 = v_2 = 0; \quad R = -0{,}227 \text{ at}; \quad S = 0{,}000267;$$

(s. Diagramm XX b, Fall 74, ausgezogene Kurven), während sich im Einzelbetrieb einstellen würde:

$$u_1 = 101 ; \qquad v_1 = 0 ; \qquad R = -0{,}17 \text{ at}; \qquad S = 0{,}000267 ,$$
$$u_2 = 101 ; \qquad v_1 = 0 ; \qquad R = -0{,}34 \text{ at}; \qquad S + 0{,}000267 .$$

(s. Diagramm XX b, Fall 75, punktierte Kurven).

Gegenüber dem Einzelbetrieb ist eine Verschiebung der Arbeitsverteilung vorhanden, die jedoch von der Dampfdruckänderung viel weniger beeinflußt wird als bei der Selbstregelung.

Die beim Einzelbetrieb geschilderten Vorzüge und Nachteile dieser Regelungsart treten im übrigen sinngemäß auch beim Parallelbetrieb in Erscheinung. Der Einfluß von ε wird hier verschwindend.

Verwendet man **Druckluftregler kombiniert mit Fliehkraftregler** nach Abschnitt XII b, so möge in einem Zahlenbeispiel in Gleichung (183) und (184) sowie (197) und (198), wie auf S. 100, gesetzt werden:

$$\text{an Stelle von } b_1: \qquad 10 + \frac{l_1 \cdot \operatorname{tg}\eta_1}{l_2 \cdot \operatorname{tg}\varphi_1} = 10 + 90 = 100 \,,$$

$$\text{an Stelle von } b_3: \qquad 20 + \frac{l_1 \cdot \operatorname{tg}\eta_2}{l_2 \cdot \operatorname{tg}\varphi_2} = 20 + 90 = 110 \,,$$

$$\text{an Stelle von } \operatorname{tg}\gamma_1 \text{ und } \operatorname{tg}\gamma_2: 300 + \frac{(l_1 + l_2) \cdot \operatorname{tg}\eta_1}{l_2 \cdot \operatorname{tg}\delta_1} = 300 + 4500 = 4800 \,.$$

Es wird damit $c_1 = d_1 = c_2 = d_2 = 0,56$ und $D = 118$.

Diagramm XXI.

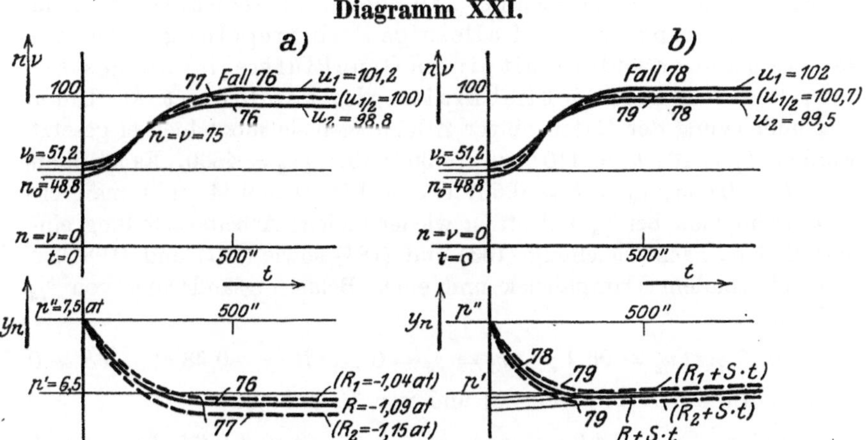

Ist bei $^3/_4$ Belastung gleiche Arbeitsverteilung mit $n_0 = v_0 = 75$ vorhanden, so stellt sich bei halber Belastung im Beharrungszustand eine Drehzahl $n = 48,8$, $v = 51,2$ ein. Ändert sich die Belastung von $^1/_2$ auf voll bei gleichbleibendem Dampfdruck, so wird:

$$u_1 = 101,2; \qquad u_2 = 98,8; \qquad v_1 = v_2 = 0; \qquad R = -1,09 \text{ at}; \qquad S = 0$$

(s. Diagramm XXI a, Fall 76), während sich beim Einzelbetrieb einstellen würde:

$$u_1 = 100; \quad u_2 = 100; \quad v_1 = v_2 = 0; \quad R_1 = -1,04 \text{ at}; \quad R_2 = -1,15 \text{ at};$$
$$S = 0$$

(s. Diagramm XXI a, Fall 77).

Die Arbeitsverteilung ändert sich hier im Gegensatz zu den anderen Regelungsarten sehr wenig; auch bezüglich der Windkesseldruckände rung besteht fast kein Unterschied gegenüber dem Einzelbetrieb.

Ändert sich die Dampfeintrittsspannung gleichzeitig, entsprechend einem $\operatorname{tg}\lambda_1 = \operatorname{tg}\lambda_2 = 0{,}8$, so wird beim Parallelbetrieb:

$$u_1 = 102; \quad u_2 = 99{,}5; \quad v_1 = v_2 = 0; \quad R = -1{,}1 \text{ at}; \quad S = 0{,}000166$$

(s. Diagramm XXI b, Fall 78), und beim Einzelbetrieb:

$$u_1 = u_2 = 100{,}7; \quad v_1 = v_2 = 0; \quad R_1 = -1{,}05 \text{ at}; \quad R_2 = -1{,}16 \text{ at};$$
$$S = 0{,}000166$$

(s. Diagramm XXI b, Fall 79).

Die Dampfdruckänderung hat also hier eine recht geringfügige Wirkung auf die an sich fast gleiche Arbeitsverteilung; gegenüber dem Einzelbetrieb unterscheiden sich die Drehzahlen und der Windkesseldruck ganz unerheblich. Der Einfluß von ε ist unbedeutend.

Diese Regelungsart ist demnach auch für den Parallelbetrieb von Kompressoren die günstigste von allen behandelten.

Es möge nun zuletzt noch der Fall untersucht werden, bei welchem **der eine Kompressor auf alleinige Selbstregelung angewiesen sei und der andere mit einem Druckluftregler ausgestattet ist, der mit einem Fliehkraftregler kombiniert ist.** Unter Zugrundelegung der Daten obiger Zahlenbeispiele möge hierbei gesetzt werden: $b_1 = 10$; $b_2 = 110$; $\operatorname{tg}\gamma_1 = 300$; für $\operatorname{tg}\gamma_2 = 4800$. Es ist dann $c_1 = d_1 = 0{,}035$; $c_2 = d_2 = 0{,}56$; $C = 1317$; $D = 9{,}44$, und man erhält, wenn man bei $^3/_4$ Belastung wieder gleiche Arbeitsverteilung eingestellt hat, nach Gleichung (183) und (184) sowie (197) und (198) bei gleichbleibendem Dampfdruck und einer Belastungsänderung von $^3/_4$ auf voll:

$$u_1 = 104{,}7; \quad u_2 = 95{,}4; \quad v_1 = v_2 = 0; \quad R = -0{,}68 \text{ at}; \quad S = 0$$

(s. Diagramm XXII a, Fall 80) und von $^3/_4$ auf $^1/_2$:

$$u_1 = 45{,}3; \quad u_2 = 54{,}6; \quad v_1 = v_2 = 0; \quad R = +0{,}68 \text{ at}; \quad S = 0$$

(s. Diagramm XXII a, Fall 81).

Die Richtwerte liegen also hier zwischen den beiden Fällen, in welchen die parallel arbeitenden Kompressoren je mit gleichartiger Regelung versehen sind (vgl. Diagramm XIX b und XXI a mit Diagramm XXII a). Der Einfluß des Druckluftreglers ist durch die alleinige Selbstregelung des anderen Kompressors wesentlich abgeschwächt.

Ändert sich gleichzeitig auch die Dampfeintrittsspannung, entsprechend $\operatorname{tg}\lambda_1 = \operatorname{tg}\lambda_2 = +0{,}8$, dann ergibt sich nach Gleichung (183) und (184) sowie (195) und (196) bei einer Belastungsänderung von $^3/_4$ auf voll:

$$u_1 = 98{,}6; \quad u_2 = 111{,}6; \quad v_1 = +0{,}044; \quad v_2 = -0{,}044; \quad R = -0{,}84 \text{ at};$$
$$S = 0{,}0012$$

(s. Diagramm XXII b, Fall 82)

und von $^3/_4$ auf $^1/_2$:

$$u_1 = 57,8\;;\quad u_2 = 52,5\;;\quad v_1 = +0,044\;;\quad v_2 = -0,044\;;\quad R = +0,52\,\text{at}\;;$$
$$S = 0,0012$$

(s. Diagramm XXII b, Fall 83).

Gegenüber einer gleichartigen Regelung bei beiden Kompressoren stellen sich auch hier Verschiebungen in den Richtwerten ein. Das Charakteristische und Unterschiedliche ist aber dabei, daß v_1 und v_2 nicht mehr gleich Null sind, was von der Verschiedenheit der Werte $\operatorname{tg}\gamma_1$ und $\operatorname{tg}\gamma_2$ herrührt. Die Drehzahl des einen Kompressors steigt also ständig und die des anderen fällt fortwährend, solange die Dampfdruckänderung dauert, und

Diagramm XXII.

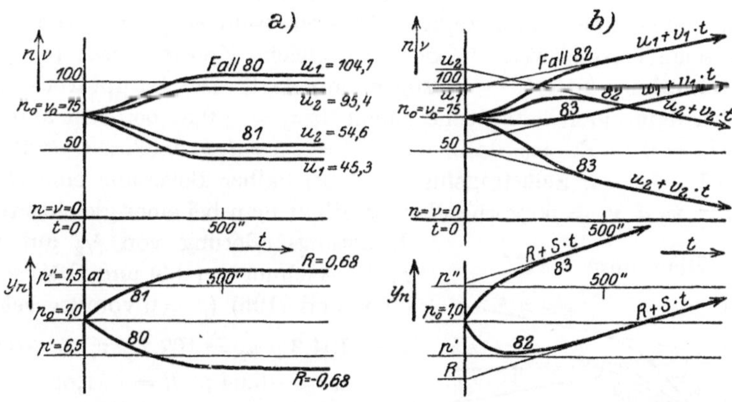

zwar sehr stark, z. B. nach 1000 Sekunden um 44 Umdrehungen. Ein solch starkes Steigen und Fallen der Drehzahlen kann zur Folge haben, daß nach Umfluß verhältnismäßig kurzer Zeit einer oder beide Kompressoren zum Stillstand kommen. Solche Möglichkeiten sind für die Sicherheit und Wirtschaftlichkeit eines Betriebes unerträglich.

Es ist daraus allgemein der Schluß zu ziehen, daß die Werte von $\operatorname{tg}\gamma_1$ und $\operatorname{tg}\gamma_2$ zwar verschieden sein können, ohne praktisch unzulässige Zustände in Erscheinung treten zu lassen, aber nicht allzu weit voneinander abweichen dürfen. Man wird also, wenn man bei parallel arbeitenden Kompressoren verschiedenartige Regelvorrichtungen verwendet oder in Verwendung hat, diesen Gesichtspunkt nicht außer acht lassen dürfen, zumal wenn man mit größeren und häufigeren Dampfdruckschwankungen rechnen muß.

c) Verschiedenheit in der zeitlichen Dampfdruckänderung.

Werden parallel arbeitende Kompressoren von derselben Kesselbatterie gespeist, so können wohl infolge verschieden langer oder starker Dampfzuleitungen oder infolge verschiedener Widerstände in denselben voneinander abweichende Eintrittsdampfspannungen an den Einlaßventilen der Dampfkompressoren herrschen. Diese Abweichungen, die durch eine Handverstellung am Dampfeinlaßventil auch vergrößert oder verkleinert werden können, kommen in den Dämpfungsfaktoren b_1, b_2, b_3 ... und in den Kraftmomenten zum Ausdruck (s. a. S. 69, 83, 124, 134) und bewirken eine entsprechende Einstellung der Arbeitsverteilung und des Windkesseldruckes. Zeitliche Änderungen des Kesseldruckes machen sich, auch bei verschiedenen Eintrittsspannungen, bei jedem Kompressor in gleicher Weise geltend; es ist dabei also stets $\operatorname{tg}\lambda_1 = \operatorname{tg}\lambda_2 = \operatorname{tg}\lambda_3 \ldots$

Es kann aber auch Fälle geben, bei welchen $\operatorname{tg}\lambda_1$, $\operatorname{tg}\lambda_2$ ... ungleiche Werte haben, z. B. wenn parallel arbeitende Kompressoren von verschiedenen, voneinander unabhängigen Dampfkesseln gespeist werden.

Es seien beispielsweise wieder zwei gleiche Kompressoren mit gleicher Dämpfung $b_1 = b_2 = 10$ zugrunde gelegt. Die Dampfdruckänderung bei dem einen entspreche einem $\operatorname{tg}\lambda_1 = +0{,}8$, bei dem anderen sei $\operatorname{tg}\lambda_2 = 0$. Es ist dann $c_1 = d_1 = c_2 = d_2 = 0{,}035$; $C = 125{,}6$; $D = 0{,}7$. Ist nur **Selbstregelung** und bei halber Belastung eine Drehzahl von $n_0 = v_0 = 50$ vorhanden, so erhält man bei einer gleichzeitigen Belastungsänderung von $^1/_2$ auf voll nach Gleichungen (183) und (184) sowie (195) und (196) ($\varepsilon = 0$ vorausgesetzt):

$$u_1 = 104{,}3\,;\ u_2 = 107{,}2\,;\ v_1 = +0{,}04\,;$$
$$v_2 = -0{,}04\,;\ R = -1{,}85\,\text{at}\,;$$
$$S = 0{,}00133$$

(s. Diagramm XXIII, Fall 84).

Es tritt also auch hier, wie im letztbehandelten Beispiel (Diagramm XXII b) nicht nur eine Verschiebung in der Arbeitsverteilung ein, sondern die Drehzahl des einen Kompressors steigt und die des anderen fällt stetig und zwar verhältnismäßig stark, z. B. nach Umfluß von 1000 Sekunden um

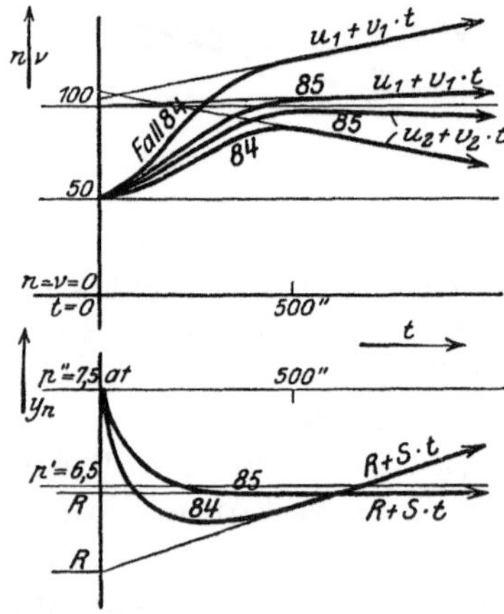

Diagramm XXIII.

± 40 Umdrehungen auf $u_1 + v_1 \cdot t = 144{,}3$ bzw. $u_2 + v_2 \cdot t = 67{,}2$. Das würde unbrauchbare Betriebsverhältnisse herbeiführen.

Wären die Kompressoren mit je einem **Druckluftregler, kombiniert mit Fliehkraftregler,** ausgestattet, so ergäbe sich bei gleicher Dämpfung

$$b_1 = b_2 = 100: \quad c_1 = d_1 = c_2 = d_1 = 0{,}56; \quad C = 10\,410; \quad D = 112 \quad \text{und}$$

bei einer Änderung der Belastung von $^1/_2$ auf voll mit $n_0 = \nu_0 = 50$:

$$u_1 = 100{,}6; \quad u_2 = 100{,}7; \quad v_1 = +0{,}004; \quad v_2 = -0\,004; \quad R = -1{,}05;$$
$$S = 0{,}000084$$

(s. Diagramm XXIII, Fall 85).

Diese Regelungsart ist also hier ebenfalls ganz wesentlich günstiger als die Selbstregelung. Die Arbeitsverteilung ändert sich verhältnismäßig wenig; die Drehzahlen steigen bzw. fallen nach Umfluß von 1000 Sekunden um nur ± 4 auf $u_1 + v_1 \cdot t = 104{,}6$ bzw. $u_2 + v_2 \cdot t = 96{,}7$. Auch die Windkesseldruckänderung ist bedeutend annehmbarer; der Druck bleibt nach Umfluß von 1000 Sekunden noch fast innerhalb der üblichen Grenzen.

Kann also $\operatorname{tg}\lambda_1$ und $\operatorname{tg}\lambda_2$ wesentlich verschiedene Werte annehmen und ist der Dampfdruck häufigeren und stärkeren Änderungen unterworfen, so ist der mit einem Fliehkraftregler kombinierte Druckluftregler die beste Regelungsart hierfür, schließlich auch noch ein nicht kombinierter Druckluftregler, der aber die in Abschnitt XII a und XIII b gekennzeichneten Nachteile haben kann. Die alleinige Selbstregelung oder die alleinige Verwendung eines verstellbaren Leistungsreglers ist in solchen Fällen nicht zu empfehlen.

Es ließen sich nun auf Grund der entwickelten Gleichungen rechnerisch noch eine Reihe von Kombinationen untersuchen, so der Parallelbetrieb zweier oder mehrerer Kompressoren und Pumpen verschiedener Abmessungen und Drehzahlbereiche. Es soll jedoch davon abgesehen werden, weil sich dabei nichts grundsätzlich Neues ergeben würde.

XVI. Zusammenfassung.

Nach den im Abschnitt III aufgeführten Anforderungen an die Leistungsregelung von Kolbenkompressoren und -pumpen bei Störung des Beharrungszustandes sind in vorliegender Abhandlung m. W. erstmals die für die Regelvorgänge maßgebenden Einflüsse einzeln herausgehoben und analytisch verwertet worden. Es ergab sich hierbei an Hand von Beispielen, daß die in der Maschine selbst liegenden Selbstregelungseigenschaften verschiedener Art eine einflußreiche, in der einschlägigen Literatur bisher wenig beachtete Rolle spielen. Sie unterstützen die verwendeten Regelvorrichtungen meist in günstigem Sinne.

1. Einzeln arbeitende Kompressoren und Pumpen.

Ist die Drehzahl unveränderlich, dann sind die Regelverhältnisse bei Kolbenkompressoren und -pumpen einfacher gelagert und bei beiden Maschinenarten wenig verschieden. Die Selbstregelungseigenschaften sind von geringem Einfluß. Bei der sog. Aussetzerregelung bewirkt ein größerer Aufspeicherraum (Windkessel) in anzustrebender Weise eine kleinere Zahl von Aussetzern in einer Zeiteinheit. Bei der Regelung der Saugleistung geht der Regelvorgang stabil und aperiodisch vor sich; hierbei hat ein größerer Windkessel bei Kompressoren keinen Einfluß auf den sich schließlich einstellenden Luftdruck, läßt aber durch weniger rasches Steigen oder Fallen desselben mehr Zeit zur noch rechtzeitigen Handnachregelung. Nachgewiesen zuverlässiger wirkt an Stelle der letzteren ein Druckluftregler, dessen Anwendung zu empfehlen ist, wenn häufigere und stärkere Wechsel in der Druckluftentnahme zu erwarten sind.

Ist die Drehzahl veränderlich, und das ist in der Regel bei dem zugrunde gelegten Dampfmaschinenantrieb der Fall, dann sind die Regelungsverhältnisse verwickelter; sie unterscheiden sich bei beiden Maschinenarten zwar nicht grundsätzlich, jedoch in ihrem Verlauf vor allem dadurch, daß die Kompressoren einen verhältnismäßig kleinen und geschlossenen Aufspeicherungsbehälter für Druckluft haben, in welchem dieserhalb Druckänderungen rascher und stärker in Erscheinung treten als bei den Pumpen, bei denen gewöhnlich sehr große und offene Behälter und eine konstante Druckhöhe zu finden ist. Dieser Unterschied hat zur Folge, daß bei den Kompressoren die Selbstregelungseigenschaften viel intensiver und vollzähliger und Änderungen im Fördermittelverbrauch maßgebender zur Wirkung kommen als bei den Pumpen.

Eine Störung des Beharrungszustandes kann durch eine Änderung des Fördermittelverbrauches, wie durch eine solche des Dampfkesseldruckes, als auch gleichzeitig durch beides gegeben sein. Bei der Beurteilung des einsetzenden Regelvorganges ist dann nicht nur, wie bei der sog. Geschwindigkeitsregelung der Kraftmaschinen, der Verlauf der Drehzahländerung von ausschlaggebender Bedeutung, sondern auch, besonders bei den Kompressoren, das Verhalten des Fördermitteldruckes im Aufspeicherungsraum und am Verbrauchsort. Drehzahl und Druck dürfen vorzuschreibende Grenzen nicht wesentlich überschreiten, dagegen ist der zeitliche Ablauf des Regelvorganges weniger von Belang. Hierbei ist die Dämpfung der Regelung und die Art der Verminderung der ungünstigen Wirkung einer Dampfkesseldruckänderung von bestimmendem Einfluß. Auch für letztere sollte, was m. W. bisher bei Bestellungen solcher Maschinen nicht geschah, eine Grenze für Zeit und Stärke vorgeschrieben werden, etwa durch das auf S. 58 angegebene Produkt $t \cdot tg\lambda$.

Je nachdem die Dämpfung positiv, negativ oder überhaupt nicht vorhanden ist, ist der Regelvorgang stabil, unstabil oder labil. Brauchbar ist im allgemeinen nur der stabile Regelvorgang; bei diesem ist der schwingungslose Übergang in den neuen Beharrungszustand und möglichst dessen Grenzfall anzustreben, wenngleich auch ein Übergang mit kleineren, zeitlich stetig abnehmenden Schwankungen von Drehzahl und Druck nicht ohne weiteres zu verwerfen ist. Hierbei ist vorausgesetzt, daß sich der Dampfkesseldruck nicht ändert. Ist dies der Fall, dann ist auf die Dauer der Änderung der Regelvorgang unstabil.

Die Dämpfung (b) kann durch zwei Arten von Selbstregelungseigenschaften durch die Maschine allein (ohne Regler) hervorgerufen werden, von denen die eine von den Widerständen in den Zu- und Abströmleitungen (gekennzeichnet durch $b_0 = \mathrm{tg}\,\varkappa + \mathrm{tg}\,\omega$), die andere von der Ungleichheit der Druckluftentnahme bei verschiedenen Luftdrücken (gekennzeichnet durch ε) herrührt; die Dämpfung ist um so größer, je weniger gut durchkonstruiert und instand gehalten die Maschine ist. Durch entsprechende Wahl des Trägheitsmomentes Θ des Schwungrades und des Inhaltes V des Aufspeicherungsbehälters kann die Regelung verbessert werden. Die Dämpfung kann, wenn erforderlich, durch Verwendung eines stark statischen Fliehkraftreglers (Leistungsregler) in günstigem und ungünstigem Sinne verstärkt werden, wobei die richtige Wahl der Dampffüllungsverteilung auf den Reglerhebelausschlag maßgebend ist.

Bei Kompressoren wird durch die alleinige Verwendung eines Druckluftreglers (mit einem den Regelvorgang nicht beeinflussenden Sicherheits-Fliehkraftregler) zwar die durch die Selbstregelungseigenschaften der Maschine gegebene Dämpfung nicht geändert, jedoch die ungünstige Wirkung einer Dampfkesseldruckänderung wesentlich gemildert. Hierbei müssen aber unzulässige Zustände einerseits durch richtige Wahl der Dämpfung (b), des Windkesselinhalts (V) und der Dampffüllungsverteilung auf den Reglerhebelausschlag ($\mathrm{tg}\,\eta$), andererseits durch geeignete Drosselung der Ölmasse im Druckluftregler vermieden werden.

Durch die Verbindung eines Druckluftreglers mit einem stark statischen Fliehkraftregler (Leistungsregler) kann sowohl die Wirkung der Dämpfung wie die einer Dampfkesseldruckänderung in vollkommenster Weise gemeistert werden; die Drosselung der Ölmasse im Regler bringt keine Unstabilität des Regelvorganges mit sich, und dieser ist stets schwingungslos; die Dampffüllungsverteilung auf den Reglerhebel ist ohne Bedeutung. Für den Anlauf der Maschine und für allenfallsige Betriebsstörungen, die ein Durchgehen derselben veranlassen könnten, muß lediglich die Hebelanordnung in zweckentsprechender Weise gewählt werden.

Aus den auf S. 8 und 9 angegebenen Gründen sind die kleinen Schwingungen eines verwendeten Fliehkraftreglers auf den Verlauf des Regelvorganges ohne Bedeutung; dagegen kommt die Unempfind-

lichkeit des Reglers und Steuergestänges infolge von Reibung
und Spiel insofern zur Geltung, als bis zur Überwindung derselben die
Selbstregelungseigenschaften der Maschine allein die Regelung zu übernehmen haben.

Für die Wahl der zweckmäßigsten Regelvorrichtung bei
veränderlicher Drehzahl sind die Betriebsverhältnisse maßgebend.
Ändert sich bei Kompressoren nur der Luftverbrauch, dann können genügend starke Selbstregelungseigenschaften der Maschine allein aus-
reichen; diese braucht dann nur einen einfachen Sicherheitsregler erhalten, der lediglich ein Durchgehen derselben verhüten soll. Kommen
auch geringe Dampfkesseldruckänderungen vor, dann kann man sich
durch eine allerdings bei größeren Maschinen recht unwirtschaftliche
Drosselung des Dampfes am Einlaßventil oder durch Verstellung der
Dampffüllung helfen. Die alleinige Verwendung eines Leistungsreglers
mit Handverstellungseinrichtung ergibt denselben Regelvorgang und
hat nur Zweck, wenn die in der Maschine liegende Dämpfung unzu-
reichend sein sollte. Unterliegt der Luftverbrauch und der Dampfkesseldruck einem rascheren und stärkeren Wechsel, dann sollte von
einer Nachregelung von Hand abgesehen und zur Verwendung eines
Druckluftreglers in Verbindung mit einem gewöhnlichen Sicherheits-
Fliehkraftregler oder besser in Verbindung mit einem stark statischen
Fliehkraftregler mit Sicherheitseinrichtung gegen Durchgehen der
Maschine gegriffen werden.

Der nahezu astatische Fliehkraftregler hebt zwar die ungünstige Wirkung einer Dampfkesseldruckänderung selbsttätig auf,
reagiert jedoch bei Änderungen des Fördermittelverbrauches sehr ungünstig. Er ist deshalb für Kompressoren mit größeren Schwankungen
des letzteren nicht zu empfehlen, dagegen für Pumpen, weil bei diesen
die Schwankungen des Wasserverbrauches keinen Einfluß auf die selbsttätige Regelung ausüben, wenn die Druckhöhe konstant ist. Ist dieselbe
nicht konstant, dann ist dieser Einfluß infolge des meist sehr großen
Aufspeicherungsbehälters verschwindend.

2. Parallelbetrieb.

Beim Parallelbetrieb von Kompressoren und Pumpen mit veränderlicher Drehzahl ist der Regelvorgang stets stabil, auch wenn nur Selbstregelung vorhanden ist, solange die Dampfeintrittsspannung konstant
bleibt. Ist diese veränderlich, dann ist die Regelung, wie beim Einzelbetrieb, auf die Dauer dieser Änderung unstabil. Der Unterschied gegenüber dem Einzelbetrieb besteht vor allem darin, daß bei verschiedener
Dämpfung oder zeitlich verschiedener Änderung des Dampfkesseldruckes
die Arbeitsverteilung auf die Kompressoren je nach den angewandten

Regelungsarten mehr oder minder ungleich wird und gleichzeitig auch Verschiebungen in der Windkesseldruckhöhe eintreten. Durch entsprechende Handverstellung kann für eine bestimmte Belastung gleiche Arbeitsverteilung und ein gewünschter Windkesseldruck eingestellt werden. Besonders bei Verwendung verschiedener Regelungsarten oder bei verschiedener Änderung des Kesseldruckes können die Drehzahlen leicht Werte annehmen, bei welchen die Kompressoren in den Stillstand übergehen.

Die angestellten Untersuchungen und durchgerechneten Beispiele mit Regeldiagrammen geben Anhaltspunkte für die zweckmäßige Wahl der Regelvorrichtung beim Einzel- und Parallelbetrieb. Hierbei wird der Anschaffungspreis derselben und besonders auch des Windkessels einer wirtschaftlichen und möglichst gesicherten Betriebsweise gegenüber zu stellen und zu berücksichtigen sein, daß die Anforderungen an die Aufmerksamkeit des Bedienungspersonals nicht zu hohe werden.

Thermodynamische Grundlagen der Kolben- und Turbokompressoren. Graphische Darstellungen für die Berechnung und Untersuchung. Von Oberingenieur **Ad. Hinz** in Frankfurt a. M. Mit 12 Zahlentafeln, 54 Figuren und 38 graphischen Berechnungstafeln.
Gebunden Preis M. 16.—

Theorie und Konstruktion der Kolben- und Turbokompressoren. Von Dipl.-Ing. **P. Ostertag,** Professor am kantonalen Technikum in Winterthur. Zweite, verbesserte Auflage. Mit 300 Textfiguren.
Gebunden Preis M. 26.—

Berechnung der Kältemaschinen auf Grund der Entropiediagramme. Von Professor Dipl.-Ing. **P. Ostertag** in Winterthur. Mit 30 Textfiguren und 4 Tafeln.
Preis M. 4.—

Die Entropietafel für Luft und ihre Verwendung zur Berechnung der Kolben- und Turbokompressoren. Von Professor Dipl.-Ing. **P. Ostertag** in Winterthur. Zweite, verbesserte Auflage. Mit 18 Textfiguren und 2 Diagrammtafeln.
Preis M. 4.80

Neue Tabellen und Diagramme für Wasserdampf. Von Professor Dr. **R. Mollier** in Dresden. Mit 2 Diagrammtafeln. Unveränderter Neudruck.
Preis M. 4.—

Die Entropiediagramme der Verbrennungsmotoren einschließlich der Gasturbine. Von Professor Dipl.-Ing. **P. Ostertag** in Winterthur. Mit 17 Textfiguren.
Preis M. 1.60

Kompressoren-Anlagen, insbesondere in Grubenbetrieben. Von Dipl.-Ing. **Karl Teiwes.** Mit 129 Textfiguren.
Gebunden Preis M. 7.—

Die Kolbenpumpen einschl. der Flügel- und Rotationspumpen. Von Professor **H. Berg.** Zweite Auflage. In Vorbereitung.

Die Zentrifugalpumpen mit besonderer Berücksichtigung der Schaufelschnitte. Von Dipl.-Ing. **Fritz Neumann.** Zweite, verbesserte und vermehrte Auflage. Mit 221 Textabbildungen und 7 lithographischen Tafeln. Zweiter, unveränderter Neudruck.
In Vorbereitung.

Die Gebläse. Bau und Berechnung der Maschinen zur Bewegung, Verdichtung und Verdünnung der Luft. Von **Albrecht von Ihering,** Geh. Regierungsrat, Mitglied des Patentamtes, Dozent an der Universität zu Berlin. Dritte, umgearbeitete und vermehrte Auflage. Mit 643 Textfiguren und 8 Tafeln.
Gebunden Preis M. 20.—

Hierzu Teuerungszuschläge

Wasserkraftmaschinen. Eine Einführung in Wesen, Bau und Berechnung neuzeitlicher Wasserkraft-Maschinen und -Anlagen. Von Dipl.-Ing. **L. Quantz** in Stettin. D r i t t e, erweiterte und verbesserte Auflage. Mit 164 Textabbildungen. Preis M. 10.—

Die Turbinen für Wasserkraftbetrieb. Ihre Theorie und Konstruktion. Von Geh. Baurat Professor **A. Pfarr.** Z w e i t e, teilweise umgearbeitete und vermehrte Auflage. Mit 548 Textabbildungen und einem Atlas von 62 lithographierten Tafeln. Zwei Bände. Gebunden Preis M. 40.—

Die Wasserkräfte, ihr Ausbau und ihre wirtschaftliche Ausnutzung. Ein technisch-wirtschaftliches Lehr- und Handbuch. Von Bauinspektor Dr.-Ing. **Adolf Ludin.** 2 Bände. Mit 1087 Abbildungen im Text und auf 11 Tafeln. Preisgekrönt von der Akademie des Bauwesens in Berlin. Unveränderter Neudruck. Gebunden Preis M. 200.— (ohne Teuerungszuschlag)

Die Theorie der Wasserturbinen. Ein kurzes Lehrbuch von Professor **Rudolf Escher** in Zürich. Z w e i t e, vermehrte und verbesserte Auflage. Mit 357 Figuren im Text und auf 1 Tafel. Gebunden Preis M. 58.—

Technische Hydrodynamik. Von Professor Dr. **Franz Prásil** in Zürich. Mit 81 Textabbildungen. Gebunden Preis M. 9.—

Technische Thermodynamik. Von Professor Dipl.-Ing. **W. Schüle.**
E r s t e r B a n d: **Die für den Maschinenbau wichtigsten Lehren nebst technischen Anwendungen.** Mit 244 Textfiguren und 7 Tafeln. V i e r t e, neubearbeitete Auflage. Unter der Presse
Z w e i t e r B a n d: **Höhere Thermodynamik** mit Einschluß der chemischen Zustandsänderungen, nebst ausgewählten Abschnitten aus dem Gesamtgebiet der technischen Anwendungen. D r i t t e, erweiterte Auflage. Mit 202 Textfiguren und 4 Tafeln. Gebunden Preis M. 36.—

Maschinentechnisches Versuchswesen. Von Professor Dr.-Ing. **A. Gramberg.**
E r s t e r B a n d: **Technische Messungen bei Maschinenuntersuchungen und zur Betriebskontrolle.** Zum Gebrauch in Maschinenlaboratorien und in der Praxis. V i e r t e, vielfach erweiterte und umgearbeitete Auflage. Mit 326 Textfiguren. Gebunden Preis M. 64.—
Z w e i t e r B a n d: **Maschinenuntersuchungen und das Verhalten der Maschinen im Betriebe.** Ein Handbuch für Betriebsleiter, ein Leitfaden zum Gebrauch bei Abnahmeversuchen und für den Unterricht an Maschinenlaboratorien. Mit 300 Figuren im Text und auf 2 Tafeln. Gebunden Preis M. 25.—